规模化养殖场科学建设与生产管理丛书

规模化奶牛场科学建设与生产管理

王学君　王晓佩　唐洪峰　主编

河南科学技术出版社
·郑州·

图书在版编目（CIP）数据

规模化奶牛场科学建设与生产管理/王学君，王晓佩，唐洪峰主编．—郑州：河南科学技术出版社，2017.2（2018.12 重印）

（规模化养殖场科学建设与生产管理丛书）

ISBN 978-7-5349-8108-1

Ⅰ.①规… Ⅱ.①王… ②王… ③唐… Ⅲ.①乳牛-饲养管理 ②乳牛场-经营管理 Ⅳ.①S23.9

中国版本图书馆 CIP 数据核字（2016）第 118765 号

出版发行：河南科学技术出版社

地址：郑州市金水东路 39 号　　邮编：450016

电话：（0371）65737028　65788613

网址：www.hnstp.cn

策划编辑：李义坤　田　伟

责任编辑：田　伟

责任校对：司丽艳

封面设计：张　伟

版式设计：栾亚平

责任印制：张艳芳

印　　刷：新乡市天润印务有限公司

经　　销：全国新华书店

幅面尺寸：170 mm×240 mm　　印张：15.25　　字数：299 千字

版　　次：2017 年 2 月第 1 版　　2018 年 12 月第 2 次印刷

定　　价：36.00 元

丛书编委会名单

本书编写人员

主　　编　王学君　河南畜牧规划设计研究院
王晓佩　河南畜牧规划设计研究院
唐洪峰　河南省郑州种畜场
副 主 编　张　震　河南省奶牛生产性能测定中心
王相根　河南花花牛畜牧科技有限公司
王世坤　河南花花牛畜牧科技有限公司
任长龙　河南安进生物技术股份有限公司
李葱晓　洛阳动物疫病预防控制中心
张　哲　洛阳动物疫病预防控制中心
秦雯宵　河南畜牧规划设计研究院
王晓锋　河南省畜牧总站
编　　者　王学君　河南畜牧规划设计研究院
王晓佩　河南畜牧规划设计研究院
唐洪峰　河南省郑州种畜场
张　震　河南省奶牛生产性能测定中心
王相根　河南花花牛畜牧科技有限公司
王世坤　河南花花牛畜牧科技有限公司
任长龙　河南安进生物技术股份有限公司
李葱晓　洛阳动物疫病预防控制中心
张　哲　洛阳动物疫病预防控制中心
秦雯宵　河南畜牧规划设计研究院
王晓锋　河南省畜牧总站
赵　博　永城市畜牧局动物卫生监督所

前　言

经过近20年的超常规发展，中国奶业创造了世界奶业发展的奇迹。2014年全国奶牛存栏1 460万头，增长1.3%；奶产量3 725万t，增幅5.5%；占奶牛总数80%以上的荷斯坦奶牛及改良牛平均单产6t，提高了500kg；规模养殖场达到45%，提高了3.9%；全国机械化挤奶率已经超过90%。但是，未来我国奶业将长期面临着国际廉价乳制品的竞争以及土地和资源瓶颈，前景并不容乐观。编者认为，中国奶业的发展出路是提高技术管理水平、设施现代化水平、奶牛单产、劳动生产效率、资源转化率，降低成本，增加经济效益，提升竞争力，同时解决环境安全、生物安全、产品安全等问题。编著本书就是为了促进上述目标的实现。

本书编者以河南畜牧规划设计研究院技术人员为主，对近几年的规模化奶牛场规划设计经验进行了总结，希望能够为规模化、现代化的奶牛场建设及标准化改扩建提供一些帮助。本书系统性、实践性比较强，图文并茂，适合奶牛生产技术人员、规划设计人员、部门管理人员、院校师生等学习参考。

一些规模化奶牛场生产技术人员也参与了本书编著，同时本书还广泛征集了一线技术人员的意见。对于业界人士给予本书的大力支持和帮助，在此深表谢意。

本书内容丰富，涉及范围广，加之编者水平有限，书中难免有不妥之处，恳请读者批评指正。

编　者

2015年3月

目 录

第一部分　我国奶业发展现状及前景分析

一、奶牛业在畜牧业经济中的地位

奶牛业发展水平是现代农业特别是畜牧业发展水平的重要标志。促进奶牛业持续健康发展，是优化农业结构、增加农民收入、改善居民膳食结构、增强国民体质的需要。发达国家的农业结构已基本上完成了由以植物农业为主向以动物农业为主的转变，而许多发展中国家也在保证粮食有效供应的前提下，加速由植物农业向动物农业转变的步伐。在这个转变过程中，奶牛业的作用举足轻重。所有现代发达国家的畜产品当中占比重最大的都是牛奶，其次是牛肉，猪肉的地位一般都不重要。同时，在这些国家，牛奶的产值不仅占畜牧业的首位，而且在农业总产值的比重中也是首位的，牛肉一般占农业总产值的第二位。英国畜牧业产值约占农业总产值的62%，而奶牛业产值占畜牧业产值的50%以上。美国畜牧业产值在1 000亿美元左右，约占农业总产值的60%，其中奶牛业产值约占畜牧业产值的30%。在所有现代发达国家，牛奶和牛肉两项产值一般都占其农业总产值的40%~60%。奶牛业在畜牧业经济中的主要作用如下。

（一）改善民众膳食结构，提高营养水平

在各国的畜产品结构中，发达国家肉类和奶类产量的比例一般为1∶2以上，德国约为1∶4，荷兰约为1∶4.6，而我国仅为1∶0.33。我国发展奶业的任务迫切。

奶类中的牛奶含有多种营养物质和生物活性物质。每100g牛奶约含水87g，蛋白质3.3g，脂肪4g，碳水化合物5g，钙120mg，磷93mg，铁0.2mg，维生素A 140IU，维生素B_1 0.04mg，维生素B_2 0.13mg，烟酸0.2mg，维生素C 1mg，可供热量288.82kJ。

牛奶中的钙最容易被吸收，而且磷、钾、镁等多种矿物质的搭配也十分合理。钙能强化骨骼和牙齿，减少骨骼萎缩病的发生。孕妇和绝经期前后的中年妇女常喝牛奶可减缓骨质流失。钾在血压较高时能够保护动脉血管，并能防止

动脉硬化，降低中风风险。镁能增强心脏的耐疲劳能力。锌能加速伤口愈合。铁、铜及卵磷脂能大大提高大脑的工作效率。

牛奶中富含人体生长发育所需的全部氨基酸。酪氨酸能促进血清素大量增长。乳清蛋白对黑色素有消除作用，可防治多种色素沉着引起的斑痕。牛奶中蛋白质含量较高，常喝牛奶有美容的功效。牛奶中富含蛋白质，如发生重金属（铅和镉等）的意外中毒，饮用一定量的牛奶可以有效缓解中毒症状。

牛奶中富含维生素，其中维生素 A 可以防止皮肤干燥及暗沉，使皮肤白皙、有光泽，维生素 B_2 可以促进皮肤的新陈代谢。常喝牛奶有利于皮肤表面封闭性油脂薄膜的形成，有效防止皮肤水分蒸发。

另外，牛奶中的钙、维生素、乳铁蛋白和共轭亚油酸等多种营养成分都是抗癌因子，有抗癌、防癌的作用。

2012 年全球的总奶量约为 7.49 亿 t，人年均占奶量约为 107kg，但 2011 年中国全年生鲜奶生产总量约达 3 825 万 t，人年均占奶量仅约为 27.3kg，只有全球水平的 25.5%。中国人口占全世界的 1/4 左右，但是我们喝的牛奶只占全世界的 6.4%。与此相对比的是，中国的猪肉产量约占全世界的 46%，中国人吃掉了世界近一半的猪肉。“一杯奶可以强壮一个民族”，我国的奶业发展空间巨大。在美国，一个成年人平均每天吸收 1 300mg 的钙，70%来自牛奶。中国人每人每天吸收不到 500～600mg 钙。现代畜牧业的产业结构，就是以奶业为主。西方人把人工牧草养奶牛称为“具有伟大历史意义的饲料革命”。

奶牛的公犊以及淘汰母牛，是牛肉的主要来源之一。由于奶牛对饲料的转化率远远高于肉牛，因此，奶牛可以作为牛肉的重要来源。目前，美国 35%的牛肉来自奶牛，英国则达到了 75%，日本人喜食肥牛肉，约有 55%的牛肉来自奶牛。其他国家吃的牛肉 50%以上来自奶牛。而传统农业国家都是猪肉、鸡肉占主导地位，牛肉、牛奶占次要地位。我国约有 1 440.2 万头奶牛，可年产 360 多万头公犊，加上淘汰母牛每年大约可提供 170 万 t 牛肉。

牛肉味道鲜美，营养丰富，一般含蛋白质 14%，脂肪 13%，特别是胆固醇含量比猪肉低，必需脂肪酸和氨基酸含量高，是肉食中的上品，越来越受到人们的喜爱。

（二）解决粮食安全问题

解决粮食安全问题的出路在于大力发展畜牧业，特别是大力发展奶业。20 世纪 60 年代，印度每年人均粮食占有量为 200kg，为了大力发展粮食，搞了一次“绿色革命”，但始终人均占有量在 200kg 左右徘徊，最多不超过 260kg。后来印度醒悟了，认识到这不是粮食问题，而是食品结构问题。为什么美国人、法国人平均每人每年只吃 60kg 粮食，而印度人平均每人每年吃 200kg 还不够（中国人平均每人每年吃 400kg 粮食还不够）？答案是发达国家靠种草养

牛、养羊，继而产奶产肉，提高土地产出率和物质转化率来解决食品问题。后来印度把他们的“绿色革命”改变为“白色革命”，种牧草养奶牛，动员人们喝牛奶，到2008年印度人口超过10亿，全年人均牛奶占有量达到了100kg。《中国食物与营养发展纲要（2014—2020年）》要求，到2020年全国人均全年消费口粮135kg、食用植物油12kg、豆类13kg、肉类29kg、蛋类16kg、奶类36kg、水产品18kg、蔬菜140kg、水果60kg。

（三）高效生态循环

奶牛具有庞大的瘤胃微生物区系，可利用非竞争性饲料资源，即人类所不能利用的牧草和秸秆及糟渣等，生产营养丰富的牛奶和牛肉，且饲料的转化率高。这一宝贵的生物学特性完全符合我国政府着力强调的利用再生资源、大力发展循环经济的重大战略调整的总体要求。据测定，在不同的畜产品生产过程中，高产奶牛产奶利用饲料中粗蛋白质的效率最高，为26%，而产肉为15%，产蛋为12%，产毛为8.2%。家畜产奶将能量转化成奶的效率为24%，而产肉仅为4.7%~6.7%。人类对各种食物蛋白质的利用率亦是以奶类为高，达到85%，对猪肉的利用率为74%，牛肉为69%，鸡蛋为94%，大豆为64%，小麦为52%。奶的利用率仅次于鸡蛋。

牛粪是一种氮、磷、钾三要素齐全，且含量丰富的长效有机肥料。牛粪中含氮0.52%，磷0.27%，钾0.13%，有机质24.4%；羊粪中含氮0.65%，磷0.49%，钾0.24%，有机质31.4%；猪粪中含氮0.50%，磷0.30%，钾0.23%，有机质21%。牛产粪量为体重的7.5%，一头体重500kg的奶牛，年产粪肥13 688kg，更重要的是牛粪对疏松土壤的吸水保墒、培肥地力有着重要的作用，是发展生态农业的重要保证。通过发展奶牛养殖业和高效农业，建立了“秸秆喂牛、牛粪还田”的产业化良性循环生态链，加速农业产业结构调整，促进粮食转化增值和对废秸秆的充分利用。牛粪也可以生产沼气，用沼气来照明、做饭，沼液、沼渣浇灌蔬菜，这样形成了“农作物秸秆—奶牛养殖—三沼生产—种植”四位一体的生态循环模式。该模式能够取得经济效益和社会效益的双丰收。

（四）产业链长，带动作用大

奶业是联动种植业、养殖业、加工业、服务业的完整产业链。整个产业链涉及奶牛育种与遗传材料，饲料及添加剂，动物营养与保健，食品添加剂产销，牧场设施，喂饲系统，清洗设备，饲料加工设备，收割设备，建设及管理运营的各种设施设备，乳品储藏运输设备，乳制品加工生产线，各类杀菌、无菌设备，检测仪器和安全监测设备，自动化系统，包装设备和材料产销，牧场设计，各类乳业认证咨询，乳品研发机构，乳品贸易营销等。奶业振兴可以促进第一、二、三产业的共同发展。

牛奶是乳品工业乃至食品工业的主要原料之一。发达国家乳制品加工企业和流通渠道均占终端产品价值的比重超过60%，乳制品加工产值占食品工业产值比重都超过10%，有的国家已经超过20%。

牛的皮、骨、内脏是制革、制药、化学工业的重要原料。例如，牛皮可制革，骨可以煮胶，肝、胆、脑髓可提取各种有价值的药品和工业用品。

（五）增加农民收入

奶业是劳动密集型产业，生产、加工、销售每个环节都需投入较多的劳动力才能正常运转。奶业的发展为新农村建设提供了产业基础。据统计，2002年全国奶牛饲养农户约200万户，约有400万个劳动力从事奶牛养殖业。全国有717家规模以上的乳品加工厂，直接从业人员有16万人左右。奶业的发展带动了相关产业的发展，为农村剩余劳动力创造了就业岗位。

奶牛养殖业是经济效益相对稳定的产业，在目前的市场价格体系下，奶牛养殖总成本维持在1.5万元/头左右，奶牛养殖收益在2 000元/头左右，平均成本收益率13.3%。在许多地区饲养奶牛增加收入较快，使农民致富，有利于缩小城乡差别。

二、我国奶业发展概况

从2000年开始，经过十几年的整顿和振兴，中国奶业有了较大的发展，奶牛素质不断提升，奶牛规模养殖标准化进程加快，奶牛单产、科技与装备水平稳步提高，生鲜乳质量和安全得到进一步保障，现代奶业格局已初步形成。

（一）奶牛存栏总量与牛奶总产量

2010年，中国奶牛存栏1 260万头，约占全球奶牛总量的8%，比2000年增长1.6倍。2010年中国牛奶总产量3 575万t，比2000年增长3.3倍。中国奶类产量约占全球总产量的6%，位居世界第三位。中国奶业生产主要集中在北方，2010年内蒙古、黑龙江等10个主产省区的生鲜乳产量占全国总产量的83.5%。2012年全国奶牛存栏为1 440万头，与2011年持平；牛奶产量3 744万t，同比增长2.3%。

2014年1月20日国家统计局发布数据，2013年我国牛奶产量为3 531万t，较2012年减少了213万t，同比下跌5.7%，为新中国成立以来最大跌幅。在这之前，我国牛奶产量自新中国成立以来整体上一直处于上涨态势，仅有4次例外，第一次是1974年到1978年出现了5年的徘徊，产量没有出现明显增长，但也没有下跌；第二次是1993年，同比1992年下跌了0.9%；第三次1997年，同比1996年下跌了4.5%；最后一次是2009年，由于婴幼儿奶粉事件的影响，产量下跌了1.0%。（表1.1，图1.1）

2013年牛奶产量的大幅下跌是多种因素造成的，第一，受牛肉价格走高、

就业途径增加、产业调整等外部因素的影响，家庭散养退出加快，规模养殖增长有限，不能及时填补缺口；第二，2013 年夏季持续高温等不利气候对牛奶产量造成较大影响；第三，奶牛疾病的频繁发生也影响了牛奶产量。但是，可以预见未来几年受消费需求拉动及国家对奶业发展支持政策的影响，全国奶牛头数会逐年稳步增加，预计年均增长率为 4%~5%。

表 1.1　2007—2011 年中国奶业基本情况

项目	单位	2007 年	2008 年	2009 年	2010 年	2011 年
奶牛存栏量	万头	1 219	1 233	1 260	1 420	1 440
奶类产量	万 t	3 633	3 781	3 735	3 740	3 827
牛奶产量	万 t	3 525	3 556	3 521	3 570	3 656
乳制品产量	万 t	1 787	1 811	1 935	2 160	2 388
饲料生产量	万 t	9 319	11 142	13 530	17 444	19 080

摘自《2012 中国奶业统计摘要》。

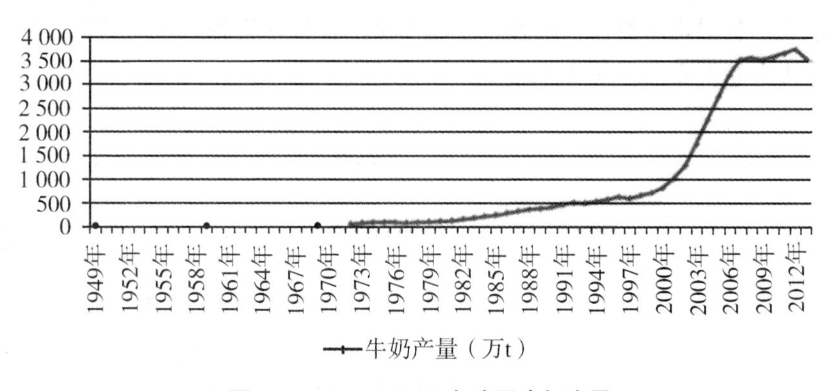

图 1.1　1949—2012 年我国牛奶产量

（二）奶牛养殖规模化、现代化进程

2003 年我国奶农平均每户奶牛饲养规模为 4.95 头，同年欧盟奶牛户平均每户饲养规模为 28 头（其中英、荷、德、法等国的平均饲养规模为 50~70 头）、美国为 99 头、澳大利亚为 165 头、新西兰为 285 头。

2008 年之前的 10 年中，我国的奶牛养殖处于高速发展时期，我国奶牛存栏量保持较快增长，生鲜奶产量的年平均增长率达 17.4%。2008 年以来，奶牛养殖发展速度明显放缓，生鲜奶总产量年均增长率骤降到 1.29%，但奶牛养殖规模化比重迅速提高。截至 2010 年末，我国奶牛存栏 100 头以上的场（小区）共有 11 142 个，占到了整体饲养规模的 28.4%，比 2005 年提高了 17%。

全国13 503个奶站全部纳入监管范围，机械化挤奶率达到 87%。2012 年全国 100 头以上奶牛规模养殖比重将达到 35%。奶牛养殖户数（即散户）持续减少，部分散养户陆续退出奶牛养殖环节，奶牛养殖户所占比例持续下降，规模牧场数量和存栏量均有所增加。由此可见，我国奶业正在由传统数量型向现代质量效益型发展。

经过多年的沉淀和发展，我国奶业正逐渐进入转型期，转型的目标是建设现代奶业。具体如何加快现代奶业的发展，中国奶业协会秘书长谷继承先生总结概括为“十化”：品种良种化、养殖规模化、生产标准化、装备现代化、饲料专业化、免疫程序化、粪污无害化、产业一体化、监管法制化、质量优质化。“十化”中饲料专业化是现代奶业建设的关键。

（三）奶牛年单产量

从 1998 年以来，我国的奶牛年单产量明显增加，但与世界各国相比有明显差距。牛存栏中，能够产奶的奶牛比例大约在 55%。2004 年奶牛平均单产水平约为 3 710kg/头，2005 年平均单产水平约为 4 117kg/头，2006 年平均单产水平约为 4 369kg/头，在这个过程中，牛奶增产量是要高于奶牛数量的增量的，这表明我国奶牛改良、配种技术不断推广，使得良种奶牛在奶牛总数量中所占的比重越来越高（图 1. 2）。

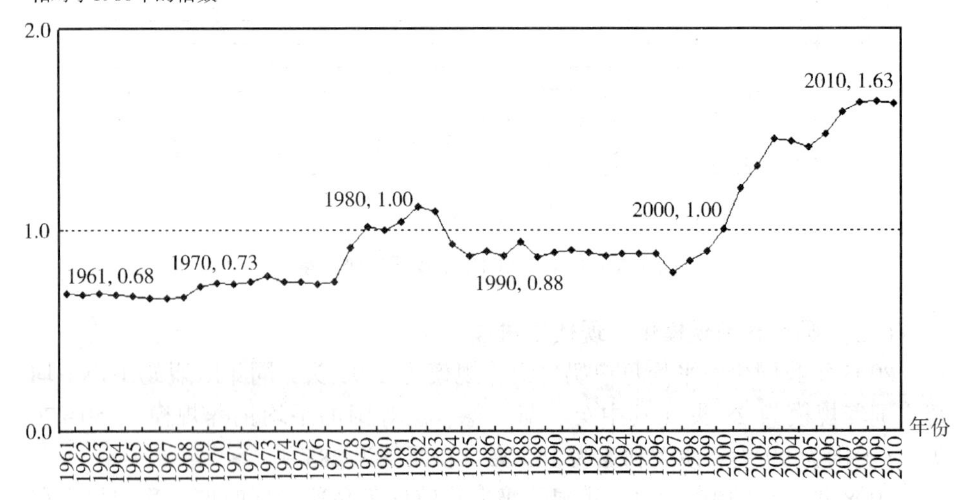

图 1. 2　中国奶牛年单产变化

（四）牛奶价格及奶牛养殖效益

2008 年“三聚氰胺事件”后整体奶业环境低迷，奶价低位运行，加之原料成本上涨，奶农处于亏损状态，卖牛、杀牛现象严重，导致奶牛存栏数量减少。

2010 年以来，奶业市场逐渐回暖，奶牛养殖效益总体向好，但规模牧场和散户养殖效益差异明显，并呈扩大趋势。从农业部畜牧生产监测的统计数据上看，2012 年全国生鲜乳价格走势平稳，稳中有升，年底价格同比增长 4.3%，全年价格波动较小，年底的最高价和年初的最低价之间的差值仅仅为 0.12 元。2013 年奶业形势发生巨大变化，原料奶供应出现严重短缺，由于奶牛头数减少，原奶供应量和乳品企业加工能力差距扩大至 50%，所以出现了全国性奶荒和抢奶现象。9~10 月，原奶收购价从 3.75 元/kg 升至 4.5 元/kg，涨幅约 20%（图 1.3）。根据对全国各省 29 个牧场奶价的监测，全国平均奶价由 2013 年 7 月的 4.2 元/kg 上涨到 10 月的 4.7 元/kg。部分地区的鲜奶价格已达每千克 5 元以上。据悉，目前国内生鲜乳的价格已经大幅超过新西兰、荷兰等乳业发达国家。以乳业发达的荷兰为例，2013 年同期该国生鲜乳价格约在 3 元/kg。

目前，散户饲养收益每头奶牛每年 1 500 元左右（年单产量为 5t），而规模牧场一头泌乳牛每年平均利润约为 5 000 元。

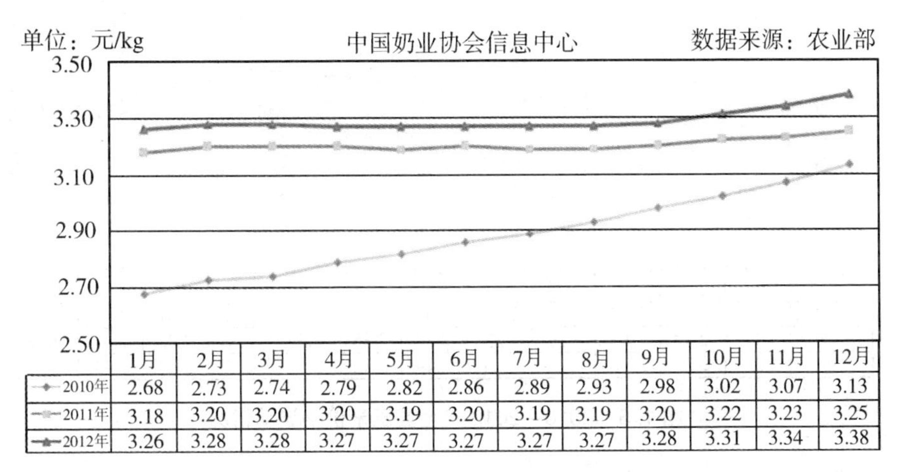

	1月	2月	3月	4月	5月	6月	7月	8月	9月	10月	11月	12月
2010年	2.68	2.73	2.74	2.79	2.82	2.86	2.89	2.93	2.98	3.02	3.07	3.13
2011年	3.18	3.20	3.20	3.20	3.19	3.20	3.19	3.19	3.20	3.22	3.23	3.25
2012年	3.26	3.28	3.28	3.27	3.27	3.27	3.27	3.27	3.28	3.31	3.34	3.38

图 1.3　2010—2012 年全国主产省生鲜乳价格波动情况

（五）主要饲料价格呈现波动上涨态势，饲养成本压力加大

2012 年玉米年终价格为 2.42 元/kg，同比上涨了 3%，而豆粕同比大幅上涨了 23%（目前为 4.22 元/kg）。饲料价格的增长幅度均大于生鲜乳收购价格的增长幅度，加剧了奶牛养殖压力。2013 年 3 月全国玉米月平均价格为 2.46 元/kg，比 2 月上涨 0.4%，同比上涨 3.8%；全国豆粕月平均价格为 4.30 元/kg，较 2 月上涨 1.4%，同比上涨 22.5%（图 1.4~图 1.6）。

（六）乳品加工及乳制品

2010 年乳品行业销售额达到 1 717.50 亿元人民币，利润总额为 89 亿元。截至 2011 年 3 月底，中国获得生产许可的乳制品企业有 643 家，其中婴幼儿

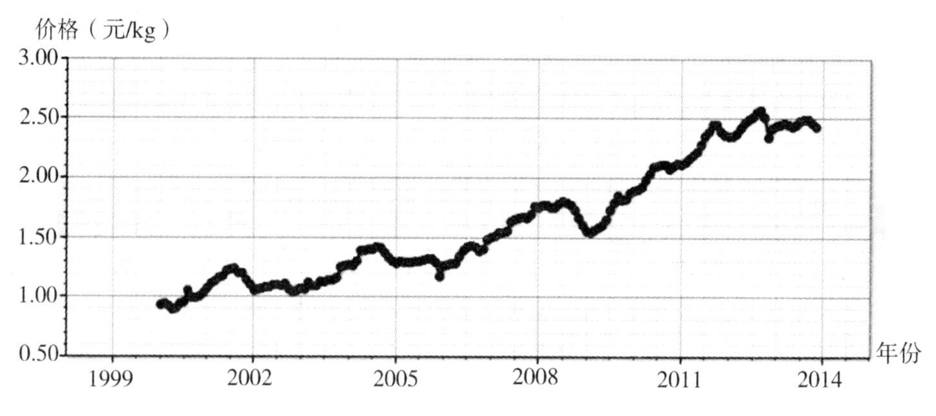

图 1.4　1999—2014 年玉米价格走势

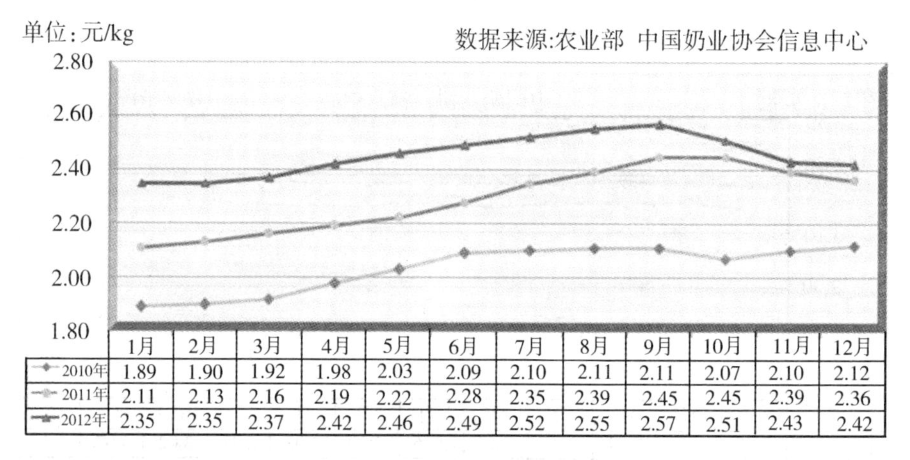

	1月	2月	3月	4月	5月	6月	7月	8月	9月	10月	11月	12月
2010年	1.89	1.90	1.92	1.98	2.03	2.09	2.10	2.11	2.11	2.07	2.10	2.12
2011年	2.11	2.13	2.16	2.19	2.22	2.28	2.35	2.39	2.45	2.45	2.39	2.36
2012年	2.35	2.35	2.37	2.42	2.46	2.49	2.52	2.55	2.57	2.51	2.43	2.42

图 1.5　2010—2012 年全国玉米价格波动情况

配方乳粉企业 114 家。共有 22 万人从事乳品加工生产销售。2012 年全国共有 649 家乳制品加工企业，加工集中度进一步提高，全年实现销售收入 2 465 亿元（同比增长了 14.3%），实现利润总额 160 亿元，比 2011 年增加了 28 亿元（同比增长 21.7%）。全国乳制品总产量突破 2 500 万 t，达 2 545 万 t（同比增长 8.1%），各品种乳制品均有不同程度的增长。根据欧睿信息咨询（Euromonitor）的数据，2013 年中国乳制品市场规模为 2 530.63 亿元（不包括婴幼儿配方乳粉），其中伊利以 21.7%的市场份额居全国首位，蒙牛以 18.8%的成绩紧随其后，中国乳业两巨头之间的差距进一步拉大。位列第三名到第十名的分别是娃哈哈 9.6%、光明 6.9%、旺旺 5.4%、三元 2.1%、完达山 1.9%、佳宝 1.6%、辉山 1.3%、新希望 1.3%。前十名合计占全国市场份额的 70.6%（图 1.7）。

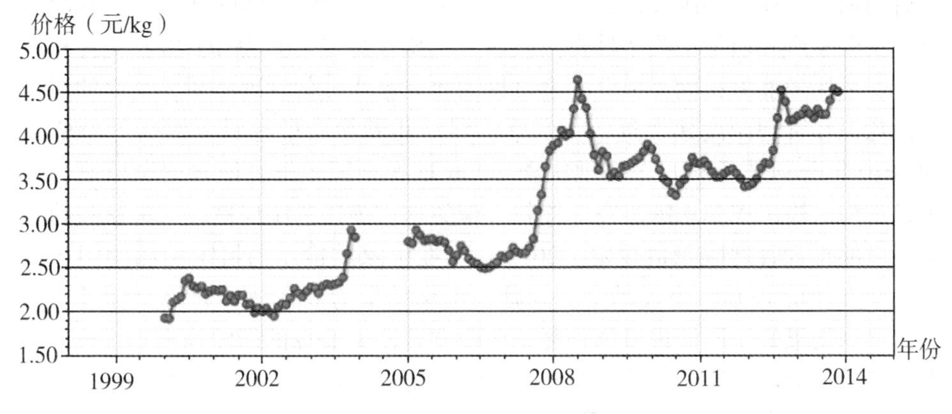

图 1.6　1999—2014 年豆粕价格走势

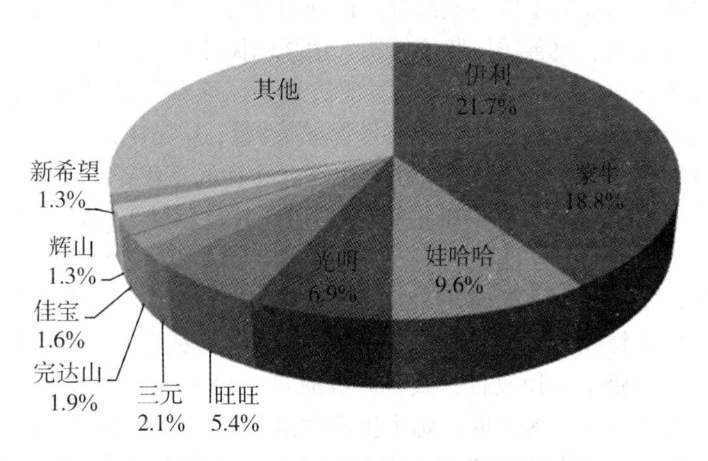

图 1.7　2013 年乳制品企业市场份额

（七）乳制品安全状况

2008 年，“三聚氰胺事件”重创中国乳品制造商的信誉，多个国家禁止了中国乳制品进口。“三聚氰胺事件”给社会敲响警钟，更让公众意识到乳制品质量安全亟待规范。当年 10 月 9 日，国务院及时颁布《乳制品质量安全监督管理条例》，对乳制品安全监管做了具体、明确的规范。农业部及时跟进，11 月 7 日公布实施《生鲜乳生产收购管理办法》，对生鲜乳的质量全程控制做了相应规范政策。2010 年的 4 月，卫生部（现卫计委）发布乳制品标准，其中包括 17 项产品标准、3 项管理法规和 49 项检验方法，这也是食品安全标准制定以来，首部使用在乳制品上的标准。

目前我国乳制品安全现状有了很大提高，经过清理整顿和强化监管，尤其是婴幼儿乳粉行业结构调整取得新进展，淘汰了一批奶源没有保障、生产技术落后的加工企业。奶源基地建设更加得到重视，企业自由可控奶源比例提高，企业安全生产和质量检测条件得到改善，实施了原料和产品 PT 检验，乳粉的质量安全保障能力得到了提升。通过推动建立企业诚信管理体系，企业的质量责任意识和管理制度建设进一步加强，婴幼儿乳粉质量有明显提高。2009 年和 2010 年分别进行了 13 129 批次和 7 406 批次全国生鲜乳质量安全监测，结果显示均未检出皮革水解蛋白、淀粉、碱类物质等违禁添加物，三聚氰胺的含量也全部符合管理限量值规定。2012 年，在国家质检总局组织检测的国产婴幼儿配方乳粉 12 082 个样品中，问题检出率结果为 0. 77%，即符合标准合格率，检测结果好于同期进口国外婴幼儿配方乳粉 1. 13%的问题检出率。种种数据均表明，国产乳制品质量安全状况持续好转，消费者信心逐步恢复。

（八）促进奶业发展的政府举措

奶业是现代农业的重要组成部分。促进奶业持续健康发展，是优化农业结构、增加农民收入、改善居民膳食结构、增强国民体质的需要。为切实保障奶业持续健康发展，中国政府出台了多项法规、标准和扶持政策。2008 年 10 月，国务院公布了《乳品质量安全监督管理条例》，这是中国关于乳品质量安全的第一部法规，对中国奶业进入法制化管理具有重要意义。随后，国务院有关部门制定发布了《奶业整顿和振兴规划纲要》《乳制品工业产业政策（2009 年修订）》《全国奶业发展规划（2009—2013 年）》等。为了促进奶业生产，提高奶业生产水平，中国政府从 2005 年起开始实施奶牛良种补贴项目，对使用优质奶牛冷冻精液的奶牛养殖户给予补贴，促进奶农使用优质奶牛冷冻精液的积极性，加速奶牛品种改良，改善牛群质量。2008 年中国政府启动奶牛生产性能测定补贴项目，逐步推广奶牛生产性能测定。从 2009 年起，中央政府每年拿出 5 亿元，对奶牛养殖场（小区）进行标准化改扩建。2010 年，农业部组织开展奶牛标准化示范创建活动。在国家有关部门的推动和支持下，中国奶业发展态势向好，奶业基础得到进一步夯实。2014 年 1 月，农业部制定了《2014 年畜牧业工作要点》，其中重点要求加快现代奶业建设，加强生鲜乳生产、收购和运输监管，加快推进奶业生产转型升级，继续实施振兴奶业持续发展行动。

三、世界奶业发展趋势及经验借鉴

（一）发展奶业设施化、现代化

奶业要向现代化转型，规模化养殖是不可逾越的过程。发达国家的经验证明，只有实现设施化养殖，才能实施标准化生产。用现代装备武装奶业，提高奶业设施化水平，加快数字化管理系统推进步伐，从而提升奶业现代化水平。同时，圈舍设计时充分考虑到牛的舒适性，牛床设计上的人性化也是奶业发展

的趋势。

以色列夏季炎热干燥，最高气温达 39℃，奶牛的热应激反应严重，夏季奶牛日产奶量不同程度下降，并且影响奶牛的健康和繁殖。以色列探索了一系列改善牛舍环境的措施，概括起来是“通”“吹”“淋”“遮”相结合。“通”是牛舍通风，提高牛舍建筑的高度，并在房顶建有可调控的通风口；“吹”是在牛舍装备大型吹风机，进一步改善通风条件；“淋”是在奶牛挤奶等待厅安装喷淋和吹风机，降低气温；“遮”是在运动场和饮水处建设遮阳棚，防止奶牛被太阳直接照射。以色列奶业协会列专项对牛舍的改造予以补贴，补贴的比例达 40%。

美国的奶牛场技术含量很高，尤其体现在挤奶厅上。奶牛场 70%的工作都是通过现代化的挤奶厅来完成的。大多数农场的奶牛几乎全部采用自由采食方式饲养，采用高科技设备，仅靠极其有限的人力，就可以完成每天奶牛的检查、诊断、治疗和配种等日常工作。每头奶牛脖子上都会带一个感应识别器，与计算机相连，利用专业软件对奶牛进行管理。因此，每天兽医师的主要任务就是花上 0. 5h 左右的时间，在计算机上输入当天的资料，同时通过计算机检查第 2 天要处理的牛和临时增加的奶牛的清单，以便第 2 天完整有效地处理记录牛群。这些工作只需要通过简单地点击鼠标和键盘就可以完成，如果你要查找资料更是方便快捷。

（二）发展奶业一体化经营

奶业产业一体化就是将奶牛养殖、乳品加工、市场营销等产业环节有机结合成为一个整体的经营方式，其实质是奶业生产、加工、销售利益链接，形成风险共担、利益共享的经济联合体。

在各种农牧业生产和加工运销产业中，奶业的一体化程度是最高的。奶业一体化程度高主要是由于牛奶鲜活易腐，挤奶一日数次，需要及时冷却、收集、储运，以保证鲜奶的质量。生产、加工、销售任何环节的不协调都会影响鲜奶及其制品的质量。同时，产业链的整合与协调，减少或消除了生产、加工、销售各方利益冲突，可以提高整个奶业的效率和效益，增强其市场竞争力。目前，由于我国没有良好的利益链接机制，原料奶收购市场混乱。有些乳品企业在用奶旺季时，争抢奶源，降低收购标准，给原料奶掺杂使假留下了可乘之机，使乳制品质量安全得不到保证，危及整个行业的发展。只有实现奶业产业一体化，才能规范牛奶生产加工和市场的秩序，保障奶源基地的稳定，确保乳制品的质量安全。

荷兰，现有的 22 家乳品厂中有 13 家是生产、加工、销售一体化的合作社，其中包括供应本国 80%牛奶及其制品的三家最大的加工厂。芬兰以股份制形式组成的全国联社性质的一体化奶业公司瓦利奥公司，吸收全国 25 600 个奶牛户（占全国 80%）参加，在全国设立 33 个加工厂，产品多达 1 400 种，加工量占全国的 77%，年营业额已达 18 亿美元之多。在美国，奶业实行一体化的比例也非常高，250 家奶业合作社供应全国约 80%的牛奶及其制品。新西兰的奶业是高度纵向一体化的，最低一级是农场主，上面一级是奶农合作社，最上面一级是乳业委员会。农场主拥有合作社的股份，合作社又拥有乳业委员会的股份。农场主把生产出来的牛奶卖给合作社，合作社又把牛奶卖给乳业委员会，乳业委员会通过它的全球营销网络把这些乳制品销售到海外。加工公司一旦从乳业委员会得到销售收入，就按照奶农向公司提供的牛奶固形物的多少把钱支付给奶农，这种付款制度鼓励奶农增加牛奶产量。德国、以色列等国实行的“合同奶业”方式，奶农与乳品企业在生产过程中签订具有法律效力的产销合同，可有力保障奶农和企业的权益。

我国奶业产业一体化发展需要从以下几个方面着手：一是政府引导。积极鼓励奶牛场发展乳品企业和乳品企业发展稳定的奶源基地等形式。对于一体化发展较好的企业，给予政策扶持。二是采取宏观调控手段推进一体化，如建立健全独立于奶农和乳品企业的第三方机构，规范牛奶收购。三是推广奶联社生产经营模式，提高奶农的组织化程度。四是推行合同收奶制度，明确双方相应的权利与义务，奶农根据合同组织生产，企业按合同收购奶农生产的原料奶。

（三）重视奶牛育种，提高种源质量

不断发展的系谱登记、奶牛生产性能测定（DHI 测定）、种公牛后裔测定、杂交改良、全基因组选择、人工授精、性别控制、胚胎移植等繁育手段和技术大大缩短了奶牛繁育进程，加快了奶牛良种选育进度。德国通过利用乳肉兼用品种以及大力开展杂交育种等手段帮助奶农大幅度提高奶牛养殖综合经济效益的经验值得我国学习借鉴。

美国奶牛群拥有良好的遗传基础，305d 产奶量都在 10t 以上。奶牛群体大都在 500 头以上，加之使用现代繁育技术，使高产奶牛快速扩群，不断地改良其群体的遗传品质，加快了群体的世代繁育进程。据最新资料统计，全美奶牛近 10 年的平均淘汰率在 34.3%~37.3%，其中乳腺炎、繁殖疾病、蹄病和受伤等四大疾病的淘汰率占总淘汰奶牛的 89%，生产性能低的奶牛淘汰率占总淘汰奶牛的 10%。对发现乳腺炎的奶牛根本就不治疗，直接淘汰。目前，我国奶牛的平均淘汰率高达 40%，四大疾病的淘汰率几乎占总淘汰的 100%，但极少数奶牛场出于育种的考虑淘汰低产牛。

从 20 世纪 20 年代起，以色列利用本地牛（Baladi）为母本，引进国外优秀荷斯坦牛的种质基因进行改良，经过 80 多年的不懈努力，培育出质量居世界首位的以色列荷斯坦牛。他们的育种目标明确，而且不断加以完善，1996 年前以提高奶牛的单产、脂肪和蛋白质含量为主，1996 年增加了奶牛的健康

指标，2002年增加了奶牛繁殖率、持续力、寿命和产犊难易性等指标，以进一步提高荷斯坦牛的质量。以色列的奶牛育种是通过建立核心牛群，采用人工授精的技术培育后备公牛。目前，全国共有经后裔测定的种公牛250头。

以色列每年从300头核心母牛群生产的150头犊牛中，选择50头后备青年公牛开展后裔测定，每头青年公牛测定100头子代母牛前三个泌乳期的生产性能，同时结合奶牛体形、健康、繁殖率、持续力等性状，经多次淘汰最终每年向全国养牛者公布前20名优秀公牛，实际每年只使用5头验证公牛。

在今后很长一段时间里，实现我国奶业和奶牛育种持续发展的主要策略，仍然是要扎扎实实地做好育种基础工作。具体地说，要着重做好以下几方面：一是加强生产性能测定。要进一步严格规范性能测定工作，尽快推行DHI，并建立全国性的奶牛生产性能测定组织，实施全国性的性能测定计划（DHIP）。二是坚持公牛后裔测定。要扩大规模，增加测定公牛头数。三是开展联合育种。要尽快改变目前各省市在育种工作上彼此独立的状况，实施地区性的或全国性的联合育种。四是要尽快建立全国奶牛数据信息中心，用于管理和处理全国奶牛性能测定和后裔测定的数据，并进行全国奶牛遗传评定、遗传参数估计等工作。五是加强对奶牛遗传育种的科研工作。一方面要针对我国目前奶牛育种中存在的一些实际问题，如产奶记录的校正及标准化、遗传参数估计、用于奶牛场的计算机信息管理与分析系统等加以研究；另一方面也要对世界奶牛遗传育种领域中的前沿研究课题，如测定日模型、奶牛数量性状基因（QTL）的检测与定位、标记辅助选择、标记辅助导入等加以研究，使我国的奶牛遗传育种研究能跟上世界发展的步伐。

（四）大力发展饲料营养与饲喂技术

饲料营养与饲喂技术对奶牛的产奶量、健康和牧场经济效益有很大影响，每头奶牛的产奶量年递增2%~3%，其中，33%~40%来自于遗传因素，60%~67%来自于营养和管理。

通过使用现代化的奶牛养殖技术，国外无论是家庭式的农场，还是在实验基地、试验场及农产品深加工车间，徒手或简单劳动工具式的生产方式均被高度机械化、自动化及流水线作业式的劳动方式所替代，牛场及土地的管理由4~5个人即可完成，劳动效率极大提高。奶牛场普遍采用世界先进的散栏式饲养方式，使用全混合日粮（TMR），采用科学的精准饲养，进行精细化饲喂管理。

针对我国奶牛生产中的重大问题，我国在饲养标准的建立与修订，奶牛饲料营养价值数据库与主要营养素需要量，饲料资源开发与高效利用，营养调控与环境减排，饲料营养监测与评价，饲养工艺等方面需要进行系统的创新研究与应用推广，促进我国奶牛营养与饲喂管理技术的进步。我国可以借鉴国外的相关经验，集中整合土地资源，增加饲草料地的供给，大力种植优质的全株玉米，开展高产苜蓿优质示范片区建设，加大全株青贮玉米和苜蓿等优质粗饲料的使用，使奶牛生产潜力充分发挥，提高奶牛养殖效率。

饲料专业化是现代奶业的一个重要特征，日粮是奶牛生产的重要物质基础，没有营养全面、均衡的日粮，就很难确保奶牛的健康和产奶的高效与优质。大力推广适合不同生产管理条件、资源特点、生产水平和规模程度的奶牛日粮标准、饲喂程序和管理措施，做到饲料营养平衡、调制科学、饲喂精心、管理精细，可以确保奶牛的遗传潜力得到充分发挥。首先，要保证充足的粗饲料和精饲料的供应，为奶牛提供良好的饲料基础，充分发挥奶牛产奶潜力。其次，要转变理念，进行专业化生产和配给。根据奶牛生理特点和泌乳阶段，科学地配制奶牛日粮，聘请专业人员制作日粮配方或专业公司生产饲料，检测饲料原料营养成分，保证配方组成与原料相辅相成，满足奶牛的营养需要。再次，要转变饲喂方式，改变精粗分饲为全混合日粮（TMR）饲喂，保证供应奶牛一定精粗比例、营养齐全的全价日粮，有利于稳定瘤胃环境，提高饲料转化效率。

（五）大力发展奶牛疫病控制体系建设

通常情况下，奶牛饲养密度大，生产负荷重，各种应激就相应增多，抵抗力下降，疾病发生率就增加。美国以及欧盟各国都制定了完善的牛场疫苗使用规范和免疫程序。同时针对疫情，各国都制定了严格的制度。以欧盟为例，在动物防疫方面如果遇到问题，一般会根据欧盟、联邦及所在州的有关法律、法规执行。法定的疫病防疫采取强制性措施，由临床兽医实施；非法定的疫病防疫由企业自行决定和实施。防疫经费主要来自于养殖户上交的动物疫病保险基金。动物检疫方面，乳品加工企业的乳品检疫严格依照欧盟的统一规定标准，在官方兽医（政府派驻企业）的监督之下执行；对市场流通与经营的肉品，警察局负责兽医监督以经济警察随机抽样送兽医检验局检测，一旦不符规定标准，将科以重罚。

以色列哈克雷兽医服务中心负责以色列国内奶牛的疫病防治工作。目前，服务的奶牛场有900个，奶牛头数超过9万头，占以色列全国奶牛总数的80%以上。兽医服务采取按区域包干的方式，有38名兽医分别负责各个地区的兽医服务工作，另有8名兽医作为这些地区的临时代理兽医。服务的领域包括关注奶牛群体健康和疫病防治，同时还关注饲料安全、动物福利和临床试验。兽医每周到每个奶牛场检查和就诊2~3次，为每个奶牛场出具周期报告，向奶牛场场主提供关于如何改善奶牛健康状况，如何提高生产及繁殖性能的建议。兽医服务克服了周围国家疫情复杂的困难，有效地控制了以色列国内奶牛疫病发生。

我国奶牛疫病控制体系建设工作正在有条不紊地进行，并取得了一定的成绩。但是我国奶牛疫病控制体系仍需不断完善与技术升级，从而提高我国对奶牛疫病的防控能力。我们要将奶牛疫病控制与我国疫情监测预警结合起来，制定出结核病、布鲁氏菌病、口蹄疫等奶牛重大疫病的根除计划，通过有计划的免疫、监测、扑杀等，最终控制与根除这些重大疫病。

（六）奶牛场适度规模化

英国的奶牛饲养农场的规模不大，平均每个农场奶牛饲养量约为106头。小的农场只有十几头，大的一般不超过500头。英国牛奶产量的50%来自饲养100头以下奶牛的农场。

澳大利亚大多数奶牛场是家庭拥有和经营，合伙经营也是一种重要形式，占15%。奶牛场平均规模从1990年的105头增加到2011年的220头。

根据美国农业部（USDA）2010年的统计数据，全美国一共有超过5.1万个牧场生产牛奶，其中有97%的牧场属于家庭牧场。美国平均每个牧场的奶牛头数是250头，虽然有74%的牧场养殖规模少于100头，但是剩余26%的养殖规模超过100头的牧场贡献了85%的牛奶产量。

以色列奶牛养殖场有三种类型：一是基布兹（合作社）奶牛场（基布兹是以色列农村的社会组织，财产属集体所有，建了奶牛场的基布兹一般配套建有乳品加工厂），1999年有基布兹奶牛场218个，2006年下降到166个，平均每个牛场饲养成年母牛由40头上升到230头。二是莫沙夫（家庭）奶牛场，1999年有莫沙夫奶牛场1 211个，2006年下降到843个，平均每个牛场饲养成年母牛由50~55头上升到70头。三是学校奶牛场，1999年有16个，2006年下降到15个。养殖场个数在减少，但是饲养规模在扩大。1998年至2006年的9年间，以色列全国奶牛单产由10.85t上升到11.5t，增加了0.65t；乳脂率由1995年的3.21%，提高到2006年的3.66%，增长了0.45%；乳蛋白由1995年的3.03%，提高到2006年的3.26%，增长了0.23%。在牛群基本稳定的情况下，牛奶总产量由1998年的108.5万t，增加到2007年的117万t，增长了7.8%。

国外经验表明，规模牛场的发展为奶牛养殖推广先进实用技术创造了条件。规模牛场集成了良种繁育、饲料营养、疾病防治和饲养管理等技术，并根据这些技术的标准和规范，实行标准化生产，取得了令人瞩目的成效。

目前，我国奶牛平均养殖规模较小，2010年奶牛养殖场数量高达175万个，平均养殖头数仅为4.18头。存栏100头以上的养殖场（小区）共有11 142个，存栏量占到了全国奶牛总存栏量的28.4%。我国奶牛场建设应因地制宜，以经济、适用、高效、安全为宗旨。目前我国的奶牛业不应提倡发展散养户，应重点引导个体散养户向多种形式的合作社形式转变。养殖小区模式难以实现科学饲养工艺、牛奶安全控制和实施防疫措施，应在生产管理模式上升级到规模化。

同时也要看到，超大规模奶牛场存在着较大的风险，不宜在农区发展。“三聚氰胺事件”以来，我国大型乳品生产企业纷纷直接投资建设特大型的“万头奶牛牧场”，以提高牛奶质量的可控性。然而，由于一些特大型牧场的奶牛数量规模已经逼近当今世界畜牧技术的极限，规模上的不经济逐步体现，生产管理、畜群防疫、生态控制等各项成本越来越高，由此推动我国奶价不断上升，甚至超过同样人多地少的欧洲国家。

另外，由于各种社会资源纷纷向万头牧场倾斜，近年来，大批散户奶农开始退出奶牛养殖业。万头牧场又受制于巨大的投资成本和高额的运营成本，无法快速推广以弥补散户奶农退出而造成的牛奶产量缺口。据国外机构测算，2012 年，我国乳制品消费总量中的 14. 3%需要依靠进口，2015 年进口率上升到 34. 5%。

我国奶牛养殖形态中，要么是规模超大的万头奶牛牧场，要么是三五头牛的散户饲养，其中最为欠缺的是 50~100 头奶牛的中型牧场。适度规模集约化（50~500 头成年乳牛）奶牛场将是我国主要的养殖模式。

（七）建立合作组织，保护奶农利益

采用合作经营方式，组织广大农户的奶业生产，是当前世界上许多国家普遍采用的一种奶业生产形式。在西欧，奶农在自愿的基础上组成各种形式的合作社，按合作社的章程实行统一经营、统一核算、利润分成，同时参加各种奶农联合会，获得财政信贷、畜牧配种、饲养管理、物资供应等各方面的优质服务和产品质量、市场销售等信息。日本主要通过农业协同组织对奶农进行产前、产中、产后服务。在印度，奶农自愿入股参加基层的村牛奶生产合作社，通过村牛奶合作社—地区联合会—总联合会的组织形式，把农村分散的奶收集到城镇加工，然后再运到全国各大中城市销售。合作联社一般都建有乳品加工厂，从乳品加工的利润中提留 40%用于扩大再生产，其余 60%返还给生产者，这其中一部分作为奶农股份和交售奶量的红利，另一部分用于补贴各种免费和优惠的社会化服务。

美国的奶业是以家庭农场为主，进行公司化运作，合作组织把分散的农场主集中起来，为他们提供一系列专业化服务，提高他们在市场中的抗风险能力，为他们争取最大的利益。美国的家庭农场所有者是家庭成员，但是农场的日常经营是公司化管理，实行总经理负责制，总经理由具体家庭成员担任。家庭成员根据在牛场的具体职位领取薪酬，有的成员既在牛场干活又有家务的实行半薪，没有在牛场上班的只能分红。这些家族奶牛养殖场的从业人员都比较敬业，他们认真负责、不厌其烦的工作态度非常值得我们学习。奶农们既是牛场的管理者又是奶牛场的拥有者，同时也参与最基本的劳动，他们经过数代人

的传承，大多精通奶牛养殖技术，能熟练操作奶牛场的机械设施，甚至一些简单的维修也能自己完成。家族中的下一代，从小在奶牛场中成长，五六岁就参与一些牛场的简单劳动，等他们长大后必然成为精通奶牛养殖的农场主。农场主几乎全都参加或入股特定的生产合作社或行业协会。农场主是合作社股东，合作社又是公司股东，同时享受公司提供的服务，三者之间利益对接十分紧密。农场主绝大多数都是靠组织化的形式形成利益共同体，一方面维护自身权益，另一方面约束自身行为。有些合作社则直接创办加工企业，实行生产、加工、销售一体化，奶农的利益得到了更好保障。

（八）健全社会化服务体系

国外的经验表明，建立和健全从配种、饲料、防疫、治病到收奶等一整套技术服务、生产资料供应和产品流通领域的社会化服务体系，不仅为奶牛集约生产状态下的奶农所欢迎，同时也是稳定发展农户分散饲养奶畜的必要条件。

在法国、荷兰、丹麦等国，一户奶农可以同时参加信用、饲料、机械等多个合作社，来解决奶业生产中所需要的各种服务问题。

以色列通过奶牛协会建立了较为完善的服务体系。协会主要负责奶牛档案、产奶量记录、选配育种、人工授精、兽医服务及奶牛管理软件开发等工作，牛场主每年按比例交一定费用后，可享受许多免费服务。同时以色列还有一个全国性的兽医服务和保险服务组织，该组织是一个非营利组织，每年收支平衡。以色列全部的农场主都参加了这个组织，这些农场主每月为每头牛交纳2.5 美元就可以享受到免费的兽医服务和保险服务，该组织最大限度地降低了奶牛养殖风险，促进了奶牛数量的提高。以色列的区域性饲料中心的主要职能是为小规模牛场配制奶牛全混合日粮（TMR）。目前，以色列 60%的奶牛日粮来自区域性饲料配送中心，每个饲料中心每天提供的饲料一般可供 1 500～10 000头奶牛饲用。饲料中心根据奶牛场的要求，设计奶牛全混合日粮配方，利用运料车将全混合日粮送往奶牛场，或者奶牛场直接到饲料中心取料自己饲喂。这样做的好处：一是保证奶牛饲料质量；二是多方利用饲料资源，降低饲料成本；三是减少了小规模农户购置设备和加工调制的困难；四是饲料中心实行微利经营，利润率控制在 2%，奶牛场得到了实惠。

美国现代农场追求的是高水平的专业化技术服务。牛场的很多工作都是请专业服务公司来做。例如，同期发情配种请专业的品种改良公司来完成，由专业的营养师调配饲料，甚至修蹄也有专业的公司，连妊娠诊断都有专业的兽医师等。专业化的分工也造就了高水平的专业技术人员。譬如兽医师 35d 妊娠诊断准确率都在 95%以上。自 1999 年以来，美国的农场规模迅速扩大，增加了对高水平专业人员的需求和依赖，特别是兽医师和营养师，几乎所有的大农场都聘请兽医师、营养师为顾问，或者直接聘请为农场经营管理人员。

（九）加强技术培训，提高奶农素质

教育和培训可以提高奶农的整体素质，因此，奶业发达国家在注重物质资本投入的同时，普遍注重人力资本的投资。法国奶农的背后有强大的科研体系支撑，不仅有法国农业科学院等主要进行基础科学方面研究的机构，还有与之相配套的一些进行实用技术研究的机构。

法国对奶农的技术培训和教育普及也非常重视。在法国有明确的法律规定，从业者要有相关资格证才能上岗工作，如奶农必须有高中学历才可从事该行业工作，在行业中34%的从业者是具有大学学历的，并且很多从业者以此为荣。

在澳大利亚奶业的发展过程中，学校和科研机构的作用是非常突出的。澳大利亚的农业高等教育和农民专业培训由各个综合大学、职业专科学校、函授教育机构完成。这些院校和机构一方面接受政府的委托，从事某一方面农业技术的研究和农场管理方面的探索；另一方面，也可针对实际情况直接面向农场主进行服务。除了教育机构外，国际上还设有各类研究机构，承担技术开发研究、基础研究和技术咨询与推广。它们紧密联系实际，与生产者签订合同，开展合作和研究工作，其成果直接用于实际生产。

荷兰奶业发达的主要原因之一是荷兰十分重视对农民的培训，因而荷兰奶农的素质普遍较高。荷兰有很多长、短期的职业技能培训学校，方便农民继续深造学习，高素质奶农具有先进的科学生产知识和强烈的市场竞争意识。在生产方面，荷兰奶农十分注重科学管理奶牛，他们根据奶牛的生理状况、生产性能和生产季节配置科学合理的饲料配方，使奶牛的生产潜力得到最充分的发挥。在市场竞争方面，荷兰奶农强烈的竞争意识使得他们不断地寻求降低成本、提高生产效率和产品质量的方法。

比利时在应用新技术发展生态牧业的过程中，也十分重视对农牧民的教育培训。比利时的培训主体是各级各类科研机构，这些机构首先对自己的从业人员进行适应性培训，然后是每年 2~4 次地成批培训农牧民。参加培训的农牧民只需缴纳少量费用，培训的费用主要来自于政府拨款、欧盟资助和科研机构自筹等三种渠道。培训的主要内容侧重于运用信息技术进行牧场现代化管理及集约化发展牧场技术。

（十）重视奶牛场粪污处理与环保技术

奶牛饲养管理中的粪污处理，是一个世界性的环境保护难题。以美国为例，出台了《动物饲养环境保护法》。按照 450kg 为一个动物单位标准计算，大于 1 000 个动物标准单位的牛场就必须得到联邦政府污染物排放许可，小于 1 000 个动物标准的要执行地方性标准。欧盟在 20 世纪 90 年代制定专门法规，要求牛的粪便不得露天存放，必须存放在带有屋顶的建筑物内，以减少氨气的释放量。该法规对耕地的最大施肥量也做出了明确限定。现在，传统开放式的

施肥方式已经被灌注的施肥方式所取代。荷兰等国还建立了一些实验牧场，利用牛粪发酵生产沼气进行发电自用，减少电能消耗，这样既可以利用生物质开展节能，又找到了一种最佳的粪便处理和利用方式，实现了人与自然的和谐发展。日本也对奶业生产者提出了十分严格的养殖标准要求，凡奶牛场都必须注意环境的保护，强调生产与周围环境的协调发展，奶牛场的粪便都须经过无害化处理，达不到要求的不准从事养殖活动，依照相关法律、法规，各奶牛场都应结合自身的条件，拟订场内环境方案。纵观各国，现在普遍采用的粪污处理方式主要有腐熟堆肥直接还田、固液分离、沼气发电等。

规模养殖场的发展在粪污治理、疫病防控、奶牛福利等方面存在的潜在风险也不容忽视。奶牛养殖是一个高排污的产业，以 1 个万头牧场为例，平均 1 头奶牛 1d 排粪尿 50kg 左右，那么牧场每天排放的粪污量近 500t，每年的粪污排泄量十分庞大。如果忽略牛场附近的人口密度、水源、降水量、土地面积及能否实现有效的农牧结合等因素，一哄而上地发展超大规模的牧场，势必会带来一系列的环保和疫病风险问题。按照欧盟标准，土地容纳氮含量是 170kg/hm^2，要容纳 1 个万头牧场排出的 500t 氮至少需要 2 940hm^2 土地（约合 4.41 万亩）。因此，奶牛养殖需要探索“农牧结合”的发展道路，一方面应该考虑区域特点，结合当地自然及社会条件，因地制宜；二是结合人口数量及土地承载力、奶牛福利等因素，发展与土地承载和消纳能力相匹配的规模养殖。

目前中国奶牛养殖规模的逐步扩大使环境问题日益凸显，在奶牛养殖场设计时应该根据当地气候特点等因素选用适合的处理方式，同时应该综合考虑土地的粪污消纳能力及配套的粪污处理系统等的建设以减轻对环境的压力。

第二部分　品种介绍与生产工艺

一、奶牛品种

（一）国外品种

1. 荷斯坦牛（Holstein）

荷斯坦牛原产于荷兰，风土驯化能力强，世界大多数国家均能饲养。经长期的驯化及系统选育，各个国家育成了各具特征的荷斯坦牛，并冠以该国的国名，如美国荷斯坦牛、加拿大荷斯坦牛、中国荷斯坦牛等。

近1个世纪以来，由于各国的选育方向不同，育成了以美国、加拿大、以色列等国为代表的乳用型和以荷兰、丹麦、挪威等欧洲国家为代表的乳肉兼用两大类型。

（1）乳用型荷斯坦牛：

【外貌特征】体格高大，结构匀称，皮薄骨细，皮下脂肪少，乳房特别庞大，乳静脉明显，后躯较前躯发达，侧望呈楔形，具有典型的乳用型外貌。被毛细短，毛色呈黑白斑块，界线分明，额部有白星，腹下、四肢下部（腕、跗关节以下）及尾帚为白色。成年公牛体重900~1 200kg，体高145cm，体长190cm；成牛母牛体重650~750kg，体高135cm，体长170cm（图2.1）；犊牛初生重40~50kg。

图2.1　乳用型荷斯坦牛

【生产性能】乳用型荷斯坦牛的产奶量为各乳牛品种之冠。2000年美国登记的荷斯坦牛年平均产奶量为9 777kg，乳脂率为3.66%，乳蛋白率为3.23%。创世界个体最高纪录的是美国一头名为“Muranda Oscar Lucin-

da-ET”的牛，于 1997 年全年（365d），每天挤奶 2 次，产奶量累计高达 30 833kg。创终身产奶量最高纪录的是美国加利福尼亚州的一头奶牛，在泌乳期的 4 796d 内共产奶 189 000kg。

荷斯坦牛的缺点是乳脂率低，不耐热，高温时产奶量明显下降。因此，在我国夏季饲养时，尤其南方地区要注意防暑降温。

（2）兼用型荷斯坦牛：

【外貌特征】兼用型荷斯坦牛体格略小于乳用型，体躯低矮宽深，皮肤柔软而稍厚，尻部方正，四肢短而开张，肢势端正，侧望类似偏矩形，乳房发育匀称，前伸后展，附着好，多呈方圆形，毛色与乳用型相同，但花片更加整齐美观。成年公牛体重 900～1 100kg；母牛体重 550～700kg；犊牛初生重 35～45kg。

【生产性能】兼用型荷斯坦牛的平均产奶量较乳用型低，年产奶量一般为 4 500～6 000kg，乳脂率为 3.9%～4.5%，个别高产的可达 10 000kg 以上。肉用性能较好，经肥育的公牛，500 日龄平均活重为 556kg，屠宰率为 62.8%。

2. 娟姗牛（Jersey）

娟姗牛属于小型乳用品种，原产于英吉利海峡南端的娟姗岛（也称为哲尔济岛）。由于娟姗岛自然环境条件适于养奶牛，加之当地农民的选育和良好的饲养条件，从而育成了性情温驯、体形轻小、乳脂率较高的乳用品种。早在 18 世纪娟姗牛即以乳脂率高、乳房形状好而闻名。

【外貌特征】娟姗牛体形小，轮廓清晰，清秀。头小而轻，两眼间距宽，眼大而明亮，额部稍凹陷，耳大而薄，鬐甲狭窄，肩直立，胸深宽，背腰平直，腹围大，尻长平宽，尾帚细长，四肢较细，关节明显，蹄小。乳房发育匀称，形状美观，乳静脉粗大而弯曲，后躯较前躯发达，体形呈楔形。娟姗牛被毛细短而有光泽，毛色为深浅不同的褐色为多。鼻镜及舌为黑色，嘴、眼周围有浅色毛环，尾帚为黑色。

图 2.2　娟姗牛

娟姗牛体格小，成年公牛体重为 650～750kg；成年母牛体重 340～450kg，体高 113.5cm（图 2.2）；犊牛初生重为 23～27kg。

【生产性能】娟姗牛的最大特点是乳质浓厚，单位体重产奶量高，乳脂肪球大，易于分离，乳脂黄色，风味好，适于制作黄油，其鲜奶及奶制品备受欢迎。2000 年美国娟姗牛登记平均产奶量为 7 215kg，乳脂率 4.61%，乳蛋白率

3.71%。创个体纪录的是美国一头名叫“Greenridge Berretta Accent”的娟姗牛，年产奶量达18 891kg，乳脂率为4.67%，乳蛋白率为3.61%。

娟姗牛较耐热，印度、斯里兰卡、日本、新西兰、澳大利亚等国均有饲养。新中国成立前，我国曾引进娟姗牛，主要饲养于南京等地，年产奶量为2 500~3 500kg。近年，广东又有少量引入，用于改善牛群的乳脂率和耐热性能。

3. 爱尔夏牛（Ayrshire）

爱尔夏牛属于中型乳用品种，原产于英国爱尔夏郡。该牛种在英国最初属肉用，1750年英国开始引用荷斯坦牛、更赛牛、娟姗牛等乳用品种杂交改良，于18世纪末育成乳用品种。爱尔夏牛以早熟、耐粗饲、适应性强为特点，先后出口到日本、美国、芬兰、澳大利亚、加拿大、新西兰等30多个国家。我国广西、湖南等许多省区曾有引入，但由于该品种富神经质，不易管理，如今纯种牛已很少。

图2.3 爱尔夏牛

【外貌特征】 角细长，形状优美，角根部向外方凸出，逐向上弯，尖端稍向后弯，为蜡色，角尖呈黑色。体格中等，结构匀称，被毛为红白花，有些牛白色占优势。该品种外貌的重要特征是其奇特的角形及被毛有小块的红斑或红白纱毛。鼻镜、眼圈浅红色，尾帚白色。乳房发达，发育匀称呈方形，乳头中等大小，乳静脉明显。成年公牛体重800kg；成年母牛体重550kg，体高128cm（图2.3）；犊牛初生重30~40kg。

【生产性能】 美国爱尔夏牛登记年平均产奶量为5 448kg，乳脂率为3.9%，产奶量最高个体产奶305d，每天2次挤奶，产奶量为16 875kg，乳脂率为4.28%。

4. 更赛牛（Guernsey）

更赛牛属于中型乳用品种，原产于英国更赛岛，该岛距娟姗岛仅35km。1877年成立品种协会，1878年开始良种登记。19世纪末开始输入我国，1947年又输入一批，主要饲养在华东、华北各大城市。目前，在我国纯种更赛牛已绝迹。

【外貌特征】 头小，额狭，角较大，向上方弯；颈长而薄，体躯较宽深，后躯发育较好，乳房发达，呈方形，但不如娟姗牛的匀称。被毛为浅黄色或金黄，也有浅褐个体；腹部、四肢下部和尾帚多为白色，额部常有白星，鼻镜为

深黄或肉色。成年公牛体重 750kg；成年母牛体重 500kg，体高 128cm（图 2.4）；犊牛初生重 27~35kg。

【生产性能】1992 年美国更赛牛登记平均产奶量为 6 659kg，乳脂率为 4.49%，乳蛋白率为 3.48%。更赛牛以高乳脂、高乳蛋白及奶中较高的 β-胡萝卜素含量而著名。同时，更赛牛的单位奶量饲料转化效率较高，产犊间隔较短，初次产犊年龄较早，耐粗饲，易放牧，对温热气候有较好的适应性。

图 2.4　更赛牛

5. 瑞士褐牛

瑞士褐牛属乳肉兼用品种，原产于瑞士阿尔卑斯山区，在瓦莱斯地区分布较多。该品种由当地的短角牛在良好的饲养管理条件下，经过长时间选种选配而育成。

【外貌特征】被毛为褐色，由浅褐、灰褐至深褐色，在鼻镜四周有一浅色或白色带，鼻、舌、角尖、尾帚及蹄为黑色。头宽短，额稍凹陷，颈短粗，垂皮不发达，胸深，背线平直，尻宽而平，四肢粗壮结实，乳房匀称，发育良好。成年公牛体重为 1 000kg，母牛 500~550kg（图 2.5）。

图 2.5　瑞士褐牛

【生产性能】瑞士褐牛年产奶量为 2 500~3 800kg，乳脂率为 3.2%~3.9%；18 月龄活重可达 485kg，屠宰率为 50%~60%。美国于 1906 年将瑞士褐牛育成为乳用品种，1999 年美国乳用瑞士褐牛 305d 平均产奶量达 9 521kg（成年当量）。

瑞士褐牛成熟较晚，一般 2 岁才配种。耐粗饲，适应性强。美国、加拿大、俄罗斯、德国、波兰、奥地利等国均有饲养，全世界约有 600 万头。瑞士褐牛对新疆褐牛的育成起过重要作用。

6. 乳用短角牛

短角牛原产于英格兰东北部的诺森伯兰、达勒姆、约克和林肯等郡，由于是从当地土种长角牛改良而来，改良后的牛角较短小，故称为短角牛。

英国短角牛的育种工作始于18世纪初，由伯克尔主持，主要向肉用型方向改良，以供城市牛肉的需要，而后由柯林兄弟利用“古巴克”公牛进行近亲繁殖，并由白蒂斯培育成乳肉兼用牛。1950年以后，短角牛中一部分又向乳用方向选育。目前，短角牛有肉用、乳用和乳肉兼用三种类型。

【外貌特征】 短角牛分为有角和无角两种。有角类型角细短，呈蜡黄色，角尖黑。被毛多为深红色或酱红色，少数为红白沙毛或白毛，部分个体腹下或乳房部有白斑，鼻镜为肉色，眼圈色淡。体形清秀，乳房发达。成年公牛体重为900～1 200kg，成年母牛体重为600～700kg（图2.6），犊牛初生重为32～40kg。

图2.6　乳用短角牛

【生产性能】 乳肉兼用型，年产奶量一般为2 800～3 500kg，乳脂率为3.5%～4.2%。美国于1969年育成乳用型短角牛，目前乳用短角牛年产奶量平均为6 810kg，乳脂率为3.33%，乳蛋白率3.15%。创个体单产纪录者为一头名叫“Blaser Acres Sammy”的牛，于1998年共计产奶305d，每天挤奶2次，产奶量达15 913kg，乳脂率为2.8%，乳蛋白率为3.4%。

我国于1913年首次引入乳肉兼用型短角牛，以后又相继多次引入，主要用于改良蒙古牛，对中国草原红牛的育成起了重大作用。

7. 丹麦红牛

丹麦红牛属于乳肉兼用品种，原产于丹麦的默恩、西兰及洛兰等岛屿。1841—1863年间，用安格勒牛（Angler）和乳用短角牛，与当地的北斯勒准西牛杂交改良，在此基础上，经过多年选育，于1878年育成，1885年出版《良种登记册》。

为了进一步提高丹麦红牛的生产性能，消除由于长期纯繁和近交而引起的难产、死胎、犊牛死亡率高等缺点，1972—1985年间丹麦相继导入瑞典的红白花牛、芬兰爱尔夏牛、荷兰红白花牛、美国的瑞士褐牛及法国的利木赞牛基因，近年再次导入美国的瑞士褐牛基因，对丹麦红牛进行育种改良。今日的丹麦红牛，以产奶量多、乳脂和乳蛋白含量高、对结核病有抵抗力而驰名。

【外貌特征】 丹麦红牛体形大，体躯长而深，胸部向前突出。有明显的垂皮，背长稍凹，腹部容积大，乳房发达，发育匀称，乳头长8～10cm。被毛为

红色或深红色，部分牛只腹部和乳房部有白斑，鼻镜为瓦灰色。公牛一般毛色较深。成年公牛体高为 148cm，体重为 1 000~1 300kg；成年母牛体高为 132cm，体重为 650kg（图 2.7）；犊牛初生重为 40kg 左右。

图 2.7　丹麦红牛

【生产性能】据丹麦年鉴记载，1989—1990 年，年平均产奶量达 6 712kg，乳脂率为 4.31%，乳蛋白率为 3.49%。个体最高单产纪录为 11 896kg，乳脂率 4.2%，乳脂量 446kg，乳蛋白率为 3.31%。个体最高终生产奶 10 万千克以上。在我国饲养条件下，305d 产奶量 5 400kg，乳脂率 4.21%，最高个体达 7 000kg。

丹麦红牛肉用性能亦好，屠宰率一般为 54%。在肥育期，12~16 月龄的小公牛，平均日增重达 1 010g，屠宰率为 57%。

我国于 1984 年首次引入 30 多头丹麦红牛，分别饲养于吉林省畜牧兽医研究所和原西北农业大学，主要用于改良延边牛、秦川牛和复州牛，杂交一代普遍表现出适应性强、耐粗饲、好养、生长发育快、初生重大等优良性能，同时杂交一代牛乳房发育好、产奶量高，深受群众欢迎。1990 年原福建农学院从陕西省引进丹麦红牛冻精杂交改良福建闽南黄牛，同样取得上述明显的改良效果。

8. 西门塔尔牛（Simmental）

西门塔尔牛原产于瑞士阿尔卑斯山西部。“Simmen”是瑞士一条河流的名称，“tal”在德语中意指谷地。Simmental 即原产于西门河谷的牛。1803 年伯尔尼省大委员会（the great council of bern province）出版了第一本西门塔尔牛良种登记簿。19 世纪末，有数千头西门塔尔牛输出至瑞士周边、巴尔干地区及东欧地区国家，1880 年输往俄罗斯。目前，西门塔尔牛主要分布于欧洲、亚洲、南美洲、北美洲、南非等地区，在欧洲和亚洲大约有 3 000 万头，有 19 个国家建立了良种登记，1974 年成立“世界西门塔尔牛联合会”（WSF）。

【外貌特征】毛色多为黄白花或淡红花，头、胸、腹下、四肢、尾帚多为白色。体格高大，成年母牛体重 550~800kg，公牛 1 000~1 200kg；成年母牛体高 134~142cm，公牛 142~150cm；犊牛初生重 30~45kg。后躯较前躯发达，中躯呈圆筒形。额与颈上有卷曲毛。四肢强壮，蹄圆厚。乳房发良中等，乳头

粗大，乳静脉发育良好（图 2. 8）。

【生产性能】 西门塔尔牛的肉用、乳用性能均佳。平均年产奶量 4 000kg以上，乳脂率为 4%。初生至 1 周岁平均日增重可达 1. 32kg，12～14 月龄活重可达 540kg 以上。较好条件下屠宰率为 55%～60%，肥育后屠宰率可达 65%。耐粗饲、适应性强。四肢坚实，寿命长，繁殖力强。

图 2. 8　西门塔尔牛

我国自 1950 年开始从苏联引进该品种，1970 年开始到 1990 年前后又先后从瑞士、德国、奥地利等国引进。目前，该品种在我国已分布于 21 个省、市、自治区，从北方到长江流域的四川、湖北等地，以及西藏高原均有饲养。据统计，1988 年全国西门塔尔纯种牛及高代杂种改良牛已有 35 万头，分布最多的省区为内蒙古、黑龙江、河北、吉林、新疆、四川。据报道，中国西门塔尔牛核心群平均年产奶量 3 550kg，乳脂率 4. 74%。

【改良我国黄牛效果】 与我国北方黄牛杂交，所生后代体格增大，生长加快，受到群众欢迎。年产奶量为 2 871kg，乳脂率为 4. 08%。

9. 蒙贝利亚牛（Montbeliarde）

蒙贝利亚牛属乳肉兼用品种，原产于法国东部的道布斯（Doubs）县。18 世纪通过对瑞士的胭脂红花斑牛（Pie Rouge，亦称红花牛，通常认为是西门塔尔牛的一个类型）长期选育而成。1872 年在兰格瑞斯（Langres）举行的农业比赛中，育种专家 Joseph Graber 对他培育的一组牛第一次用了“蒙贝利亚”这个称呼。1889 年在世界博览会上，官方正式承认蒙贝利亚牛这个品种并予登记注册，同年进行了蒙贝利亚牛良种登记。蒙贝利亚牛现有头数约 150 万，其中泌乳母牛 68. 5 万头，登记母牛 32. 8 万头。在法国，它被列为主要的乳用品种之一，其产奶量仅次于荷斯坦牛，居法国全国第二位。

蒙贝利亚牛有较强的适应性和抗病力，耐粗饲，适宜于山区放牧，具有良好的产奶性能、较高的乳脂率和乳蛋白率，以及较好的肉用性能。目前已由法国出口到 40 多个国家。

【外貌特征】 被毛多为黄白花或淡红花，头、胸、腹下、四肢及尾帚为白色，皮肤、鼻镜、眼睑为粉红色。具兼用体形，乳房发达，乳静脉明显。成年公牛体重为 1 100～1 200kg，母牛为 700～800kg（图 2. 9），第一胎泌乳牛（41 319 头）平均体高 142cm，胸宽 44cm，胸深 72cm，尻宽 51cm。

【生产性能】 法国 1994 年蒙贝利亚牛年平均产奶量为 6 770kg，乳脂率为

3.85%，乳蛋白率为3.38%。新疆呼图壁种牛场引入蒙贝利亚牛年平均产奶量为6 668kg，乳脂率为3.74%。18月龄公牛胴体重达365kg。

1987年我国从法国引进蒙贝利亚牛169头，其中怀孕母牛158头，青年公牛3头，分别饲养在新疆呼图壁种牛场（47头）、内蒙古高林屯种畜场（55头）、四川阳坪种牛场（29头）、吉林查干花种畜场（18头）等。经过多年的育种工作，目前，蒙贝利亚牛已适应我国的生态环境，并在数量及生产性能上均有一定的发展和提高。

图2.9　蒙贝利亚牛

（二）中国培育品种

1. 中国荷斯坦牛

中国荷斯坦牛是利用从不同国家引入的纯种荷斯坦牛经过纯繁、纯种牛与我国当地黄牛杂交，并用纯种荷斯坦牛级进杂交，高代杂种相互横交固定，后代自群繁育，经长期选育（历经100多年）而培育成的我国唯一的奶牛品种。1987年3月4日在农、牧、渔业部和中国奶牛协会的主持下，对中国黑白花牛品种进行了鉴定验收。该品种的各项指标均已达到了国际同类品种水平。我国于1992年将“中国黑白花奶牛”品种名更改为“中国荷斯坦牛”（China Holstein）。中国荷斯坦牛现已遍布全国，质量也在不断提高，主要集中在大中城市附近，工矿区及乳品工业比较发达的地区，表现出良好的环境适应性和较高的生产性能。

【外貌特征】该品种毛色同乳用型（见荷斯坦牛）。由于各地引用的荷斯坦公牛和本地母牛类型不同，以及饲养环境条件的差异，中国荷斯坦牛的体格不够一致，就其体形而言，北方荷斯坦牛体形较大。中国北方荷斯坦成年公牛体高155cm，体长200cm，胸围240cm，管围24.5cm，体重1 100kg；成年母牛体高135cm，体长160cm，胸围200cm，管围19.5cm，体重600kg。南方荷斯坦牛体形偏小，其成年母牛体高132.3cm，体长169.7cm，胸围196cm，体重585.5kg（图2.10）。

图2.10　中国荷斯坦牛

【生产性能】据我国 21 925 头品种登记牛的统计，中国荷斯坦牛 305d，各胎次年平均产奶量为 6 359kg，平均乳脂率为 3. 56%。其中，第一泌乳期为 5 693kg，乳脂率为 3. 57%；第三泌乳期为 6 919kg，乳脂率为 3. 57%。在北京、天津、上海、内蒙古、新疆、山西，以及东北三省等省市附近及重点育种场，其全群年平均产奶量已达到 7 000kg 以上。在饲养条件较好、育种水平较高的北京、上海等市，个别奶牛达到了国际同类荷斯坦牛的生产水平，奶牛场全群年平均产奶量已超过 8 000kg，超过 10 000kg 的奶牛个体不断涌现。

2. 中国西门塔尔牛

中国西门塔尔牛是我国培育的乳肉兼用牛新品种，2001 年经农业部组织专家鉴定验收，2002 年报经全国动物遗传资源与品种审定委员会批准并向国内外公布。

中国西门塔尔牛品种公、母牛逾 3 万头，其各代杂交改良牛 500 多万头，以内蒙古、新疆、四川、吉林、山西、河北等省区为主，遍布全国 28 个省区。

该品种培育经历了长期的多血缘育成杂交过程。早在 20 世纪初我国就有西门塔尔牛引入；到 20 世纪 50~70 年代，又从苏联、瑞士、德国多次引入种牛；20 世纪 80 年代，又大量从北美和法国购进较多种公、母牛，用以大面积开展杂交，改良本地黄牛。

“六五”“七五”期间（1980—1990 年），培育中国西门塔尔牛新品种的科技任务，由农业部下达中国农业科学院（畜牧研究所）组织实施，“八五”“九五”继续得到国家科技部、农业部多方资助。1981 年在农业部（畜牧局）支持下成立了中国西门塔尔牛育种委员会，设在中国农业科学院畜牧研究所。育种委员会吸收各地的管理与技术专家，提出统一的选育标准和种牛培育方案，定期召开大范围的经验交流会，出版技术刊物《中国西门塔尔牛》和发布“良种登记簿”（1982 年、1985 年和 1991 年）。

中国西门塔尔牛的培育地区广泛，按照各地生态条件和原当地牛的特点不同，在其品种群体内形成了三个地方类型，即中国西门塔尔牛平原型、草原型和山地型。

中国西门塔尔牛具有国外西门塔尔牛的典型毛色特征，体躯被毛为红（黄）白花片，头部、尾梢、腹部和四肢下部为白毛，鼻镜粉红色。一般角形外展，体躯深宽，结构匀称，肌肉发育良好，乳房发育充分，质地良好。该品种牛适应性广泛，耐粗放饲养，在我国广大地区均表现出良好的乳肉性能，出现了一批高产乳量的个体和小群体，如四川广汉地区测定该品种牛群 725 头次，按 4%乳脂率标准乳计，每年每头均产乳量 5 314~7 240. 8kg 的占到 8. 3%；新疆呼图壁种牛场西门塔尔产奶牛 100 多头，2001 年头均产乳量7 154kg；该场 1994—1995 年有一头编号为 900302 的母牛第二胎次产乳量高达 11 740kg，

创造了该品种泌乳期最高单产纪录。

中国西门塔尔牛肉用性能突出。据吉林白城地区查干花种畜场测定，在优良饲养条件下，其核心群公母平均初生重分别为 39kg 和 38kg，6 月龄体重为 187kg 和 182kg，12 月龄时为 303kg 和 285kg，18 月龄时为 443kg 和 365kg。另据河北省在承德和石家庄地区测定，与当地黄牛相比，西杂一代公母牛初生重分别比当地牛高出 50%和 60%，6 月龄体重高出 47%和 39.2%，18 月龄时分别高出 67.3%和 41.6%，24 月龄时高出 36.8%和 48.5%；其中 16~20.5 月龄育肥牛平均日增重达 1 100~1 252g，屠宰率 55%以上，净肉率 45%以上，每千克增重消耗精料 2.0~3.1kg。

该品种牛抗逆性强，适宜我国广大地区饲养，改良当地黄牛效果显著，是农业部向全国重点推广的乳肉兼用品种。由于该品种育成时间不长，特别是对所形成的较大类型牛群，在各自核心群的完善和种公牛培育方面还应该继续努力，以推动该品种的稳步发展。

3. 三河牛

三河牛是内蒙古地区培育出的优良乳肉兼用牛品种，主要分布在呼伦贝尔市大兴安岭西麓的额尔古纳右旗的三河（根河、得尔布尔河、哈布尔河）地区，故得此名。现主要分布在呼伦贝尔市，约占品种牛总头数的 90%；其次在兴安盟、通辽市和锡林郭勒盟等地区也有分布。该品种于 1986 年 9 月 3 日通过验收。

三河牛是经过多年的多品种相互杂交和选育，逐步形成的一个体大结实、耐寒、易放牧、适应性强、乳脂率高、产奶性能好的新品种。

三河牛成年公牛体高 156.8cm，体长 205.5cm，胸围 240.1cm，管围 25.7cm，体重 1 050kg；成年母牛体高 131.3cm，体长 167.7cm，胸围 192.5cm，管围 19.4cm，体重 547.9kg。调查测定了 7 054 头三河牛产奶量，结果表示，三河牛泌乳期年平均产奶量 2 868kg，乳脂率 4.17%。育种核心群母牛 4 320头，305d 平均产奶量 3 205kg，乳脂率 4.1%。三河牛产肉性能好，在放牧肥育条件下，阉牛屠宰率为 54%，净肉率为 45.6%，在完全放牧不补饲的条件下，两岁公牛屠宰率为 49.5%，净肉率在 40% 以上（图 2.11）。

图 2.11　三河牛

4. 中国草原红牛

中国草原红牛为乳肉兼用型品种，主要产于吉林白城地区，内蒙古赤峰市、锡林郭勒盟南部和河北张家口地区。它是用乳肉兼用型短角牛与蒙古牛级进杂交2~3代后，再通过横交固定、自群繁育而培育成的一个新品种。早在1936年，内蒙古乌兰浩特市新引进兼用型短角牛与当地黄牛杂交，1947年又从北美引进数头种牛，1952年开展有计划的杂交工作。经过1952—1970年的杂交改良阶段；1973—1979年的横交固定阶段，以及1980年后又进行自群繁育，并严格选择。1985年8月20日，经中华人民共和国农牧渔业部（现农业部）授权吉林省畜牧厅，在内蒙古赤峰市对该品种进行了验收，正式命名为中国草原红牛，并制定了国家标准。

中国草原红牛成年公牛体高137.3cm，体重700~800kg；成年母牛体高124.2cm，体重450kg。在以放牧为主的条件下，第一胎平均泌乳量为1 127.4 kg，乳脂率为4.03%，最高个体年产奶量为4 507kg。18月龄的阉牛，经放牧肥育，屠宰率为50.80%，净肉率为40.95%。短期肥育牛屠宰率为58.1%，净肉率为49.5%。草原红牛肉质良好，纤维细嫩，肌间、肌束内脂肪分布均匀，呈大理石状，肉味鲜美（图2.12）。

5. 新疆褐牛

新疆褐牛是草原型乳肉兼用品种，主要分布在新疆伊犁、塔城等地区。1983年经新疆畜牧厅评定验收。

该品种的育种工作早在20世纪初就已开始。1935—1936年，新疆曾引进瑞士褐牛与当地哈萨克牛进行杂交。1951—1956年，又从苏联引进阿拉托乌牛、科斯特罗姆牛与当地黄牛杂交改良。1977年和1980年，又从德国、奥地利陆续引进3批纯种瑞士褐牛。由于多次引入瑞士褐牛血统，从而稳定了新疆褐牛的优良遗传品质，提高了其产奶性能。

图2.12 中国草原红牛

图2.13 新疆褐牛

新疆褐牛成年母牛体高为（121.6±13.45）cm，胸围为（173.2±7.93）cm，体重为430kg，平均产奶量为2 100~3 500kg，最高产奶量达5 162kg，平均乳脂率为4.03%~4.08%（图2.13）；成年公牛体重为950kg。在自然放牧条件下，其两岁以上牛只屠宰率为50%以上、净肉率39%，肥育后净肉率可达40%以上。

6. 科尔沁牛

科尔沁牛主要分布在内蒙古东部地区的通辽市科尔沁草原，故而得名。

科尔沁牛产区通辽市为大陆性气候，四季寒暖，干湿分明，春季干旱多大风，夏季湿热多雨水，秋季凉爽短促，冬季长而干冷。年平均气温5~6℃，冬季长达5个月以上。1月最冷，月平均气温为-13~-12℃；7月最热，月平均气温为23~24℃，年降水量为350~450mm。无霜期90~150d，适宜农作物及饲料作物生长。

科尔沁牛是以西门塔尔牛为父本，蒙古牛、三河牛和蒙古牛的杂种母牛为母本，采用育成杂交方法培育而成的乳肉兼用新品种。其育成过程大致分为杂交改良及自群繁育两个阶段。

（1）杂交改良阶段（1922—1971年）：1922年内蒙古的铁路员工从黑龙江等地带来少量的朝鲜黄牛和荷兰牛，其后又引入朝鲜牛和荷兰牛改良蒙古牛，但收效甚微。1958年大量引入三河杂种牛、西门塔尔牛，开展人工授精，对蒙古牛进行杂交改良，至1972年已有三蒙、西蒙杂种牛近20万头，其中的西蒙杂种牛体格较大，结构匀称，适应性较强。

（2）自群繁育阶段（1972—1990年）：1972年，我国制订了科尔沁牛育种方案，育种核心场和各育种重点乡村开始采用横交公牛的方法进行选择与培育。横交固定方式有二，一是各育种单位利用培育出的优秀杂种公牛实行本交；二是采用冷冻精液，实行人工授精。

经过几个世代的自群繁育，牛群质量不断提高。据1989年统计，全哲里木盟（现通辽市）已有科尔沁牛5.5万头。

【外貌特征】科尔沁牛毛色为黄（红）白花，体大结实，结构匀称，头大小适中，颈肩结合良好，四肢端正，胸宽深，肋骨开张，背腰平直，后躯及乳房发育良好，乳头分布均匀，大小适中。

【体尺、体重】成年母牛体高（131.4±5.09）cm，体长（157±8.23）cm，胸围（196±0.79）cm，体重（507.8±60.68）kg。成年公牛体重为（991.2±56.07）kg。初生公犊牛重（41.7±4.8）kg，母犊牛为（38.1±4.6）kg。

【产乳性能】据报道，高林屯种畜场核心群平均产乳量（277.7d）为3 210.8kg。120d全放牧时产乳量各胎平均为1 256.34kg，乳脂率为4.17%。在一般饲养条件下，年单产2 000kg左右。

【产肉性能】据报道，在长年放牧短期中等饲养水平肥育条件下，18月龄、20月龄和30月龄屠宰率分别为53.34%、52.6%和57.33%；净肉率分别为41.93%、41.74%和47.57%。

【繁殖性能】据多年观察，母牛7~8月龄、公犊6~7月龄达性成熟。母牛发情持续特征明显，发情周期18~21d。母牛的初配年龄为2.5岁，妊娠期为（283.62±6.09）d。饲养条件较好的场母牛可以一年一产或三年两产。

该品种于1990年8月经专家组现场鉴定，认为是比较理想的乳肉兼用品种。由内蒙古自治区人民政府正式命名为科尔沁牛。

科尔沁牛是适于草原放牧的新品种，在牧区有广阔的发展前途。

二、奶牛的生物学特性和行为特性

（一）奶牛的生物学特性

1. 毛色特征

中国荷斯坦牛：黑白花、黑白相间。娟姗牛：深浅不同的褐色或者灰色，尾帚为黑色。西门塔尔牛：黄白花或红白花，头与四肢下部白色。夏洛来牛：全身白色。秦川牛：紫红色，有深浅（表2.1）。

表2.1　几种牛毛色

品种	毛色特征
乳用型荷斯坦牛	毛色呈黑白斑块，界线分明，额部有白星，腹下、四肢下部（腕、跗关节以下）及尾帚为白色
兼用型荷斯坦牛	毛色与乳用型相同，但花片更加整齐美观
娟姗牛	被毛细短而有光泽，毛色为深浅不同的褐色为多；鼻镜及舌为黑色，嘴、眼周围有浅色毛环，尾帚为黑色
爱尔夏牛	被毛为红白花，有些牛白色占优势；被毛有小块的红斑或红白纱毛
更赛牛	被毛为浅黄色或金黄，也有浅褐个体；腹部、四肢下部和尾帚多为白色，额部常有白星，鼻镜为深黄或肉色
瑞士褐牛	被毛为褐色，由浅褐、灰褐至深褐色
乳用短角牛	被毛多为深红色或酱红色，少数为红白纱毛或白毛，部分个体腹下或乳房部有白斑，鼻镜为肉色，眼圈色淡
丹麦红牛	被毛为红色或深红色，部分牛只腹部和乳房部有白斑，鼻镜为瓦灰色
西门塔尔牛	色多为黄白花或淡红花，头、胸、腹下、四肢、尾帚多为白色
蒙贝利亚牛	被毛多为黄白花或淡红花，头、胸、腹下、四肢及尾帚为白色，皮肤、鼻镜、眼睑为粉红色

2. 牛的主要生理指标

（1）血液指标：血液组成与动物机体的新陈代谢密切相关，初生犊牛机

体内部氧化还原反应比成年牛强，随着年龄的增长，血液中的白细胞、红细胞及血红素含量降低，这主要是与机体的代谢速度减慢有关（表 2.2）。

表 2.2　中国荷斯坦牛的主要血液指示

指标	初生	6 月龄	12 月龄	24 月龄	成年母牛
活重（kg）	30~40	170	300	480	550~600
血重（kg）	3.5	13.2	24.6	35.4	47.6
红细胞（亿/mL）	9.24	7.63	7.43	7.37	7.72
白细胞（十万/mL）	7.51	7.61	7.92	7.35	6.42

（2）脉搏、呼吸和体温：牛正常体温范围为 37.5~39.1℃，初生犊牛脉搏 70~80 次/min，成年牛 40~60 次/min，泌乳牛和怀孕后期的母牛比空怀母牛高些，牛的正常呼吸次数为 20~28 次/min。

3. 牛的生态适应性

（1）温度：奶牛的最适温度为 5~15℃，在-1~25℃范围内，奶牛产奶量不会有影响。高温与低温相比，奶牛对高温更为敏感，当气温高于 28℃，奶牛将会产生热应激，产奶量将下降，公牛的精液品质降低，母牛的受胎率也会下降。

（2）湿度：气温在 24℃以下，空气湿度对奶牛的产奶量、乳成分及饲料利用率都没有明显影响。但当气温超过 24℃时，相对湿度升高，奶牛产奶量和采食量都下降，高温高湿条件下，奶牛产奶量下降，乳脂率减小。

4. 牛的消化特征

（1）口腔：牛无上切齿，其功能由坚韧的齿板代替。牛舌长而灵活，可将草料送入口中，舌尖有大量坚硬的角质化乳头，这些乳头有助于收集细小的颗粒料。牛的唾液腺很发达，能分泌大量混合液体，有助于消化。犊牛有 20 枚牙齿，成年牛有 32 枚。

（2）复胃：牛有 4 个胃，分别为瘤胃、网胃、瓣胃和皱胃。牛的瘤胃容积较大，成年奶牛的瘤胃容积约为 200L，黄牛约为 100L，约占胃总容积的 80%，瘤胃中含有大量微生物，分解粗纤维。网胃可以进行水分的再吸收。瓣胃是将食物进一步研磨，并将稀软部分送入皱胃。皱胃有消化腺，能分泌消化液，将食物进一步消化。

牛的瘤胃含有大量微生物，能将粗纤维分解产生大量挥发性脂肪酸（乙酸、丙酸、丁酸），乙酸可以合成乳脂，丙酸合成体脂肪。瘤胃还可以将饲料中的蛋白质分解成小肽和氨基酸，部分氨基酸又被分解成氮和 CO_2，分解后的氮、氨基酸和小肽可以重新合成菌体蛋白，供机体利用。

瘤胃微生物还可以合成B族维生素和维生素K，饲料中的脂肪能降低微生物活性，降低粗纤维消化率。

（3）反刍：牛采食时非常粗糙，饲料未经仔细咀嚼即吞咽入胃，在休息时，在瘤胃中经过浸泡的食团刺激瘤胃前庭和食管沟感受器，引起瘤胃的逆蠕动，食团再逆呕回口腔，经过仔细咀嚼混入唾液，再吞咽入胃中，这一过程称反刍。

牛反刍行为的建立与瘤胃的发育有关。犊牛一般在3~4月龄开始出现反刍，成年牛每天反刍9~16次，每次15~45min，每天用于反刍的时间为4~9h。

牛的反刍频率和反刍时间受年龄、牧草质量及健康等因素的影响。犊牛日反刍次数要高于成年牛，采食粗劣牧草时比采食优质牧草时反刍次数要多。牛在发情期，反刍几乎消失，分娩前后，反刍机能降低。

（4）嗳气：由于瘤胃中寄生大量的细菌和原虫，进行发酵作用，产生大量挥发性脂肪酸（乙酸、丙酸、丁酸）和多种气体（CO_2、CH_4、NH_3等）导致胃壁张力增加，瘤胃由后向前收缩，部分气体由食管进入口腔吐出，称为嗳气。如果气体不通过嗳气排出，会通过胃进入血液，从而影响乳的质量。牛平均每小时嗳气17~20次。当牛采食幼嫩带露水的豆科牧草或富含淀粉的根茎类饲料时，瘤胃发酵作用上升，产生大量气体，导致嗳气增加。

（二）奶牛的行为学习性

奶牛行为是奶牛对刺激产生的反应或适应周围环境的方式。奶牛行为学是研究奶牛和周围环境条件的关系以及牛群内个体之间相互关系的科学。正确了解、掌握奶牛的行为，对在实际生产中掌握奶牛的疾病预防、诊断、治疗，搞好繁殖育种和饲养管理工作，提高生产效率，获得最大生产效益具有重要的意义。

1. 奶牛的正常行为

（1）采食：奶牛的唇不灵活，不利于采食饲料，但舌长、灵活且舌面粗糙，适于卷食草料。在放牧采草时奶牛一般先低头，用舌把草卷进口中，然后头向前送，用下切齿和上腭齿垫切断草进入口腔，奶牛采食的这一姿势可以产生更多的唾液，有助于消化。奶牛采食的特殊性决定了奶牛采食后有反刍的习惯。奶牛进食草料的速度快而且咀嚼不细，进入口腔的草料混合了口腔中大量的唾液后形成食团进入瘤胃，之后经过反刍又回到口腔，经过二次咀嚼后再咽下，才可以彻底消化。奶牛的采食量按干物质计算，一般为自身体重的2%~3%，个别高产奶牛可高达4%。奶牛每天放牧时间为8h，反刍时间为8h，这意味着奶牛每天的采食时间超过16h。研究证明，奶牛的日产奶量和采食量呈正相关（$r=0.937$）。

（2）饮水：水是构成奶牛身体和牛奶的主要成分。据测定，成年母牛身体的含水量达57%，牛奶的含水量达87.5%。奶牛的新陈代谢、生长发育、繁

衍后代、生产牛奶等都离不开水，特别是处于泌乳盛期的奶牛，代谢强度增加，更需要大量饮水。研究证明，产奶量与耗水量呈正相关（$r=0.815$）。在饲养管理中，保证奶牛充足的饮水是获得高产的关键。奶牛1d的饮水量是它采食饲料干物质量的4~5倍，产奶量的3~4倍。一头体重600kg、日产奶20kg的奶牛，饲料干物质摄入量约为16kg，饮水量应在60kg以上，夏季更多。因此，应保证给奶牛供应充足的、清洁卫生的饮水，冬季要饮温水。

（3）反刍：反刍是牛、羊等反刍动物共有的特征，反刍有利于奶牛把饲料嚼碎，增加唾液的分泌量，以维持瘤胃的正常功能，还可提高瘤胃氮循环的效率。奶牛采食时将饲料初步咀嚼，并混入唾液吞进瘤胃，经浸泡、软化，待卧息时再进行反刍。反刍包括逆呕、再咀嚼、再混入唾液、再吞咽4个步骤，一般在采食后30~60min开始反刍，每次持续40~50min，每个食团约需1min，一昼夜反刍10多次，累计7~8h。因此，奶牛采食后应有充分的时间休息进行反刍，并保持环境安静，牛反刍时不能受到惊扰，否则反刍会立刻停止。

（4）排泄：奶牛随意排泄，通常站着排粪或边走边排，因此牛粪常呈散布状，排尿也常取站立的姿势。成年母牛一昼夜排粪约30kg，排尿约22kg；年排粪量约11t，年排尿量8t左右。据研究，产奶量与日排粪次数、日排尿时间呈不同程度的正相关，但与日排粪时间呈负相关。泌乳盛期奶牛的排泄次数显著多于泌乳后期和干奶期。奶牛倾向于在洁净的地方排泄。经过训练的奶牛甚至可以在一定时间内集体排泄。

（5）运动：适当运动对于增强奶牛抵抗力、维护奶牛健康、克服繁殖障碍、提高产奶量均具有重要作用。放牧饲养的奶牛每天有足够的时间在草场采食和运动，一般不存在缺乏运动的问题；舍饲奶牛运动不足，容易引起肥胖、不孕、难产、肢蹄病，而且会降低抵抗力，引发感冒等疾病。试验证明，在一定的强度范围内，奶牛的日产奶量和运动量呈正相关（$r=0.998$）。奶牛每天除饲喂、挤奶外，应在运动场自由活动8h以上。

（6）探究（探索）：探究或探索是奶牛对环境刺激的本能反应，它通过看（视）、听、闻（嗅）、尝（味）、触等感觉器官完成。当奶牛进入新的环境（新圈舍、新牛群等）或牛群中引入新个体时，奶牛的第一表现就是探究，逐步认识、熟悉新环境，并尽量与之适应或加以利用。在近距离内探察初次见到的物体时，如果奶牛感到没有危险，便会走上前去，仔细查看一番，通过五官了解该物体的性状，如果口味尚可，它还会嚼一嚼，甚至吞下去。在舍饲条件下，当舍门打开或运动场围栏出现缺口，奶牛会跑出去探究，有时，在“头牛”的带领下，甚至成群奶牛都会跑出去“溜达”。犊牛比成年牛更具好奇心，其探究行为也更为频繁。

（7）寻求庇护：奶牛在恶劣的环境条件下会寻找庇护场所，或聚集在一起共同抵御恶劣条件。放牧牛在遇大风、暴雨时会背对风雨并随时准备逃离。夏季中午炎热时，奶牛会寻找阴凉或有水的地方休息，而在清晨或傍晚天气凉爽时采食。奶牛舍只供奶牛采食，应配有舍外运动场。舍外运动场应设凉棚和卧床，供遮阳、避雨、挡风雪，夏季中午炎热或冬季严寒时，可让奶牛在舍内或运动场的卧床上休息。

（8）性行为：性行为包括求爱和交配。母牛发情时体内雌激素增多，并在少量黄体酮的协同作用下刺激性中枢，使之发生性兴奋，表现为精神不安，食欲减退，产奶量下降，不停走动、哞叫，爬跨其他牛，接受其他牛爬跨，尾根屡屡抬起或摇摆，频频排尿，外阴充血、肿胀，分泌黏液等。公牛靠视觉和嗅觉发现发情母牛，通常能在适合配种前24~48h“检测”到发情母牛，其求爱方式包括跟随母牛，头颈水平伸展，嘴唇翻卷，嗅舔母牛外阴部，下颚和喉咙放在母牛臀腰部等。干奶期母牛和青年牛发情时乳房增大，而泌乳母牛经常会发生产奶量急剧下降的情况。

（9）群居：牛有群居的习性，放牧牛喜结群采食，即使个别牛有时会离开群体，但都不会走得太远，稍受惊吓便会立即归队。舍饲牛常结群上槽，即使在运动场休息，也喜结伴而卧。奶牛群居，有一定的竞争性，可提高采食量，并有相互安抚、增加安全感的作用，对充分发挥生产性能、提高牛奶产量和质量有良好影响。

（10）仿效：仿效行为就是相互模仿的行为。当一头牛开始从牛舍或牧场走向挤奶厅时，其他牛会跟着走；而有其他牛跟着走，第一头牛就会继续走下去。在饲养管理中利用奶牛的这一行为特点，使奶牛统一行动，会大大节约劳动力成本。但仿效行为有时也会带来不良后果，如一头牛翻越围栏，其他牛会跟着跳出去。

（11）竞争：奶牛一般性格较温驯，不爱打斗，高产奶牛表现尤为明显。但竞争是生物界的普遍现象，是生物进化的动力，奶牛也不例外。公牛还有与其他公牛竞争配种的特性，采精时如遇公牛延迟爬跨，可将另一头公牛牵来，会刺激延迟爬跨的公牛立即爬跨、射精。少数母牛也会争强好胜，常撞伤其他母牛，或用角挑伤其他母牛的乳房。

（12）护犊—恋母：牛出生后，母牛即表现出强烈的护犊行为，即通常所说的母性，它会站起来，舔干犊牛身上的黏液，并发出亲昵的呼叫声。当犊牛试图站立、踉跄学步时，母牛会表现出担心，紧张不安；最后，犊牛在母牛不断地舔护和呼叫声鼓励下，终于站立起来并寻到乳头，开始吮乳。新生犊牛视觉尚不完善，但可依靠听、嗅、触、味觉辨识其母亲。母牛对犊牛十分护恋，在牧场上母牛会把犊牛藏到隐蔽的地方；犊牛睡觉时，母牛就在附近吃草，还要不时回到藏身处去喂犊牛。若在犊牛出生后不久（1~2h）就把它从母牛身

边移走，过一段时间再将它抱回，则常被母牛拒绝。因此，及时将初生犊牛和母牛分开，对消除母子互恋的纽带关系，提高母牛的产奶量，具有重要意义。

2. 奶牛的社会关系

（1）群居等级关系：牛群个体之间存在着等级关系。通常是体形大而强壮的牛统治体形小而瘦弱的牛，年长牛统治年轻牛，具有攻击性的牛统治温驯的牛，先入群的牛统治后入群的牛。奶牛初组群时在一段时间内会相互抵撞、相互威胁，经过一番较量，建立等级关系和等级次序，确立强者在牛群中的统治地位。放牧牛群在饲草丰富、饮水充足的情况下，等级次序显不出重要作用；但舍饲牛群在建立等级关系的过程中经常会发生冲突，导致惊吓、减食、产量下降，严重者造成外伤、流产。因此，舍饲奶牛应根据年龄、体况、泌乳期、产奶量等组群，老弱牛应单独饲喂；牛群一经组建，不宜经常调动，必须调动时，应将新调入牛或长期离群归来牛（如病愈牛、从产房转回的牛）在运动场外栏杆上或牛床上拴系 3~5d，待和其他牛相互熟悉后再放进牛群。

（2）头牛—随从关系：牛群在行进过程中总有领头者和跟从者。领头者常常是那些年龄较长、灵活敏捷的牛，而跟随者则大多是青年牛、年老体弱牛和怀孕牛。观察发现，居统治地位的牛往往并不是头牛，它们常常走在队伍中间，就像是一支行进部队的总指挥。头牛也并非每次行动都是同一头牛，它们是属于同一类型的几头牛，据说这些牛通常都走在队伍的前端并经常有开始新行动的“冲动”。在生产管理中牛群放牧、进挤奶厅、短途驱赶，都需要有头牛带领；而当赶牛上车或驱牛上路遇到困难时，只要利用头牛—随从关系和合群、仿效行为，拉上一头老实温驯的牛充当头牛，其他牛就会跟上去，从而可以大大节约时间和劳力。

（3）人—牛关系：人—牛关系是牛的社会关系的延伸。奶牛有很好的记忆力，它们会将人施加给它们的各种刺激铭记在头脑中，并按它们的标准判定好、坏、善、恶。有经验的饲养员通过长期和奶牛的亲密接触，精心照料，使奶牛产生了信任感和依赖感，建立人和牛之间的亲和—依赖关系，有利于充分发挥奶牛的生产潜力。在生产实践中，应尽可能减少对牛的“伤害”，如不要轻易打牛，挤奶时尽量不要绑牛腿等。

3. 牛之间的交流

（1）声音：声音是牛与牛之间交流的重要途径。牛有非常敏感的听觉，可以察觉到人耳听不到的高音和低音。牛在很多方面都使用声音，当小牛表达饥饿（大叫，悲伤的叫声就像公牛吼叫）时，性行为及其引起的打斗时，母亲—幼犊建立相互联系时和唤起照料行为时，在行进和集合时，保持队形时等，都需要借助于声音来完成。

（2）嗅闻：当风速达 5km/h、相对湿度为 75%时，奶牛能嗅到（上风）

3km 以外的气味；而当风速达 8km/h 时，奶牛能嗅到（上风）10km 以外的气味。奶牛的择食、交配、护犊、合群等行为都与嗅觉有密切关系。母牛发情时能分泌特有的信息激素，公牛可凭借嗅觉进行“定位”，并寻找到远距离的发情母牛。

（3）回家行为：把牛转移到很远的地方时，它能够通过声音、气味或某些人很难理解的感觉找到回家的路。

三、生产工艺流程和牛群结构

（一）生产工艺流程

奶牛场生产工艺流程的设计，要符合奶牛生物学习性和现代化生产的技术要求，要有利于奶牛场防疫卫生要求，达到减少粪污排放量及无害化处理的技术要求，尽量做到节约能源，并能提高生产效率和改善牛群的健康与福利状况。典型的奶牛场工艺流程见图 2. 14。

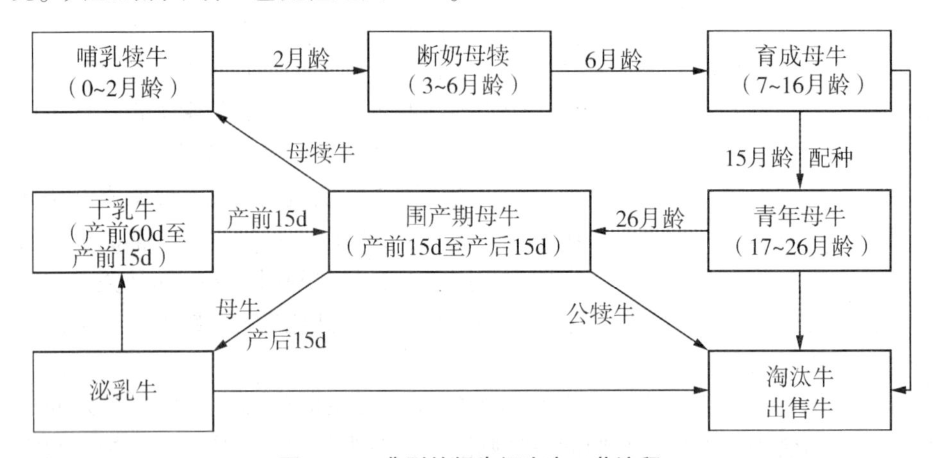

图 2. 14　典型的奶牛场生产工艺流程

这种饲养工艺具有以下特点：根据奶牛的不同月龄划分不同的饲养管理群，采用分阶段饲养满足不同月龄牛对不同营养物质的需要以适应现代化生产。

（1）受孕牛在临产前 15d 时入产房，分娩后 7～15d，转入泌乳母牛舍，进入围产后期（产后 15d）。粗饲料以优质干草为主。接着进入泌乳盛期（产后 16～100d），采用 TMR 饲喂，每天 2 次饲喂，2～3 次挤奶，搞好产后发情检测，产后 45～90d 内及时配种。进入泌乳中期（产后 101～200d），每天 2 次饲喂，2～3 次挤奶，精料可相应逐渐减少，尽量延长奶牛的泌乳高峰。然后是泌乳后期（产后 201d 至停奶阶段），每天 2 次饲喂，2～3 次挤奶，控制好精料比例，加强管理，做好停奶准备工作，为下一个泌乳期打好基础。干奶期奶牛（产犊前 60d）的饲养根据具体体况而定，日粮应以粗饲料为主。围产前期

(产前15d)饲养管理，日粮干物质占体重的2.5%~3.0%，并采用低钙饲养法或饲料添加阴离子盐。奶牛临产前15d转入产房。

(2) 新生犊牛出生后7d，从产房转入犊牛岛(犊牛舍)哺全乳60d左右。60d后断奶，进入犊牛断奶饲养期(断奶至6月龄)，此段饲养犊牛的营养来源主要是精饲料。随着月龄的增长，逐渐增加优质粗饲料的喂量。月龄后依次进入小育成牛饲养期(7~12月龄)和大育成牛饲养期(13~16月龄)，此段饲养日粮以粗饲料为主，及时调整日粮结构，以确保15月龄前达到配种体重(成年牛体重的75%)，同时注意观察发情，做好发情记录，以便适时配种。然后进入青年牛饲养期(初配至分娩前)，饲养青年牛的管理重点是在怀孕后期(预产期前2~3周)，可采用干奶后期饲养方式，预防流产，防止过肥，产前21d控制食盐喂量和多汁饲料的饲喂量，预防乳房水肿。最后再循环进入产房。

(二) 牛群结构

根据奶牛不同生长阶段和饲养管理的不同要求，可分为犊牛(0~6月龄)、育成牛(7~16月龄)、青年牛(17~26月龄)和成年母牛(26月龄以上)。犊牛可分为哺乳犊牛(0~2月龄)和断奶犊牛(3~6月龄)；成年母牛又可分为泌乳牛、干奶牛、围产期牛。由此牛舍可分为犊牛舍、育成牛舍、青年牛舍、泌乳牛舍、干奶牛、产房和隔离牛舍。

一般来说，奶牛场的基础母牛应占牛场总存栏量的60%左右，犊牛占12%左右，育成牛和青年牛占30%左右。由于奶牛场出售母牛月龄不同、母牛利用年限不同，以及产犊季节等因素的影响，牛群结构不断变化。以存栏1 000头奶牛场为例，其牛群结构见表2.3。

表2.3　牛群结构

奶牛类型	初产牛	经产牛				干奶牛		合计
	初产泌乳牛	新产泌乳牛	高产牛	中产牛	低产牛	干奶前期牛	围产期牛	
所占比例	14%	4%	12%	7%	8%	6.50%	5%	56.50%
头数	140	40	120	70	80	65	50	565
奶牛类型	0~3d犊牛	60d内犊牛	3~5月龄	6~8月龄	9~12月龄	13~17月龄	18~26月龄	合计
所占比例	0.20%	3.40%	5.40%	5.40%	7.20%	9.00%	12.90%	43.50%
头数	2	34	54	54	72	90	129	435

注：牛群结构不变，常年均衡偏向有利季节集中，产犊率86%，成活率90%，新生犊牛公母比1∶1。

四、粪污处理工艺

（一）粪污收集工艺

1. 人工清粪工艺

用铁锨、笤帚等工具将粪便收集成堆或直接装入小粪车，运到舍外集粪点或粪便处理场。国内小规模奶牛养殖户采取人工清粪的相当普遍，人工清粪工具简单、操作方便、粪尿分离彻底（图 2. 15）。

图 2. 15　采用人工清粪的小规模奶牛场

2. 机械清粪工艺

采用刮粪板将粪便刮进粪沟或贮粪池，再运到粪污处理场或用铲车直接装车运出的清粪方式。刮粪板多用于奶牛舍内（图 2. 16）。舍外运动场的粪便清理常用机械清理。舍外粪便多用铲车、刮板车等机械收集（图 2. 17）。机械清粪的特点是工作效率较高，设备投资大。

图 2. 16　刮粪板清粪

图 2. 17　铲车清粪

3. 水泡粪工艺

在牛床及牛通道区域设漏缝地板，让牛排出的粪尿直接漏进下面的贮粪池(图2.18)。在耕种时抽出直接施于农田，或进行深度处理。该工艺的优点是地面相对较干，比较卫生，节约劳动力；缺点是要有较多的土地相配套，基建投资较大。在土地多、劳动力少的一些欧洲国家该工艺应用较多。

图2.18　漏缝地板

4. 不同工艺的对比（表2.4）

表2.4　不同清粪工艺的对比

清粪工艺	耗电	耗工	维护费用	投资	粪污后处理难易度	主要对象
人工清粪	少	多	低	低	易	小牛，拴系舍饲牛
机械清粪	多	中	高	高	中	封闭式（大跨度）散养牛舍、运动场
水泡粪	中	少	低	高	难	封闭式散养牛舍

（二）牛粪处理工艺

1. 常温好氧堆肥法生产有机肥

牛粪收集后，首先进行预处理，之后经过机械翻抛，常温通风条件下，好氧微生物处于适宜的水分、酸碱度、碳氮比环境中，可将牛粪中各种有机物分解产热生成一种无害的腐殖质肥料。该工艺主要流程为加菌、混合、通气、抛翻、烘干、筛分、包装。特点是设备采用机械化操作，比自然堆肥生产效率高，占地较少。

发酵形式主要有条形堆腐处理、大棚发酵槽处理和密闭发酵塔堆腐处理(图2.19)。

2. 自动化高温发酵法生产有机肥

牛粪收集后，经过预处理，高温通风条件下，好氧微生物在适宜的水分、

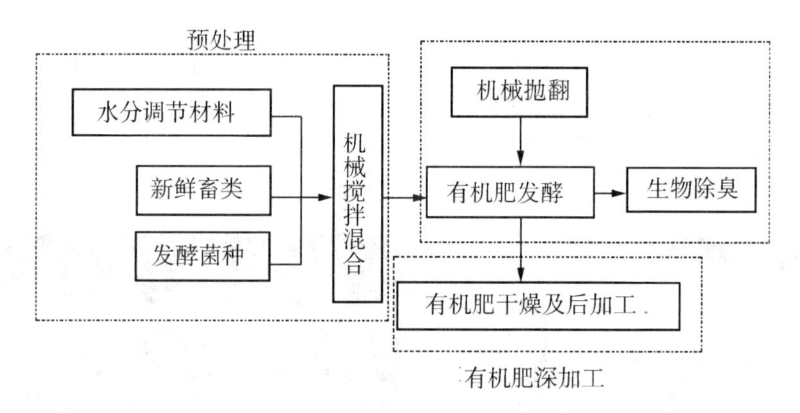

图 2.19　常温好氧堆肥法生产有机肥技术路线

酸碱度、碳氮比环境中，可将牛粪中各种有机物快速分解生成一种无害的腐殖质肥料。该工艺主要流程有混合、搅拌、控温、通气、烘干、筛分、包装。该工艺可实现自动控制，使产品质量易于控制。特点是从原料混合到发酵采用一体化，节约空间；采用 90~95℃的高温处理，使病菌、寄生虫卵、草籽被彻底杀灭，避免了二次污染；主发酵时间短，生产效率高（图 2.20）。

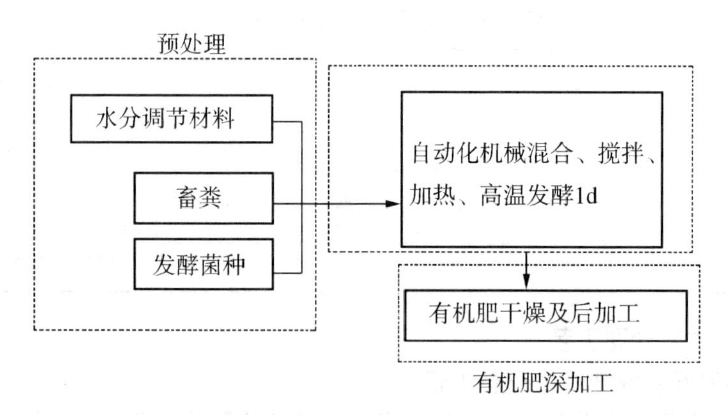

图 2.20　自动化高温发酵法生产有机肥技术路线

（三）污水处理工艺

1. 厌氧—农业综合利用

污水或尿液经过格栅（固液分离），可将残留的干粪和残渣出售或生产有机肥，而污水则可进入厌氧池进行发酵。一般规模为存栏 1 000 头的奶牛场，可设容积为 100m³ 的厌氧池。发酵后的沼液还田利用，沼渣可直接还田或制造有机肥。

特点：“养—沼—种”结合，没有沼渣、沼液的后处理环节，投资较少、

能耗低，运转费用低，但需专人管理，需要有大量农田（蔬菜大棚、水生作物）来消纳沼渣和沼液，要有足够容积的储存池来储存暂时没有施用的沼液。

该工艺适用于气温较高、土地宽广、有足够的农田消纳养殖场粪污的农村地区，特别是种植常年施肥作物，如蔬菜、经济类作物。

2. 厌氧—好氧—深度处理

污水或尿液经厌氧发酵后，厌氧池出水，再经好氧及自然处理系统处理，达到国家和地方排放标准，既可以达标排放，也可以作为灌溉用水或场区回用。工艺流程见图 2. 21。

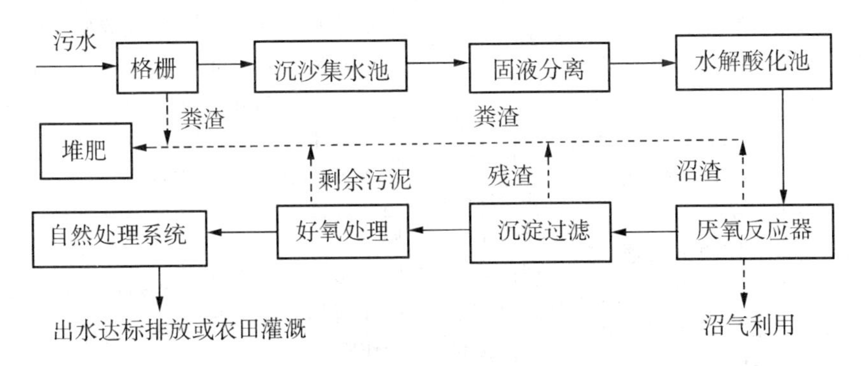

图 2. 21　厌氧—好氧—深度处理工艺流程

该工艺特点为占地少，适应性广，几乎不受地理位置、气候条件的限制，治理效果稳定，处理后的出水可达行业排放标准。缺点是投资大，能耗高，运行费用大，机械设备多，维护管理复杂，虽然规模不同的养殖场都可以采用这种方法，但规模小的养殖场在经济上较难承受。自然处理工艺有人工湿地、土地处理和稳定塘技术。

不同厌氧反应器的优缺点比较见表 2. 5。

表 2. 5　不同厌氧反应器的优缺点比较

反应器名称	优点	缺点	适用范围
CSTR	投资小、运行管理简单	容积负荷率低，效率较低，出水水质较差	适用于固体悬浮物含量很高的污泥处理
UASB	处理效率高，耐负荷能力强，出水水质相对较好	投资相对较大，对废水固体悬浮物含量要求严格	适用于固体悬浮物含量适低的有机水
USR	处理效率较高，投资较省、运行管理简单，容积负荷率较高	对进料均布性要求高，当含固率达到一定程度时，必须采取强化措施	适用于含固量高的有机废水

（四）病死牛处理工艺

当前奶牛场病死牛处理工艺主要有化尸坑（池）、深埋、焚烧+深埋、丢弃，而国家明文认可的处理工艺为焚烧、化制、掩埋、高温处理、化学处理和生物处理（表2.6）。

表2.6　畜禽废弃物的处理工艺比较与选择

处理方法	焚烧法	化制	碱水解法	高温生物降解
技术及工艺特点	医疗废弃物通用处理技术。工艺较复杂；尸体切割、焚烧、排放物（烟气、粉尘）处理，污水等处理系统	高温高压蒸煮，干化或湿化处理技术。工艺较复杂；尸体高温高压，破碎油水分离，烘干，废液污水处理等系统	化学灭菌+高温复处理技术。工艺较简单；处理物和产物均在本体机中完成。气体消毒过滤	高温分解、灭菌+生物发酵分解复合处理技术。工艺简单。处理物和产物均在本体机中完成。气体消毒过滤
排放物及产物处理	骨渣填埋处理；灰尘、一氧化碳、氮氧化物、重金属、酸性气体；污水处理	尸体高温高压处理；破碎油水分离处理；烘干处理；废液污水处理	无菌水溶液循环利用，骨渣可作肥料	有机肥原料；少量气体经消毒过滤排放
异味环保控制	异味明显，控制成本高	异味明显，控制成本高	无异味，环保，易控制	无异味，环保
占地	大，宜单独建场	大，宜单独建场	小，可单独建场或作为机构内处理设施，甚至移动式处理	小，可单独建场或作为机构内处理设施
运行成本	高　→　低			

（五）粪污治理推荐模式

奶牛养殖场建议采用干清粪方式，粪便、污水或尿液分别在贮粪场和沉淀池储存后还田，无污水排放口外排污水。采用此模式要求养殖场具备与养殖场规模适应的消纳土地（每存栏一头奶牛所需土地不少于一亩）。

奶牛养殖场采用干清粪方式，建设治污设施，即粪便产生有机肥或制沼气，有机肥、沼渣、沼液还田；污水/尿液经处理后还田，无污水排放口外排污水。采用此模式要求养殖场有与养殖场规模适应的消纳土地（每存栏两头奶牛所需土地不少于一亩），且治污设施（堆肥场或沼气池、污水/尿液处理设施）应满足养殖场规模要求。

奶牛养殖场采用干清粪方式，粪便生产有机肥，污水进行厌氧—好氧—深

度处理达标排放，且配备在线监测或视频监控设备并联网。

奶牛养殖场采用干清粪方式，粪便还田，污水进行厌氧—好氧—深度处理后达到排放标准，且出水全部利用，如农田灌溉等。

第三部分　规模化奶牛场总体规划与工艺设计

一、场址的选择

选择一个好的场址，需要周密考虑，整体规划布局，以适应奶牛养殖业发展的需要。选择场址应考虑当地自然资源条件、气象因素、农田基本建设、交通规划、社会环境等。选址应具体考虑以下几点：

（一）地形

地形要整齐开阔，方形最为理想，尽量避免选择狭长地形和多边形，也要遵守珍惜和合理利用土地的原则，不应占用基本农田，尽量利用荒地建场。目前养殖场建设用地紧缺，选址时如果有多个地块可供选择时，地形要求可作为首要条件。

（二）地势

地势要高燥、背风向阳，地下水位应2m以下，要具有缓坡，坡度为1%~3%，最大为6%，北高南低，总体平坦。

（三）水源

要有充足的符合卫生要求的水源，取用方便，保证生产、生活用水及人畜饮水的供应。水质要良好，不含毒物，确保人畜安全和健康，符合《中华人民共和国农业无公害食品　畜禽饮用水水质标准（NY 5027—2001）》的规定，达到畜禽生产要求。

（四）土质

沙壤土最理想，沙土较适宜，黏土最不适。

所选地址周围要具备就地无害化处理粪尿、污水的足够场地和排污条件。周边有效种植土地面积直接决定了粪污的最终消纳能力，一个1 000头的奶牛场每年产生的粪污相当于100t尿素、150t过磷酸钙、110t硫酸钾，每年需要3 000~5 000亩土地消纳。

（五）气候

要综合考虑当地的气候因素，如年平均气温、最高温度、最低温度、湿

度、年降水量、主风向、风力等，以选择有利地势。如荷斯坦奶牛比较适宜的环境温度为5~15℃，最佳生产温度为10~15℃。南方的气候特点主要是夏季高温、高湿，因此，南方的牛舍首先应考虑防暑降温和减少湿度，而在北方部分地区要注意冬季的防寒保温。

（六）饲料资源

牛场周围饲料资源尤其是粗饲料资源要丰富，且尽量避免周围有同等规模的养殖场，避免原料竞争。自己专门种植粗饲料，每头存栏需要3~5亩耕地。如果利用周边农作物秸秆，每头存栏需要7~10亩耕地。

（七）交通

交通要便利，牛场每天都有大量的牛奶、饲料、粪便进出。每年还要做大量的青贮饲料，因此，牛场的位置应选择在距离青贮原料生产基地近的地方。

（八）生物安全

牛场所选地址应距离生活饮用水源地、动物屠宰加工场所、动物和动物产品集贸市场500m以上；距离种畜禽场1 000m以上；距离动物诊疗场所200m以上；动物饲养场（养殖小区）之间距离不少于500m；距离动物隔离场所、无害化处理场所3 000m以上；与距离城镇居民区、文化教育科研等人口集中区域及公路、铁路等主要交通干线500m以上。

（九）供电

现代化奶牛场的机械挤奶、牛奶冷却、饲料加工、饲喂及清粪等都需要用到大量电力。因此，要选择有充足、可靠的供电电源，并能保证奶牛场的电力供给的地方。

（十）其他

选址要符合国家和地方的有关规定，禁止在国家和地方法律规定的水源保护区、旅游区、自然保护区、自然环境污染严重的区域内建设养殖场。

二、奶牛场的布局

奶牛场是组织奶牛生产的场所，布局合理的奶牛场既可以满足奶牛的生活习性，又可方便奶牛的生产管理，能够充分提高奶牛场的生产水平。

（一）奶牛场设计应遵守的原则

（1）设计要以经济效益为目标，适度控制设施投资，使投资利润最大化。

（2）设计应符合奶牛的生活习性，又要方便生产管理。

（3）设计应符合中国的国情，尽可能地利用自然资源，适度地降低运行成本。

（4）设计要采用技术先进、来源可靠、科学的生产工艺与配套的生产设备。

（5）设计要符合生态环境保护的要求，尽量做到不污染周围的环境。

（二）奶牛场总平面布局

1. 总平面布局的原则

（1）按功能分区布局：各功能区的建筑物的布局在功能关系上应建立最佳的联系；在保障卫生防疫、防火、采光、通风要求的前提下，要有一定的间距，供水、供电、日粮运送、奶牛挤奶行走的路线应尽可能缩短；功能相同的建筑物应尽可能地靠近集中。

（2）总体布局要能保证奶牛生产的良性运转。

（3）总体布局的同时要考虑各建筑物及功能区周边的绿化，以保证周围良好的生态环境。

（4）总体布局在满足生产需要的同时，要尽可能地节约用地。

（5）场区面积大、前期建设能力有限的，在总体布局时要考虑今后的发展，要从整体规划布局设计、分期建设。

（6）总体布局时要依场区的主导风向、场区地势、场区周边道路，环境等，先总体布置，再局部布置，综合考虑。

2. 总平面布局的要求

（1）依据奶牛场的风向和地势分区布局，奶牛场一般包括管理区、辅助生产区、生产区、粪污处理区和病畜隔离区等功能区（图 3.1）。

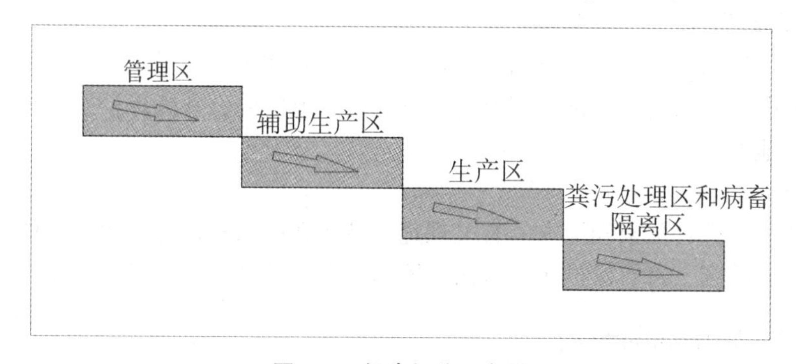

图 3.1　奶牛场分区布局

1）管理区：管理区为全场生产指挥、对外联系等管理部门办公，以及职工生活、休息的区域。管理区应设计在生产区的上风向，并与生产区严格隔离。主要建筑物有行政和技术办公室、接待室、文化娱乐室、职工宿舍、食堂等。

2）辅助生产区：辅助生产区为全场提供水电、饲料调制及储存、加工、设备维修等设施，可设在生产管理区与生产区之间，也可与生产区或管理区并排设计。该区域的主要建筑物有草库、饲料库、饲料加工调制车间、青贮窖、设备维修车间、水房、配电房等。

3）生产区：生产区是奶牛场的核心区域，主要有各阶段牛的牛舍、产房、

技术室、挤奶厅、待挤棚，以及挤奶附属设备用房等生产性建筑。

4）粪污处理区：粪污处理区要设在生产区的下风处，并尽可能远离生产区。该区域主要建筑物有储粪场、污水处理设施等。

5）隔离区：病牛隔离区必须远离生产区，并且要设在生产区的下风向，四周要有隔离设施，设计小门出入，出入口建有消毒设施，严格控制病牛与外界接触，以免病原体扩散。该区域主要建筑物有隔离牛舍、兽医室等。

（2）牛舍应平行整齐排列，两栋并排牛舍的间距应注意所用饲喂设备的最小转弯半径加上道路的宽度，布局牛舍及其他房舍时还应考虑是否便于草料的输送以及是否符合机械化操作的要求等问题。

数栋牛舍排列布局时，两栋牛舍的前后间距应视每栋舍设计的饲养牛头数和所占运动场的面积大小及运动场之间的距离来确定。如成年奶牛每头所占运动场面积不少于 $20m^2$，青年牛和育成牛不少于 $15m^2$，犊牛不少于 $8\sim10m^2$，两运动场之间的最小防疫间距应不少于5m。

牛舍的位置还应根据当地主要风向而定，既要注意避免冬季寒风的侵袭，又要保证夏季凉爽。一般牛舍布局要安排在与主风向平行的下风向的位置。北方地区牛舍需要注意冬季防寒保暖，南方则应注意防暑和防潮。牛舍还要注意采光问题，让牛舍能有充足的阳光照射。北方牛舍应坐北朝南（或东南方向）或是坐西朝东，也可根据场区的地势和主风向等因素而定。牛舍的地势还要高于储粪场、运动场、污水排泄通道等。

挤奶厅应靠近泌乳牛舍，挤奶厅的布局还应方便牛奶的运输，外部拉奶车辆不能进入生产区。待挤棚的大小按每头牛 $1.5\sim2m^2$ 设计。技术室应设在成年母牛舍附近，方便工作，及时沟通。

（3）辅助生产区的建筑设施布局：辅助生产区的建筑设施有草库、饲料库、饲料加工车间、青贮池等，布局时要考虑是否有利于草料的购进和平时的取用。各建筑物的面积要根据奶牛场的年度生产用量计划来确定。

（4）贮粪场的面积应根据奶牛场的产粪量及储存天数来确定。污水处理设施应根据污水产生量及处理、储存的时间来确定。

（5）道路分设净、污道，互不交叉。场区道路宽度不低于5m，外运输道路不低于6m。生产区不宜设直通场外的道路。

（6）奶牛场各功能区间都要设有隔离带及消毒设施，各类建筑物的布局要满足卫生、防疫及防火的要求。

（7）奶牛场应设计排污管道，并且做到雨污分流。

（8）为了工作的方便，可依坡度由高向低依次设置草库、饲料库、饲料调制车间、牛舍、贮粪场等，这既方便运输，又能防止污染。

（三）奶牛场总平面布局效果图实例

根据上述布局原则及要求，结合奶牛场建设地点的实际情况，进行科学布局（图 3.2~图 3.7）。

图 3.2　奶牛场总平面布局效果图实例 1

图 3.3　奶牛场总平面布局效果图实例 2

图 3.4　奶牛场总平面布局效果图实例 3

图 3.5　奶牛场总平面布局效果图实例 4

图 3.6　奶牛场总平面布局效果图实例 5

图 3.7　奶牛场总平面布局效果图实例 6

三、不同饲养模式的工艺设计

（一）拴系式饲养模式

拴系式饲养模式是传统的奶牛饲养方式，拴系式饲养的特点是需要修建比较完善的奶牛舍。牛舍内，每头奶牛都有固定的牛床，床前是采食和饮水共用的槽，用绳索将奶牛固定在牛舍内；奶牛采食、休息、挤奶都在同一牛床上进行。这种饲养模式一般采用管道式挤奶或小型移动式挤奶机挤奶。为了改善牛群健康，一般将奶牛拴系在舍外的树桩上。

这种饲养模式的优点是管理细致，能做到个别饲养、区别对待；还能有效地减少奶牛的竞争，淡化奶牛位次，能为奶牛提供较好的休息环境和采食位置，相互干扰小，能获得较高的单产；也便于人工授精、兽医等操作，母牛如有发情和不正常现象极易被发现。该模式的缺点是必须辅以相当的手工操作，劳动生产率较低，一个饲养员仅能管理15~25头奶牛。

（二）散栏式饲养模式

散栏式饲养模式是将奶牛的采食区域和休息区域完全分离，每头奶牛都有足够的采食位和单独的卧床；将挤奶厅和牛舍完全分离，整个牛场设立专门的挤奶厅，牛群定时到挤奶厅进行集中挤奶。这种饲养方式，更符合奶牛的行为习性和生理需要，奶牛能够自由饮食与活动，很少受到人为约束；相对扩大了奶牛的活动空间，奶牛运动量和光照明显增加，增强了奶牛的体质，提高了机体的抵抗力。奶牛定点采食、躺卧、排粪、集中挤奶，便于实现机械化、程序化管理，极大地提高了劳动生产效率。奶牛分群管理，可根据不同牛群的生产水平制定日粮的营养水平，如高产奶牛群可采用高能量、高蛋白质的日粮，对低产牛群则可配置一些廉价的日粮以降低饲养成本，因此，日粮配置的针对性更强、更科学、更准确。此外，牛群的生理阶段比较一致，有利于牛群的发情鉴定和妊娠检查等。

散栏式饲养模式集约化程度比较高，近几年我国建设的大中型奶牛场多采用这种饲养模式。但是，这种牛舍不易做到个别饲养，而且由于共同使用饲喂和饮水设备，传染疾病的机会增多，粪尿排泄地点分散，造成潜在的环境污染。此外，散栏式卧床和挤奶厅的投资很高，这也是我国规模化奶牛场建设所面临的一个很重要的问题。

（三）散放式饲养模式

散放式饲养模式牛舍设备简单，只供奶牛休息、遮阳和避雨雪使用。牛舍与运动场相连，舍内不设固定的卧床和颈枷，奶牛可以自由地进出牛舍和运动场。通常牛舍内铺有较多的垫草，平时不清粪，只添加些新垫草，定时用铲车机械清粪。运动场上设有饲槽和饮水槽，奶牛可自由采食和饮水。舍外设有专

门的挤奶厅，奶牛定时分批到挤奶厅集中挤奶。这种饲养模式能有效地提高劳动效率，降低设施设备的投资，并能生产出清洁、卫生、优质的牛奶。但是，散放式饲养也具有明显的缺点，如饲养员对奶牛的管理不够细致，奶牛采食时容易发生强夺弱食现象，导致奶牛采食不均，影响奶牛的健康和产奶量。

综上可知，散放式饲养模式比较粗放，在草场丰富的地区应该首先考虑这种饲养模式。拴系式饲养模式和散栏式饲养模式都是集约化程度较高的饲养模式，在草场资源不足的地区应该首先考虑这两种饲养模式。从气候条件来讲，在环境相对恶劣的情况下，宜采用拴系式饲养模式，强化人工环境控制，减少外界环境对奶牛的不良影响。从饲养规模上来讲，小规模饲养时，宜采用拴系式饲养模式；规模较大时，最好采用散栏式饲养模式。当牛群较小时，若采用散栏式饲养模式，则单位奶牛的设施设备投资很高，而且“分群饲养和机械化操作”的优点也很难体现和发挥出来。相反，牛群很大时，若采用拴系式饲养模式，必然导致饲养管理人员过多、费用过高的现象。由此可见，三种饲养模式各自都有不同的特点，要根据实际条件确定适宜的饲养模式。

四、奶牛场的生产技术参数

（一）生产参数

1. 繁殖指标

奶牛的繁殖指标主要包括后备母牛初次配种月龄、成年母牛产后初次配种时间、母牛总胎率、繁殖率和母牛群繁殖成活率共五个方面。

后备奶牛性成熟早于体成熟，一般 6~12 月龄进入初情期，体成熟在 8~14 月龄。但这个阶段是奶牛身体发育最旺盛时期，不宜配种。通常在奶牛14~16 月龄、体重达到 350kg 以上（一般北方为 380kg，南方为 360kg）时才进行初次配种。

成年母牛产后第一次发情一般在产后 20~70d 内，发情周期平均为 21（18~23）d，每次发情持续时间约为 18h，且午前发情率达 85%以上。

奶牛的平均妊娠期为 280d 左右，一般为 275~285d。理论上，若分娩后 90d 内配种成功则可达到一年一胎，但实践生产中一般做不到。我国大型奶牛场的产犊间隔一般为 380~410d，如果母牛产后超过 60d 仍不发情，则要及时查明原因。

实际生产中，后备母牛 15 月龄开始配种，成年母牛产后 40~60d 配种，若连续 3 个情期受孕不成功，一般就将此奶牛淘汰。

管理良好的奶牛场，要求母牛的情期受胎率不低于 50%，母牛总受胎率高于 90%，繁殖率不低于 85%，母牛群繁殖成活率高于 90%。

2. 生产性能指标

生产性能指标主要包括成年母牛平均单产、犊牛哺乳期、犊牛成活率、育成牛成活率、青年牛成活率和成年母牛的利用年限等。

目前我国集约化奶牛场，奶牛的平均产奶量为5 000~9 000kg/年，乳脂率为3.6%~3.7%。犊牛一般饲养到2月龄时断奶，即哺乳期为60d，犊牛全期平均哺乳量可按300kg/头计算。管理良好的奶牛场，一般要求奶牛的年产奶量大于6 000kg；犊牛成活率达到90%以上；育成牛和青年牛成活率高于98%；成年母牛的利用年限以3~5年为好，即成年母牛每年更新率为20%~30%。

（二）产品

奶牛场的产品主要为生鲜乳、优质母牛、淘汰母牛、公牛犊。年出售母牛数量是由出生母牛数和淘汰母牛数决定的。在牛群稳定的前提下，两者之差就是可出售的母牛头数。在生产中，一般是在犊牛断奶后、配种前或配种成功后进行出售。奶牛场母牛分娩后所生的公牛犊，可根据奶牛场的情况，有的是出生后即出售，也有的进行育肥后出售。

（三）饲草、饲料储存参数

饲草、饲料用量根据当地饲料资源确定，主要有精料、干草和青贮饲料，还需要块根、块茎及糟渣类饲料。设计奶牛场时必须根据这些参数确定精料库、干草棚和青贮池的数量和面积。如确定精料库的规模时要确定精料的加工程度，是购买浓缩料到场后再简单加工，还是购买饲料原料到场自己深加工。一般情况下饲料原料的储存量为奶牛场牛群60d的需要量，饲料成品的储存量为奶牛场牛群15d的需要量。干草棚面积的确定，首先要考虑奶牛场适用干草的种类、年购买次数。年购买一次的干草，一般情况下要储存奶牛场牛群390d的用量。青贮池面积的确定，也要首先考虑青贮的种类及年制作青贮的次数，如果是青贮玉米，年制作一次，一般情况下要储存奶牛场牛群390d的用量。

五、奶牛场的设计标准与参数

（一）奶牛的身体尺寸

很多人经常把奶牛的体重和月龄作为判断奶牛空间需要的依据，这在实际设计中不够精确，因为不同个体之间的体重和身体尺寸变化很大。奶牛的基本身体尺寸才是其完成各种行为的所需空间的可靠依据。图3.8和表3.1给出了奶牛基本身体尺寸的测量部位和具体尺寸。为了满足牛群内所有奶牛的空间需要，设计时应以该牛群中体重最大的20%的奶牛的平均身体尺寸作为设计的参数。

图 3.8　牛体测量部位

表 3.1　成年母牛身体尺寸

体重（kg）	体高 H（m）			体长 L（m）			肩宽 W（m）		
	最小值	平均数	最大值	最小值	平均数	最大值	最小值	平均数	最大值
500	1.20	1.27	1.35	1.37	1.48	1.60	0.38	0.46	0.54
600	1.26	1.33	1.40	1.46	1.57	1.67	0.44	0.52	0.60
700	1.30	1.37	1.43	1.52	1.62	1.73	0.50	0.57	0.65
800	1.32	1.38	1.35	1.54	1.65	1.76	0.54	0.62	0.70

注：腹部宽度一般为肩部宽度的 1.3 倍。

（二）牛舍和运动场面积的确定

奶牛场的牛舍和运动场面积，要根据奶牛的饲养方式、牛群大小、牛舍的建筑形式、奶牛场的机械化程度，以及每头奶牛所占的面积进行确定，同时要考虑舍内环境质量和奶牛福利等因素。

如果采用拴系式饲养方式，可按照不低于 $8m^2$/头来估算牛舍的面积；如果采用散栏式饲养且卧床在牛舍内的成年母牛，可以按不低于 $12m^2$/头的占地面积来估算牛舍面积。运动场的用地面积一般按 $15\sim30m^2$/头估算。另外，不同阶段和不同机械化程度，牛舍和运动场的面积都是不一样的。

（三）牛舍的长度、跨度和高度的确定

牛舍长度、跨度和高度，主要与奶牛饲养管理方式、分群大小、通风方式等环境控制方式，牛场所在地的气候条件，以及饲喂与清粪所采用的机械设备等有关。这些参数不是一成不变的，要根据实际情况进行调整。

牛舍的长度可以根据奶牛场的地势情况及牛群的分群情况，再结合饲养方式来确定。成年母牛如果采用拴系式饲养，颈枷宽度以 1.1~1.4m 为宜；如果采用散栏式饲养，颈枷宽度以 0.75~1m 为宜，横走道宽度 4~6m 为宜。另外，

每组卧床长度最好不超过24m，避免奶牛运动距离过长，还要结合每组卧床间的通道、饮水空间等，综合考虑才能确定牛舍的长度。以人工管理、饲喂为主的小型奶牛场，牛舍长度以60~80m为宜；大型奶牛场采用机械饲喂，牛舍长度根据需要可延长。

牛舍的跨度也要根据牛舍的建筑形式、舍内的布置方式，以及饲喂、清粪所采用的设备等来确定。如果采用敞棚单列式布置、不带卧床，采用人工饲喂牛舍跨度一般不低于5m；双列布置的牛舍不低于8m即可。如果采用散栏式、机械饲喂，牛舍跨度可根据卧床布置及舍外运动场大小，设计成12m、16m、27m、30m均可。

牛舍高度的设计要结合牛场所在地的气候状况、奶牛的体格，以及清粪所采用的设备等确定。高温地区牛舍应高一些。双列布置的牛舍檐高一般不低于3m。

（四）牛舍的环境控制参数

1. 牛舍的温度

荷斯坦奶牛的正常体温范围为38~39℃，成年奶牛的等热区（不需要进行体温调节的气温）为10~15℃，犊牛为12~20℃。研究证明，当环境温度超过25℃时，奶牛的产奶量就会急剧下降；超过40℃时，奶牛就会发生热性喘息。设计牛舍时，最好做到将牛舍温度控制在10~25℃，但生产中很难实现，实际生产的环境温度一般为-5~29℃。

2. 牛舍的湿度

就奶牛的生理机能来说，相对湿度以50%~70%为宜，高湿环境严重影响奶牛的舒适性。冬季封闭牛舍的湿度普遍较高，一般规定，冬季泌乳牛舍、育成牛舍的相对湿度不高于85%，犊牛舍和产房不高于75%。

3. 牛舍通风换气

通风换气是封闭式奶牛舍环境控制的第一要素，任何季节都是必要的。通风换气能减缓夏季高温对牛群的不良影响，排出舍内有害气体和潮湿的空气，改善舍内空气环境质量。一般认为，牛舍的通风速度以冬季0.3~0.4m/s、夏季0.8~1.0m/s为宜；春、冬季换气次数不宜超过5次/h，其他季节最好保持在3~4次/h。

4. 牛舍的采光

奶牛适合长时间光照，最好每天保证16h光照。牛舍的采光包括自然采光和人工照明两种形式。设计牛舍时，首先要考虑自然采光。自然采光状况通常用奶牛舍的采光系数（窗/地）来表示，成年奶牛舍的采光系数要达到1∶(10~12)。采用人工光照时，现在一般以LED（发光二极管）作为光源，根据牛舍光照标准每平方米地面设0.5W光源，就可以计算出所需光源的总瓦数。

第四部分　规模化奶牛场建筑工程设计

一、牛舍建筑设计

（一）牛舍建筑设计的原则

建造奶牛舍的目的是给奶牛创造适宜的生活环境，保障奶牛的健康和生产的正常运行。设计时，要尽量以少的建设投资，达到运营过程中饲料、能源和劳动力的节约，以获得多的畜产品和高的经济效益。为此，设计奶牛舍时应遵循以下原则。

1. 要符合生产工艺要求

生产工艺与饲养方式不同的奶牛场，配备的牛舍数量、面积与设备设施不同，因此奶牛场的设计必须与确定的生产工艺、饲养方式相配套；否则，奶牛场在运营时必将导致转群困难、生产管理不便、运行成本增加，甚至必须进行改造。牛舍内部设施的设计，要能保证生产的顺利进行和畜牧兽医技术措施的实施，方便奶牛场日常工作的进行。

2. 创造适宜的牛舍环境

牛舍环境条件的适宜与否，会直接影响奶牛的生产力水平。研究表明，不适宜的环境湿度可以使奶牛的生产力下降10%~30%。如荷斯坦奶牛在30℃以上高温时采食量降低，产奶量比10℃时下降50%以上。奶牛舍的环境控制，主要控制温度、湿度、通风、光照和空气质量，冬季奶牛舍要注意湿度和空气质量的控制；犊牛舍要注意防寒保温。

3. 配套的工程防疫与环境保护措施

奶牛场的工程防疫措施是通过对场区的合理规划及对建筑物的合理布局，确定各功能区的位置，确定各建筑物及畜舍的朝向和间距及各功能区的间距，设置消毒设施，合理安置粪污处理设施等来实现的。另外，建造规范的牛舍为奶牛创造适宜的环境，也是防止或减少疫病发生的有效措施，还要设计专门的兽医室、治疗室等附属建筑与设施，对病牛和死牛进行有效的治疗和处理，防止疫病发生和传播。

对奶牛场的环境污染问题，既要防止奶牛场本身对周围环境的污染，还要避免周围环境对奶牛场的影响。针对周围环境对奶牛场的影响，设计时结合奶牛场周围的环境状况，尽可能地在奶牛场周围设计一圈绿化隔离带。牛场的粪便和生产生活污水是场区内及周围环境的主要污染源，除了上述工程防疫措施外，还要配备必要的粪污收集、储藏和无害化处理的设施设备，最后进行资源化利用。

4. 结合当地条件，做到经济合理、技术可行

除以上要求以外，应结合当地条件尽量降低工程造价和设备投资，以降低生产成本，加快资金周转。奶牛场的投资中，土建占很大比例，且从防疫角度看，使用年限越长病源积累得越多。因此，牛舍建筑没有必要要求使用50年，一般15年即可（国家未制定相应的规范），设计标准可以适当降低。此外，奶牛舍的设计要尽量利用自然条件（如自然通风、采光等），尽量就地取材，根据当地建筑施工习惯，适当减少附属用房面积。在奶牛场占地面积满足奶牛生产与管理需要的情况下，要注意节约用地。

在技术和设施投入方面，不应脱离实际技术水平，片面追求奶牛场的规模、机械化程度，这样会造成极大的浪费。应该尽量采用先进的饲养技术、适度的饲养规模和设备投入，才能取得较高的投资回报。

（二）牛舍建筑造型

根据牛舍屋顶造型的不同，可分为单坡式屋顶、双坡式屋顶、钟楼式屋顶和半钟楼式屋顶。目前常用的是双坡式屋顶和半钟楼式屋顶。

1. 单坡式屋顶

单坡式屋顶跨度小、结构简单、利于采光，适用于单列牛舍，养奶牛效果好，且投资少。这种牛舍多见于小规模奶牛场，若在现代化奶牛场中采用，则占地面积偏大，不便于使用机械化设备。

2. 双坡式屋顶

较大跨度的牛舍多采用这种屋顶，适宜于各种规模的奶牛场。这种屋顶的优点是易于建造且由于屋顶呈楔形，对牛舍小气候的控制较好。在我国北方的寒冷地区，采用这种屋顶的牛舍要求纵墙的建筑材料保温效果好。窗户的设置直接影响牛舍散热功能，这种舍一般采用自然通风，要求墙上的门窗结实且密封性良好，以便冬季获得良好的通风效果。但在炎热地区，牛舍的防暑效果不理想，须辅以机械通风加快通风散热。目前除寒冷地区外，常用的是四面没有墙体的开放式牛舍。

3. 钟楼式屋顶

钟楼式屋顶是在双坡式屋顶的两侧设置贯通横轴的天窗，南北两侧屋顶坡长和坡度对称。设计天窗可增加舍内光照系数，有利于舍内空气流动，防暑效果也不错，但不利于冬季防寒保温，比较适合南方地区。这种屋顶建筑结构比

较复杂，建筑材料用量大，相对造价高。

4. 半钟楼式屋顶

半钟楼式屋顶是指在双坡式屋顶的南面，设有与地面垂直的“天窗”，屋顶南北坡长和坡角不对称，一般北面坡长较短、坡度小，南面坡较长、坡度较大，其他与双坡式屋顶相同。南侧天窗能加强通风和采光，夏季北侧较热，适合于温暖地区大跨度的牛舍使用。与钟楼式相似，这种屋顶的构造复杂、造价高。

美国、丹麦等国家的奶牛舍，在双坡式屋顶开启一条宽30~60cm的通气缝，这样的牛舍既克服了双坡式屋顶通风量不足的缺点，造价又比钟楼式牛舍低。但是，这种牛舍适用于降水量比较少且降水不集中的地区，牛舍饲喂走道地坪要低于食槽，避免雨水进入舍内浸湿草料。

（三）牛舍建筑设计方案

目前，我国新建的大型奶牛场一般采用散栏式或散栏式加运动场的饲养工艺。根据饲养工艺、奶牛的分群、当地气候条件和投资情况，选择不同的牛舍建筑形式。

1. 泌乳牛舍设计

泌乳牛群是奶牛场中所占比例最大的牛群，一般要占到整个牛群的50%左右，泌乳牛舍设计得合理与否，直接关系到泌乳牛群的健康和产奶量。设计时首先要满足采食位和卧栏的需要量，卧栏最好是1∶1，采食位相应的要比卧栏多出10%，这样能有效缓解奶牛的采食竞争，降低牛群中位次的影响。

（1）泌乳牛舍的平面布局：根据采食位的列数和牛舍跨度要求，可将泌乳牛舍分为单列式牛舍和双列式牛舍。

1）单列式牛舍：只有一排采食位，如设卧栏，则卧栏位于采食位的一侧，见图4.1。牛舍跨度一般不低于15m，长度不宜过长，以60~80m为宜。

这种牛舍具有以下优点：牛舍跨度小，建造容易，通风、采光良好；但每头奶牛舍内占地面积较大，比双列式多6%~10%。此外，牛舍散热面积较大，适于建成敞开型牛舍。

2）双列式牛舍：有两排采食位，根据奶牛采食时的相对位置，可分为对头式饲喂和对尾式饲喂牛舍。对头式饲喂牛舍是泌乳牛舍最常用的布置方式，见图4.2。牛舍中间设一条纵向饲喂通道，两侧牛群对头采食，每侧根据卧栏的设置设相应的清粪通道。根据牛群大小，牛卧栏可置单列、双列或多列。这种牛舍布局，便于实现饲喂的机械化，易于观察奶牛的采食状况，方便奶牛进出卧栏。如果牛舍长度较大，要增加横向通道，将一列卧栏分成几个单元，以减少奶牛采食行走的距离。每个单元的卧栏数量最好与挤奶厅的挤奶位数相配套，方便挤奶的组织。原则上要求每个单元的长度不多于20个卧栏的宽度。如果采用挤奶后集中采食，设计时要保证每头奶牛都有采食位，每个采食位的宽度以 75~100cm 为宜。

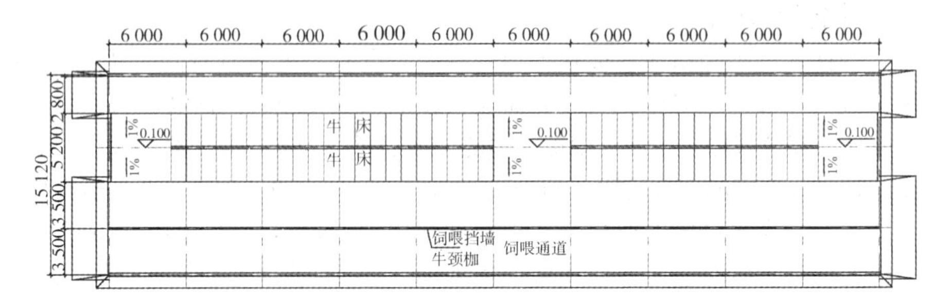

图 4.1　单列式成年母牛舍平面布局图

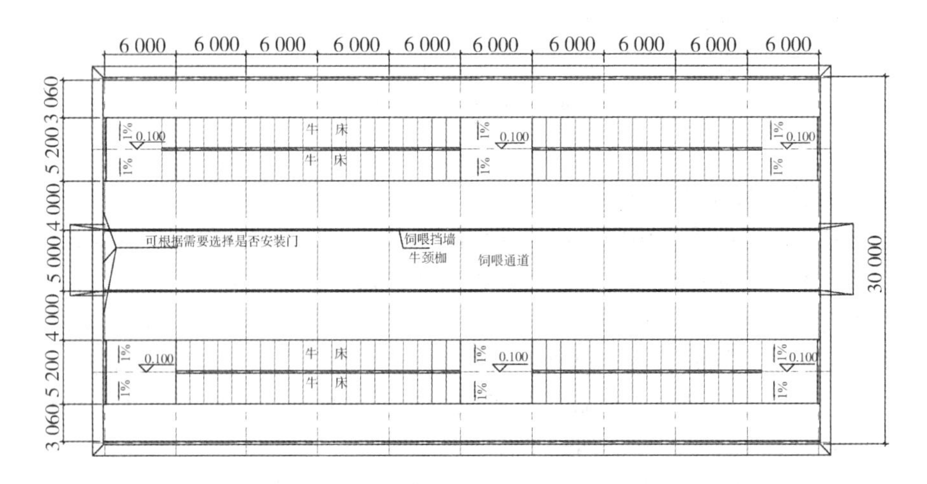

图 4.2　双列式成年母牛舍平面布局图

对尾式饲喂牛舍常见于拴系饲养工艺的牛舍，也常常用于产房。牛舍中间设一条纵向粪道，两侧各有一条饲喂通道，卧栏布置在饲喂通道和粪道之间。此种布置便于观察、处理分娩牛的情况。

（2）泌乳牛舍的剖面设计：泌乳牛舍的剖面设计要解决牛舍的高度、采光、通风及牛舍的内部构造等问题，见图 4.3、图 4.4。

1）墙体设计：牛舍一般采用单跨单层房舍。以舍内地平为±0.000，檐高一般不小于 3.6m，可按照当地气候状况和牛舍的跨度适当抬高或降低。根据牛场所在地气候状况及选用的墙体材料来设计墙厚。若采用砖混结构，寒冷地区一般采用 370mm 厚的墙，必要时增加保温板；较温暖的地区则通常采用 240mm 厚墙。奶牛舍墙体可以采用卷帘，卷帘牛舍通风、采光效果好，牛舍投资低，除严寒地区外，应该广泛推广。

2）窗的设计：根据牛舍采光要求，有窗式牛舍采光系数（窗地比）要达

到 1/12~1/10。由于奶牛体格较大，窗台的高度一般设为 1.2~1.5m。窗户一般采用塑钢推拉窗或平开窗，也可以用卷帘窗，窗户尺寸要根据舍内面积和牛舍开间决定。

3）门的设计：牛舍门包括饲喂通道门、清粪通道门、通往运动场的门三种。饲喂通道门和清粪通道门的宽度和高度的设计要根据采用的工艺及其设备决定。如果采用小型拖拉机饲喂和清粪，2 400mm×2 400mm 门就可以满足。如果采用 TMR 车饲喂的话，饲喂通道的门宽一般设计为 3 600~4 000mm，高度根据设备确定。通往运动场和挤奶通道的门宽可根据牛群大小、预计牛群通过时间确定，一般为 2 400~6 000mm；如果只考虑牛只通过，门的高度为 1 600mm即可。

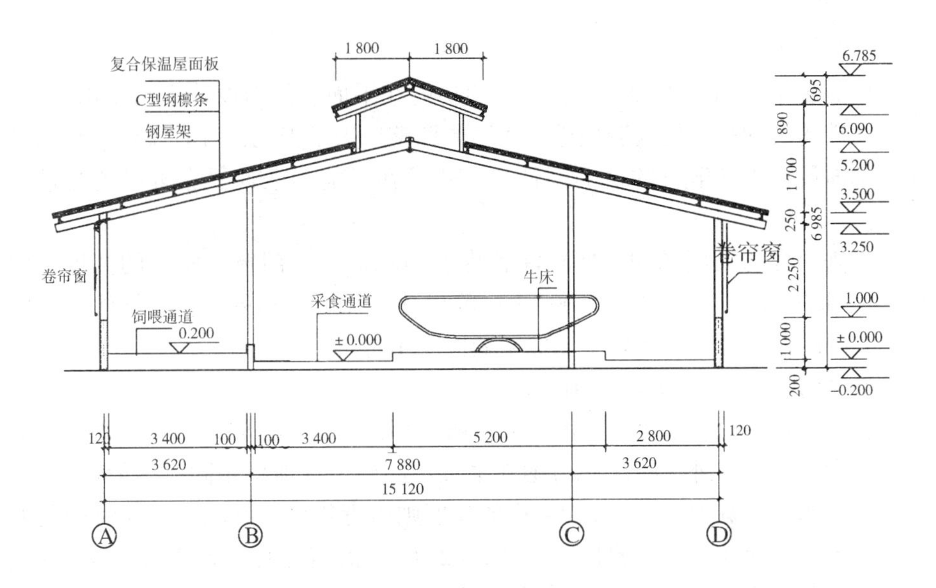

图 4.3　单列式成年母牛舍剖面图

4）舍内外地坪：为了防止舍外雨水等进入舍内，通常舍内地坪高于舍外地坪 20~30cm。门口设计防滑坡道，坡度一般为 1：（7~8）。

5）舍内部设计：泌乳牛舍的剖面图中要给出屋顶材料、屋顶坡度（泌乳牛舍一般是 1/4~1/3）、屋架特点、风帽的安装尺寸等，还要具体给出圈梁、过梁的厚度和位置，墙体材料等。剖面图中也要给出牛舍的特殊构造，如采食位，卧床（卧栏隔栏）的高度、坡度、形状及它们的安装尺寸，颈枷的高度和安装位置，食槽的高度和大小，饮水系统安装位置，各种通道、粪沟的宽度和位置，地面做法等。

6）通风口：通风屋脊的宽度为牛舍跨度的 1/60，檐下通风口的宽度为牛

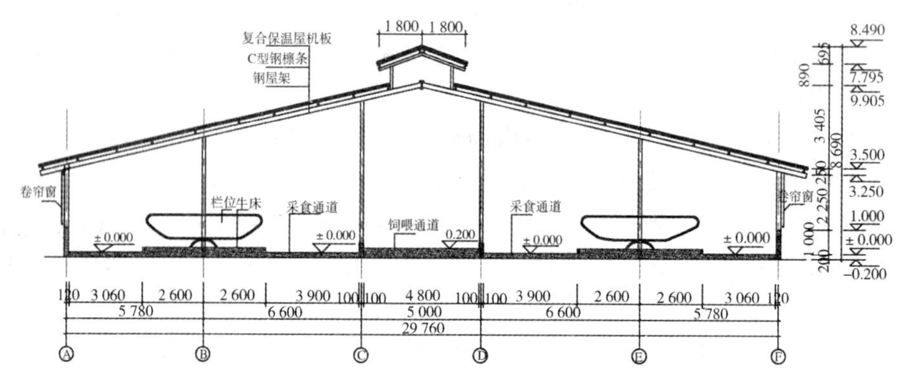

图 4.4　双列式成母牛舍剖面图

舍跨度的 1/120。

（3）泌乳牛舍的立面设计：牛舍的功能在平面、剖面设计中已基本解决，立面设计的目的是对建筑造型进行适当的调整。为了美观，有时候要调整在平面、剖面设计中已解决的窗的高低与大小。在可能的条件下也可以适当进行装修。

泌乳牛舍的立面图中，要标注舍内外地坪高差，门窗、屋顶的高度，屋顶、挑檐的长度（一般 300~500mm）等尺寸。如需要加风帽，要标注风帽的位置和间距。此外，立面图中要标明墙体所用材料。

2. 青年牛舍与育成牛舍的设计

青年牛舍与育成牛舍，卧床总数一般与存栏牛头数相同。青年牛舍与育成牛舍的设计，除了卧栏的尺寸与泌乳牛舍不同外，其他均相同。一般情况下，青年牛舍的卧栏宽为 1~1.1m，卧栏的长度则由青年牛从卧床上站立时的前冲方式决定，正前冲时卧栏的长度为 2.2~2.4m，侧前冲时则为 2~2.1m。育成牛舍的卧栏宽度为 0.8~1m，卧栏长度为 1.6~2m。

3. 犊牛舍

犊牛是指从出生到 6 月龄的牛，犊牛出生后应及时喂初乳，之后转入犊牛岛或犊牛单栏中饲喂。2 月龄断奶后，将犊牛转入群饲栏中饲养。设计犊牛舍时要考虑犊牛对环境的特殊要求。

（1）0~2 月龄犊牛舍的设计：这个时期犊牛经历了从母体子宫环境到体外自然环境、由靠母乳生存到靠采食植物饲料生存、由不反刍到反刍的巨大生理环境的转变，加上各器官系统尚未发育完善，抵抗力低，很容易发生呼吸道、消化道感染和其他疾病。

小于 2 月龄的犊牛一般采用单栏饲养或在犊牛岛内饲养，这样可以减少因犊牛“鼻-鼻”直接接触而传染疾病的机会。为犊牛设计单独的牛舍，亦可避

免其他奶牛对犊牛的攻击而造成其身体受伤。

1）犊牛岛：犊牛岛是专门用来饲养犊牛的一种单栏，每个犊牛岛内只饲养一头犊牛。目前奶牛场常见的犊牛岛有两种形式，一种是自己建设的犊牛岛，一种是购买的成品犊牛岛。其中自建的犊牛岛的尺寸一般为 2 400mm+2 400mm×1 200mm（图 4.5、4.6）。

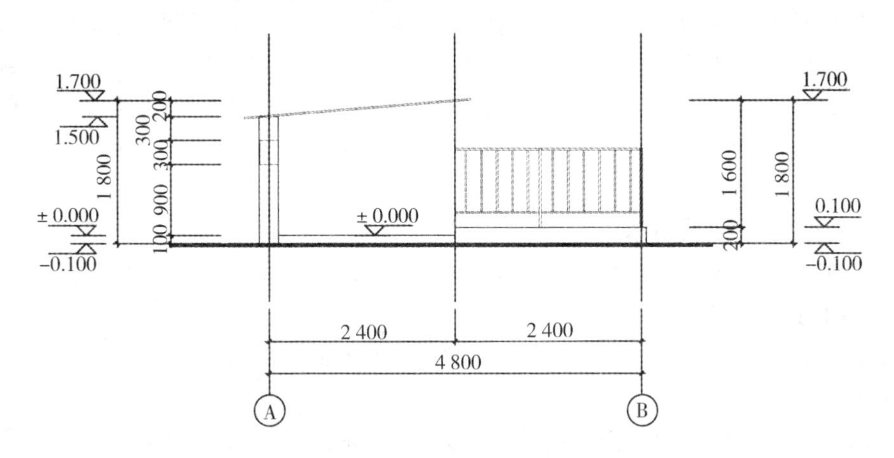

图 4.5　自建犊牛岛剖面图

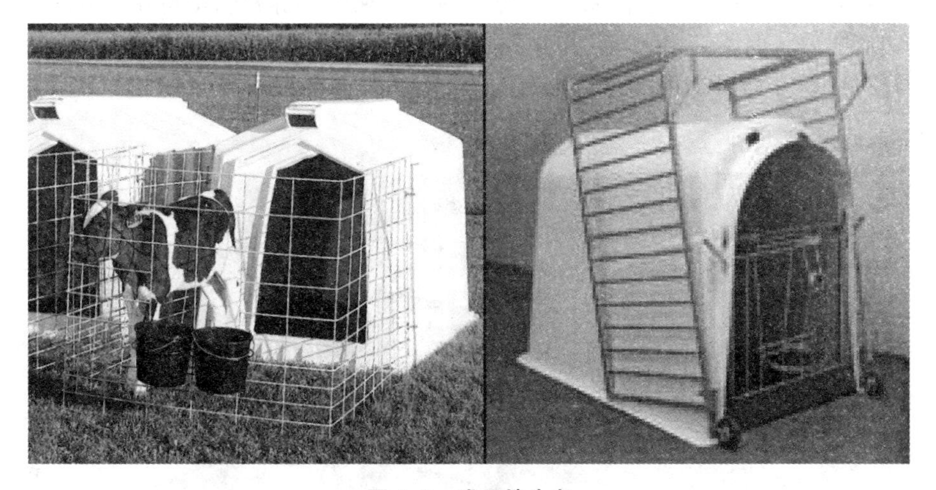

图 4.6　成品犊牛岛

实践证明，利用犊牛岛来饲养犊牛是一种极佳的选择。犊牛岛夏季防暑，冬季保暖，岛内阳光充足，空气新鲜，还有一个小型的运动场，能提高犊牛的成活率，饲养的犊牛后腿结实，蹄子健康。

市场上有很多犊牛岛成品可供选择。普通犊牛岛的使用年限一般为 10～20

年。犊牛岛的数量一般富余10%左右，以确保在下一批犊牛进岛之前，犊牛岛能空出两周以上的时间进行清洗和消毒，可有效避免疾病的交叉传染。

一般将犊牛岛面南或东南放置在宽敞、平坦、排水良好的舍外，要排列整齐，间距适当，采光良好。岛内应铺设大量垫草，保持犊牛身体清洁、干燥，不与地面直接接触，这样有利于提高犊牛的身体健康水平。

犊牛岛的正面敞开，并设计一个小型运动场，用铁丝网或钢管做成栅栏围绕运动场，以防止犊牛跑出。除正面和底部外，犊牛岛的其他部位一定要密封好，以减少冬季冷风侵袭。夏季则可以将犊牛岛背面的遮挡打开（或向上移15cm)，这样就可以形成穿堂风。也可以将犊牛岛的背面设计成一个密封性良好的门。

如使用半透明材料制成的犊牛岛，夏季则要对其进行遮挡，或将其放在通风良好的舍内。此时，犊牛岛到墙的距离不能小于60cm，犊牛岛之间的距离不能小于120cm。

2）犊牛单栏的设计：根据犊牛放置位置的不同，0~2月龄的犊牛也可采用单栏饲养。

犊牛单栏一般放在舍内，尺寸一般为2 400mm×1 200mm，见图4.7。将犊牛栏设计为活动式的单栏，这样就可以根据具体的要求进行适当的移动，也方便清扫和消毒。通常采用隔板将牛舍分隔成单独的饲养栏，也可用120mm厚的砖墙隔离，但不够美观。不同单栏之间的隔板最好超出正面隔栏5cm左右，这样可以防止犊牛之间相互舔鼻而传染疾病，也能减少贼风吹进栏内（图4.7)。

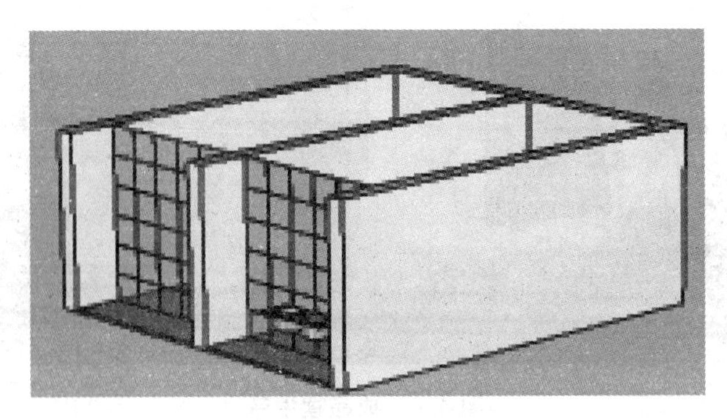

图4.7 犊牛单栏

研究表明，0~2月龄的犊牛大部分时间在躺卧，因此为犊牛建造干燥、清洁的休息区是很重要的，最好在犊牛卧床上铺15cm厚的垫草，这样能提高犊牛抵御外界气温突变的能力，也能减少单饲栏中细菌的数量。必要时可以在单饲栏的后上部加一个盖子，可以给犊牛提供更好的休息环境。

犊牛单饲栏中，奶桶和料桶安装位置一般要高出地面 30~40cm，使犊牛容易发现和接近，两者也应与休息区分开，以避免饲料被粪尿污染。为了保证犊牛能喝到清洁、新鲜的水，最好使用单独的饮水器，且每天都要清洗。要保证哺乳犊牛每天饮水约 3.8L。

（2）3~6 月龄犊牛舍的设计：3~6 月龄的犊牛为断奶犊牛，也称为大犊牛，可采用小群饲养的方式，也可在通栏中饲养。采用通栏饲养时，舍内、舍外都要设计适当的运动场。

将刚断奶的犊牛从单栏中转入群饲栏后，犊牛不但要面对完全不同的畜舍环境，还要学会与其他犊牛一起生活，适应采食和饮水竞争，加之吃奶转为采食植物性饲料，会严重影响犊牛的生长。为了减少这种应激对犊牛的危害，除了采用小群饲养外，断奶犊牛舍还要提供与犊牛岛或犊牛单栏相似的饲养环境。

1）在通栏中饲养断奶犊牛：犊牛通栏布置有单排、双排等，最好采用三条通道，把饲喂通道和清粪通道分开。采食时用颈枷固定，结束后就可以放开。对尾饲养时，两边各设一条饲喂通道，宽度一般为 1.5m；粪道在牛舍的中央，粪道宽一般为 1.8m，栏内靠近清粪通道的地方各设一条粪沟，宽为 30cm 为宜。对头饲养时，牛舍中央设计饲喂通，两侧则为粪道，通道宽度与对尾饲养时相同。

2）小群饲养犊牛：一般是将年龄和体重相近的犊牛分为一群，每群10~15 头为宜，不得多于 20 头；否则，要对每头犊牛进行观察就比较困难，也可以将每群饲养的犊牛限制在 4~5 头（最大相差一个月龄）。每头犊牛的占地面积 1.8~2.5m^2，栏内一半的面积要铺设优质的垫料作为牛床，可高于地坪并带有一定的坡度，最好带有一定的运动场。群饲栏中要求全天供应新鲜水。

规模化牛场应该为犊牛提供单独的牛舍，舍内设计一系列的群饲栏，群饲栏的尺寸为 3m×6m（图 4.8）。如果只在休息区铺设垫料的话，每个栏中最多饲养 6 头犊牛；若整个栏内均铺设垫料，则可饲养 8 头左右。这种犊牛舍屋顶一般采用 1∶4 的单坡屋顶。牛舍面南或东南设计，利于采光。相邻群饲栏之间可以用胶合板隔开，冬季在胶合板与地面接触的地方塞一些稻草秸秆，以减少贼风。当牛场规模较小时，也可以将单栏与群饲栏置于一栋牛舍内，此时舍内通风一定要好。

4. 干奶牛舍

妊娠后期，胎儿生长迅速，为了满足胎儿的营养需要和提高下一个泌乳期的产奶量，在产前 2 个月对母牛进行干奶，这时期的奶牛称为干奶牛，一般占存栏母牛的 5.5%。干奶后，将牛群从泌乳牛舍转入干奶牛舍，产前 15d 再转入产房，因此，母牛在干奶牛舍中停留约 45d。

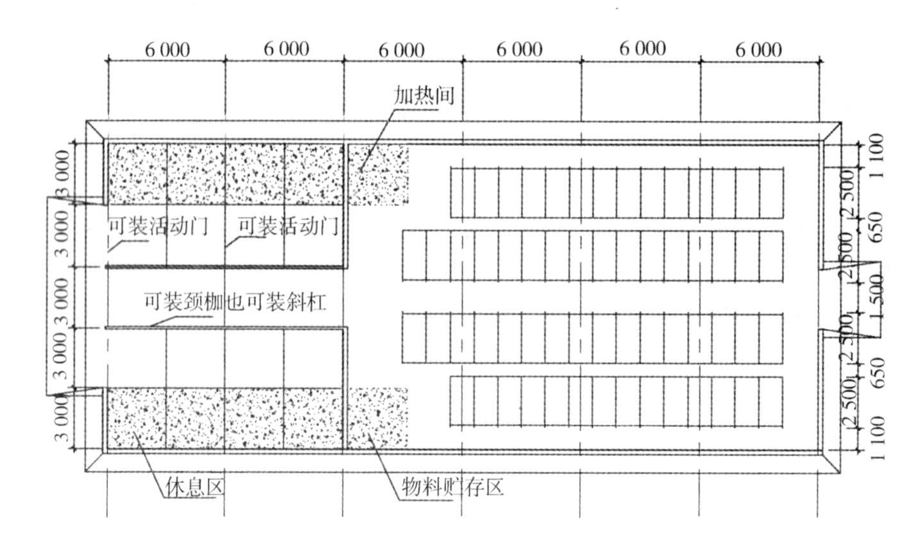

图 4.8　舍内犊牛单栏和群饲栏

干奶牛舍与泌乳牛舍相似，只是卧栏宽度稍大于泌乳牛舍（一般设 130cm 左右），卧栏个数最好富余 10%。为了方便饲养员的观察，卧床多采用对尾式布置形式。这种布局具有以下优点：①头胎青年牛产犊后能很快习惯使用卧栏。②设计合理、管理良好的卧栏，能大大减少奶牛乳腺炎的发病率。③需要的垫草较少。

但是，这种牛舍投资较高，且卧栏数量一定，灵活性较差。

5　产房

干奶牛在预产期前 15d 转入产房。以全年均衡产犊为基础，每 40 头存栏成年母牛提供一个产栏。方便饲养员对待产母牛进行观察，是产房设计的首要因素。

为产房提供良好的舍内环境和通风状况是非常重要的。此外，产房的光照一定要好，可以提供良好的人工光照设施，方便工作人员对奶牛进行观察、治疗和接产。母牛产后 15d 转入泌乳牛舍，期间可采用管道式挤奶，也可采用移动式挤奶机进行挤奶。

产房外设计运动场，要为每头待产母牛设计休息区域，休息区域可以使用卧床，也可以在地面铺设厚厚的垫草。垫草要勤换，并保证垫草厚度。

产房可采用拴系式饲养和散栏式饲养两种方式，饲养方式的不同，确定了产房的内部布局的不同，目前规模化牛场多采用散栏式饲养。

散栏式饲养待产母牛，牛舍布局形式有两种，主要区别在于产房内卧床的设计形式。如果产房内设计卧床，常采用单列卧床对尾式布局，以便于人员观

察待产牛，在产房的一头设计产栏的话一般尺寸不小于3.6m×3.6m。这种布局能很方便地将临产母牛转入产栏内，但是要求饲养员勤观察待产奶牛。

产房内要设计犊牛单栏及专用的兽医室，以便对刚出生的犊牛进行护理，也方便对受伤母牛及时进行治疗。应注意，产房内一定要24h供应热水，并根据规模产房内配置与之相适应的贮奶设备。

设计产栏时，要在产栏的一侧设计一个颈枷，以便固定难产母牛进行助产。产栏内还要铺设厚的垫草。

6. 隔离牛舍

隔离牛舍是对新购入的牛只或已经生病的牛只进行隔离观察、诊断、治疗的牛舍（最好是购入牛与病牛分设），其建筑设计与泌乳牛舍相同，牛舍的出入口均应设计消毒池，通常情况下采用拴系式饲养病牛、隔离牛。

7. 凉棚设计

牛舍外配有运动场的，一般在运动场内都建有凉棚，以供奶牛夏季避暑。凉棚设计要注意以下几个方面：

（1）为每头奶牛提供5~6m^{2}的遮阳面积。

（2）凉棚高度以3~4m为宜，且长轴沿东西走向为宜，以防阳光直射凉棚下的地面。凉棚过高，虽有利于通风，但阴影容易移动，会增加地面温度。

（3）凉棚顶部所用材料应具有较好的隔热能力。

（4）凉棚应与畜舍保持一定的距离，避免阴影打在牛舍的墙面上，造成无效阴影。同时，凉棚与畜舍太近不利于舍内通风。

（5）凉棚屋面的排水要设计好，在凉棚一侧设排水管，以防止雨水自然排放对运动场造成破坏，减少运动场粪污的流失以及污水的产生量。

二、挤奶中心的设计

挤奶中心是现代化奶牛场的重要配套设施。挤奶中心一般包括挤奶厅、设备室、储奶罐、休息室、办公室和治疗室。挤奶中心的大小由挤奶厅的类型、牛群大小、储奶罐的型号、设备摆放的位置以及清洗设备和牛奶冷却设备的类型等因素决定。

（一）挤奶厅的设计

挤奶厅是挤奶中心的核心部分，由待挤区、挤奶厅入口、挤奶台、挤奶厅出口与牛群返回通道及浴蹄池等组成。此外，挤奶厅中还配置牛奶冷却与储存设备、更衣室、洗涤室等辅助用房。挤奶厅的类型和大小取决于泌乳牛的数量、资金状况和牛场投资人的个人喜好等。

1. 挤奶厅的类型

挤奶厅根据厅内放置挤奶机可否移动分为固定式和转动式两种。固定式挤奶厅根据厅内挤奶机摆放形式分为并列式、鱼骨式和串列式；转动式挤奶厅有转盘式、放射式等形式。生产实践中最常用的固定式挤奶厅有并列式、鱼骨式，转动式的是转盘式挤奶厅。

（1）并列式挤奶厅：并列式挤奶厅一般设置（2×6）~（2×50）栏位，挤奶厅中央设立挤奶员工作坑道，坑道深0.8~1m，宽2~3m，坑道长度与挤奶机栏位数有关。挤奶时，奶牛尾部朝向挤奶坑道，垂直于坑道站立，挤奶员从奶牛后腿之间将奶杯套在牛乳房上。每个挤奶栏位宽为70~75cm（图4.9）。一般情况下，每个挤奶周期为5~8min。挤奶厅的两侧各设1.5~2.5m宽的返回通道，挤奶厅跨度为9~15m。设计并列式挤奶厅时，可以在挤奶栏位尾部设计一个坡度为2%~3%，最浅处深10cm、宽10cm的槽沟，槽子上沿略低于奶牛尾部。这样，在挤奶过程中，奶牛就可直接将尿排到槽沟中，槽沟末端设排污管通到挤奶厅外，定时用水冲洗，可有效减少粪尿对挤奶厅的污染。

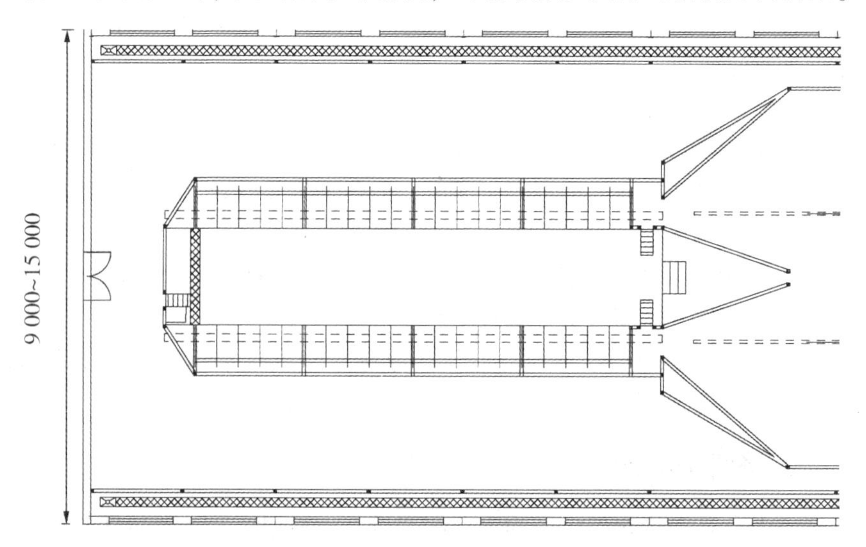

图4.9　并列式挤奶厅（单位：mm）

（2）鱼骨式挤奶厅：鱼骨式挤奶厅一般设置（2×4）~（2×24）个栏位，也可以根据需要设置更多的栏位。这是最常用的挤奶厅形式，见图4.10。挤奶厅中央设立挤奶员工作坑道，坑道深0.8~1m，宽2~3m。两排挤奶机排列形状如鱼骨，与坑道呈30°~45°，相邻奶牛的乳房直接距离为90~115cm，挤奶员从奶牛后侧部将奶杯套上。每个挤奶周期（进牛、擦洗乳房、套杯、开始挤奶、挤奶结束到下批牛进来）为8~10min。挤奶厅的一侧分别设1~1.5m宽的返回通道。挤奶厅的跨度为6.1~8.48m。这种挤奶厅，奶牛是按组进出的，因此，牛群移动和周转效率高。但是，每组奶牛中，如果有一头出奶慢的话，

将会延长整组奶牛的挤奶时间。为提高挤奶效率，最好将出奶慢的奶牛淘汰或单独组成一个牛群进行挤奶（图 4. 10）。

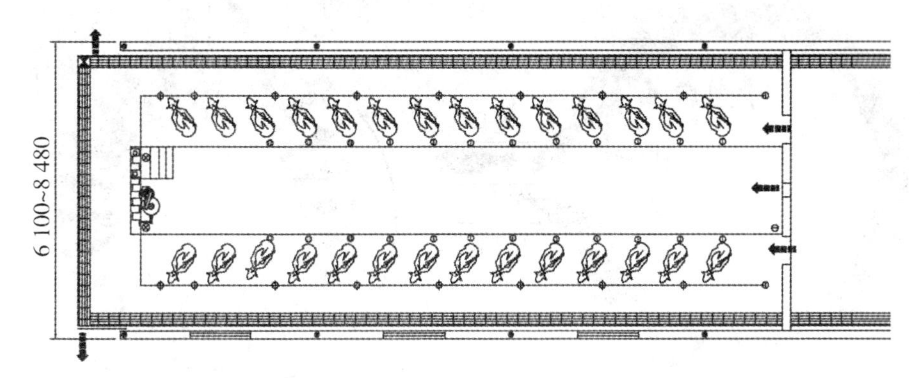

图 4. 10　鱼骨式挤奶厅（单位：mm）

（3）转盘式挤奶厅：转盘式挤奶厅利用旋转的挤奶台进行流水作业，每个转台能提供的挤奶栏位多达 80 个，适用于较大规模的奶牛场。转盘式挤奶厅分坑道内挤奶和坑道外挤奶两种基本形式（图 4. 11）。

目前，我国安装的转盘式挤奶台多为坑道外挤奶。采用这种挤奶厅，奶牛逐个进入挤奶台，面向转盘中央站立，挤奶员在转盘入口处将奶杯套在牛乳房上，不必来回走动，操作方便，每转一圈需 7~10min，转到出口处时挤奶已完成，奶牛离开转台。但是，转盘式挤奶厅要求挤奶员的工作节奏必须符合转盘的旋转速度。如果转盘旋转过快或挤奶工的节奏过慢的话都将影响挤奶的正常进行。目前，每个挤奶栏位通过的时间不足 15s，既要清洗乳房又要套上奶杯，因此至少需要 2 个工作人员。此外，为防止奶牛在转盘入口处和出口处发生拥挤现象，需要专门的人进行引导。据研究，转盘式挤奶厅的实际工作效率只是计算值的 80%左右，并且这种挤奶厅的转盘结构复杂，造价较高（图 4. 11）。

不管选用哪一种类型的挤奶厅，设计时一定要与挤奶设备厂家密切地沟通。坑道的地坪一般比室内地坪低 5~10cm，挤奶台高于地面，奶牛沿坡道上挤奶台。

2. 挤奶次数和时间间隔的确定

每天的挤奶时间确定之后，奶牛就建立了排乳的条件反射，因此不可轻易改变，必须严格遵守。一般每头奶牛每天挤奶次数为 2~3 次。增加挤奶次数，可增加催乳素的产生，而催乳素可促进乳腺细胞的生长，因而能提高奶牛的产奶量。实验证明，每天 3 次挤奶比每天 2 次挤奶的产奶量提高 10%~20%。奶牛的挤奶次数必须与生产工艺配套，同时考虑劳动力费用、饲料费用、管理方法和经济效益等因素。集约化程度比较高，产奶量高的奶牛场一般采用 3 次挤奶。

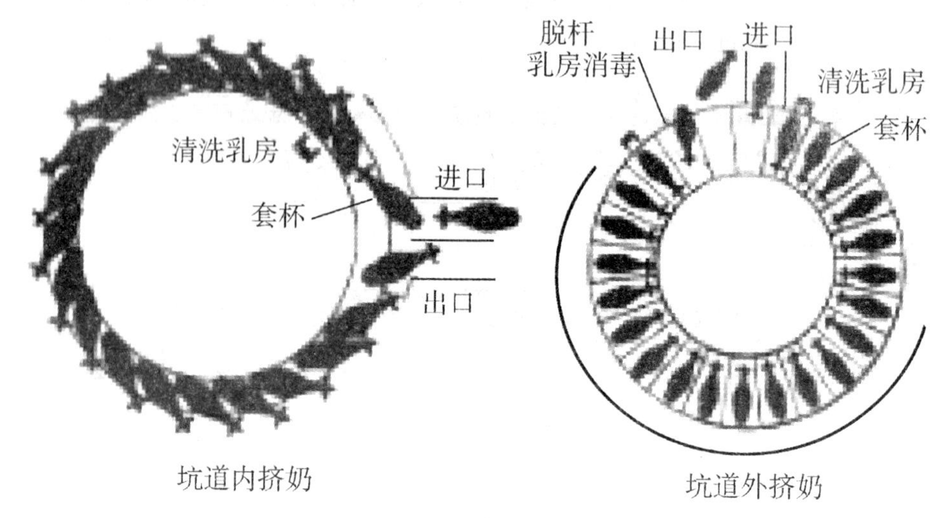

图 4. 11　转盘式挤奶厅

每天的挤奶时间间隔应均等分配，最有利于奶牛的泌乳活动。每天 2 次挤奶，最佳挤奶间隔是（12±1）h，间隔时间超过 13h，会影响产奶量；每天 3 次挤奶，最佳挤奶间隔时间为（8±1）h，夜间安排 9h 间隔是符合生物钟规律的。

3. 挤奶栏位数的确定

挤奶栏位数是挤奶厅设计的重要参数。每批挤奶的泌乳牛头数要根据泌乳牛群的大小、挤奶过程所需时间、挤奶厅运作时间和每天挤奶的次数确定。在挤奶过程中，挤奶所需的时间包括挤奶准备时间、实际挤奶时间、不同批次替换时间和清洗时间。一般每次挤奶准备时间为 20min，挤奶厅清洗时间为 30~45min，一般每批泌乳牛挤奶时间（含替换时间）可按 12~15min 计算，这样根据泌乳牛的数量及挤奶次数可以计算每批挤奶的泌乳牛头数，即挤栏位数，它是选择挤奶设备的指标。

（二）挤奶中心的布置

挤奶设备确定之后，根据奶牛场的总体布置，确定挤奶厅建筑及其附属建筑与设施的相对位置，以提高泌乳牛群的转移速度，方便管理和鲜奶的运出为原则。挤奶厅挤奶台上的往返通道要设计合理，挤奶的返回通道可根据每批挤奶牛头数的多少确定，鱼骨式和并列式挤奶厅布置见图 4. 12。一般每批挤奶牛头数少的挤奶厅只设一条返回通道，在挤奶坑道的两侧分别设立挤奶进入通道，只在一侧设计返回通道，另一侧的奶牛绕过挤奶厅前边的通道进入返回通道，返回通道的宽度应为 85~95cm，以防止奶牛返回时转身；附属建筑和设施与挤奶台并列布局。另一种常见的布局方式是储奶间等附属建筑和设备、挤

奶台、待挤区等依次排列。在挤奶操作坑道的两侧均设立返回通道，通道宽以2.5~3.5m为宜，这种布局能使奶牛方便、迅速地离开挤奶厅，一般每批挤奶的牛头数较多。

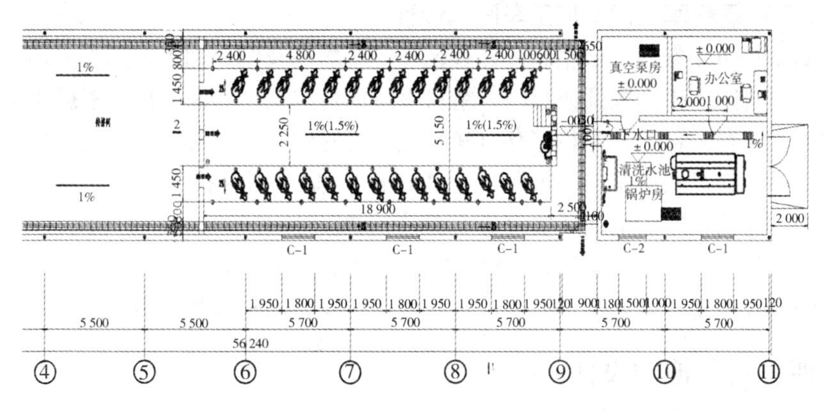

图 4.12　挤奶中心平面布局（单位：mm）

三、干草库与饲料加工间的设计

（一）干草棚的设计

干草是奶牛的基础日粮，其品质好坏严重影响奶牛的采食量。研究表明，室内储存干草可保持干草品质，并减少营养成分的流失。国外干草的处理已经做到从田间收割到饲喂的全部自动化。

干草棚的建设规模主要根据奶牛场的奶牛存栏量和年采购次数决定。根据奶牛场奶牛存栏数和日干草采食量，确定干草的月、年消耗量。干草的采购次数因地区而异，同时还要考虑市场供应干草的不稳定性。常见的干草棚，多为四周无围护结构的简易棚，必要时用苫布或帘布进行保护；也可以三面设墙一面敞开，对草的保护更好。干草棚的建造主要是防火，其次是防潮，还要考虑通风良好。一般要求建在高燥的地方，不要距生活区和场外太近，草棚上方和附近不能有电线等，周围要设计防火空间，并有足够的消防用水。

我国干草打捆尺寸一般约为80cm×50cm×40cm（长、宽、高），羊草重量约为30kg/捆，苜蓿重量约为20kg/捆；切短干草直接储存，每立方米250kg左右。

干草棚檐高以5~6m为宜，这样可以储备更多干草，节省建筑费用。另外，应考虑运输干草车辆是否能够直接进入棚内，以方便干草的装卸。

干草棚建筑面积的确定，根据干草的品种、数量需求计划、干草供应状况，确定干草常年储备数量，以此为依据计算干草棚建筑面积。如1 000头规模的奶牛场，平均每头奶牛每天按4kg消耗计算，合计每天消耗4t，年消耗总量为1 460t，考虑干草储备为12个月的量，即1 460t；干草储备每立方米约为0.25t，需要储备空间为5 800m^3；干草棚建筑高度如为5m，建筑面积为1 160m^2。另外，还要注意奶牛场的机械化程度及草棚的有效利用面积。

（二）精料库及饲料加工车间的设计

奶牛场可用精料塔或精料库储存精料。精料库及饲料加工车间多采用双坡屋顶，三面封闭，正面敞开或封闭。精料库及饲料加工车间的面积应根据奶牛场的存栏量、精料采食量、原料储存时间及成品料的储存时间来确定。其檐高由饲料运输车及卸料方法决定，一般不低于3.6m。为防止雨雪打湿饲料，建设时应设计挑檐。在精料库的前面还要设计6.5~10m宽、向外形成2%坡度的水泥路面，供料车卸料。此外，设计精料库时，一定要注意防鼠、防潮。精料库及饲料加工车间的设计也要注意奶牛场的机械化程度及精料库的有效利用面积。

四、青贮池的设计

青贮饲料是奶牛的重要饲料来源之一，在规模化奶牛场中，根据每天青贮饲料的平均饲喂量和青贮饲料在制作储藏期间的损失量来计算一年青贮的储藏量。常见的青贮饲料制作储藏方式有青贮池、青贮塔、塑料袋青贮等。

常见的青贮池分为半地下式、地下式、地上式青贮池三种，前两种虽然节省投资，但是由于不易排出雨水和青贮渗出液，也不方便使用机械取料，所以很多奶牛场经营者和学者都不主张在规模化牛场中采用。地上式青贮池（以下简称青贮池）在我国规模化奶牛场中使用最普遍。一般地上式青贮池呈条形，两端开口或一端开口，多个青贮池可以并联起来。现在多主张两端开口的青贮池，其优点是第二年制作青贮时不必考虑原来的青贮料用完与否。青贮池也有呈环形的，因其浪费地面面积所以使用很少。青贮池的尺寸、墙体和地面设计与青贮饲料的制作、青贮池的排水、青贮料的品质和损失程度，以及地下水的污染等密切相关。

（一）青贮池尺寸的确定

1. 青贮池总容积的确定

对于高产奶牛，应储备的青贮玉米量为10 000~12 500kg/（头·年）。一般青贮玉米（全株青贮）容重为600kg/m^3左右，设计时，一定要考虑饲喂过程中青贮的损失，一般可按照20%的损失率来计算。另外，北方地区秸秆一般一年收获一次，青贮池设计储备量应不少于13个月，因为青贮制作后要发酵一个月左右才能使用。南方地区一年可收获两次，青贮池设计储备量应不少于8个月。这样根据奶牛场奶牛的存栏量就计算出了青贮的总容积。

2. 青贮断面尺寸的确定

在已定青贮池高度情况下，青贮饲料日需要量和最低日取料进度要求决定

青贮池合理宽度。为保证青贮料新鲜，防止“二次发酵”，青贮池宽度必须合理。宽度应根据每天青贮料需要量、场地条件、生产工艺（青贮池的宽度还应满足机械压实和车辆运输饲料对操作和回转空间的需要）等情况确定。为预防青贮饲料的好气性败坏，理论上每天取料的进度应在 0.15m 以上。但实际上青贮池整个截面不可能同时等距离掘进，为了安全，每日取料的平均进度可定为 0.2~0.5m。取料进度应与青贮池容积呈正相关，即青贮池截面面积越大，取料进度就越大。大型青贮池当平均取料进度达到每天 0.4~0.5m/d 时，才可以保证整个青贮料截面的新鲜度。

3. 青贮池长度与数量

在确定了青贮池的截面和取料速率后，根据需要的青贮池的总体积、场地条件，并结合经济因素等，来确定青贮池的长度和个数。一个青贮池的长度不宜太长，一般能在 7d 内将青贮原料装满压实，否则青贮原料会因氧化而造成营养成分的损失。

（二）青贮池的墙体和底面设计

1. 青贮池的墙体设计

青贮池多采用砖石砌体、混凝土预制板、钢筋混凝土现浇墙体。

青贮池墙体的内侧应光滑，大型养殖场为了便于机械化取料，青贮池宜采用垂直墙体。为了墙体稳定和节省建材，青贮池墙体断面宜做成上窄下宽的梯形。砌体结构的墙体伸缩缝最大间距为 40~50m，混凝土结构的墙体伸缩缝最大间距为 20~30m，缝宽 20~30mm，并根据地质条件，地基有变化时设置沉降缝。

除岩石地基外，青贮池墙体基础埋置深度一般不宜小于 0.5m，季节性冻土地区按相应规范规定处理。

墙体设计荷载需要考虑青贮饲料的自重、青贮饲料对墙体产生的侧压力，以及青贮饲料碾压机械设备产生的压力。地下式及半地下式还应考虑覆土的侧压力。

青贮池连池间墙宜做成两端闭合的空心双墙，单墙厚度为实体间墙的 1/3~1/2，里边填土夯实并用混凝土灌顶，总宽度 1~1.5m。联池间墙顶端中间留一条排雨水沟，从后端到开口端有 1%的坡降。

2. 青贮池的底面设计

青贮池底面要满足承载力和防渗的要求。底面设计和施工应符合《混凝土结构设计规范》（GB 50010—2010）、《混凝土结构工程质量验收规范》（GB 50204—2015）的规定。

青贮池底面采用混凝土地面或水泥地面，底面厚度 150~250mm。

地基土应进行夯实，当天然地基不能满足要求时，根据工程具体情况，因地制宜做出地基处理设计。在季节性冻土地区建造青贮池，还应将底面下的冻胀土置换为非冻胀土，墙体外应增加保温层或防冻沙，否则底面将因冻胀而产生裂缝，换填厚度需按照当地冻土深度和有关规范确定。

底面纵、横向伸缩缝间距不大于6mm，伸缩缝宽度为10mm左右，伸缩缝间应填防渗漏材料以防止青贮饲料流出液渗入地下。

3. 排水设计

在设计青贮池底面时应考虑到排水措施。地上式青贮池底面设计标高应高于池外标高0.2~0.3m。

青贮池底面整体向取料口方向倾斜，坡度宜为0.5%~1%。地上式青贮池在开口端外侧设置横向排水沟，排水沟的宽度宜为0.3~0.4m，起点深度宜为0.1~0.15m，坡度不宜小于1%。

4. 周边操作场地和道路

青贮池周边一般应设置硬化地面，道路宽度一般不低于6m。路面混凝土厚度150~250mm，混凝土路面纵、横向伸缩缝间距不大于6m，路宽超过8m时中间设一道伸缩缝。

五、粪污处理设施的设计

（一）奶牛粪污产生量

奶牛粪污产生量见表4.1。

表4.1 奶牛粪污产生量

项目 畜种	体重/kg	每日产生量/kg		不同清粪方式每天每头冲洗水量/L		收集系数
		粪	尿	干清粪	水冲粪	
奶牛	500	20~25	25~30	10~30	80	0.5~0.6

（二）粪便处理设施的设计

1. 储粪场的设计

储粪场最小容积为储存期内粪便产生总量。储粪场必须有足够的空间来储存粪便，在满足最小储存容积条件下设置预留空间，一般将深度或高度增加0.5m以上，堆积高度为1.2~1.5m。储存期一般为当地农业生产使用肥料的最长间隔期。储粪场必须采取防渗、防漏和防雨措施。储粪场适用于周边有大量农田的小规模奶牛场。

2. 好氧发酵设施的设计

好氧发酵设施的主要发酵形式有条形堆腐处理、大棚发酵槽处理和密闭发酵塔堆腐处理，其最小容积为堆腐时间内粪便产生总量和垫料体积总和。采用条形堆腐处理，在敞开的棚内或露天将畜禽粪便堆积成宽1.5m、高1m的条

形，进行自然发酵。根据堆内温度，人工或机械翻倒，发酵温度 45℃ 以上，堆腐时间需 3~6 个月。采用大棚发酵槽处理，修筑宽 8~10m、长 60~80m、高 1.3~1.5m 的水泥槽，畜禽粪便置入槽内并建设大棚，利用翻倒机翻倒，发酵温度 50℃以上，堆腐时间 20d 左右。密闭发酵塔堆腐处理，保持发酵温度 90℃以上的时间不少于 1d。好氧发酵设施适用于周边没有充足农田的奶牛场或者大规模奶牛场。

（三）污水处理设施的设计

1. 沉淀池的设计

（1）设计容积：沉淀池的有效容积等于设计流量乘以设计水力滞留期。当污水是自流进入沉淀池时，应按最大流量作为设计流量；当用水泵提升时，应按水泵的最大组合流量作为设计流量，同时应按降雨时的设计流量校核。水力滞留期一般为15~60d。若进水 TS（总固体）浓度低可适当减小沉淀池的水力滞留期，进水 TS（总固体）浓度高时可适当延长沉淀池的水力滞留期。

（2）沉淀池数量：对于奶牛养殖场，沉淀池应不少于 3 座，并考虑 1 座发生故障时，其余工作的沉淀池能够负担全部流量。

（3）沉淀池的构造尺寸：沉淀池超高不应小于 0.3m，有效水深宜采用 2~4m，每格长度与宽度之比不宜小于 4，长度与有效水深之比不宜小于 8，池长不宜大于 60m。

2. 厌氧消化器的设计

结合国家有关部门的推荐工艺和多年的实践经验，考虑到粪污处理设施的运行成本和效果，本书重点推荐种养相结合的“能源生态型”粪污处理工艺。适合该工艺的厌氧消化器主要有升流式固体反应器（USR）、全混合厌氧消化器（CSTR）和塞流式反应器（PFR）。厌氧消化宜采用中温消化（35℃左右），也可采用近中温消化（25~30℃）。

（1）中温发酵厌养消化器主要设计参数（表 4.2）：厌氧消化温度高时可适当缩短厌氧消化器的水力滞留期，厌氧消化器温度低时可适当延长厌氧消化器的水力滞留期。

表 4.2　中温发酵厌氧消化器主要设计参数

序号	项目	USR	CSTR	PFR
1	温度/℃	35	35	35
2	水力滞留期/d	8~15	10~20	15~20
3	TS 浓度/%	3~5	3~6	7~10

（2）厌氧消化器的总有效容积：厌氧消化器的总有效容积，可按下面公式计算。

$$V=TQ$$

式中：

V——厌氧消化器的总有效容积，单位为 m^3；

Q——设计处理量，单位为 m^3/d；

T——设计水力滞留期，单位为 d。

升流式固体反应器一般采用立式圆柱形，有效高度 6～12m；塞流式高浓度厌氧反应器，大多采用半地下或地上建筑。厌氧反应器的具体要求应符合《规模化畜禽养殖场沼气工程设计规范》（NY/T 1222—2006）。

第五部分　奶牛场的设施与设备

一、散栏式牛舍设施与设备

（一）卧栏的设计

散栏式卧栏是散栏式牛舍内专为奶牛休息而设计的独立场所，它使奶牛采食和休息的区域完全分开，能为奶牛提供清洁、干燥、舒适的休息环境。散栏式卧栏由卧床、卧栏隔栏、卧床基础和垫料组成，每一部分设计的合理与否都将影响奶牛的舒适性。散栏式卧栏的设计是散栏式牛舍设计的核心。图 5.1 为常见的对头式散栏式卧栏。

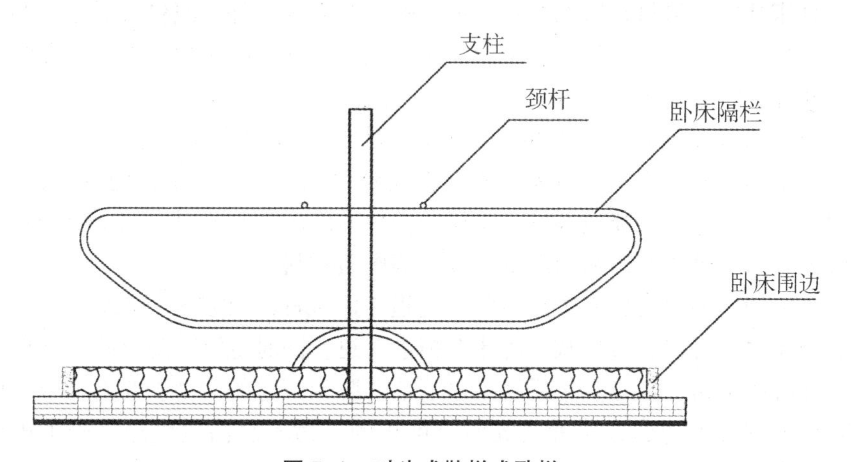

图 5.1　对头式散栏式卧栏

1. 卧床

设计卧床要依据奶牛体尺大小，同时要考虑奶牛的舒适性和牛体清洁。卧床的大小起码要能满足奶牛自然的躺卧和站立。如果卧床过窄，会使奶牛在躺卧和站立的过程中撞到隔栏上，影响奶牛的舒适性，甚至导致奶牛受伤；如果卧床太宽，奶牛就会斜躺在卧床内，甚至在卧栏内转身，很容易导致奶牛将粪尿排到卧床内。卧床的长度要能够保证奶牛的整个身体躺卧在床上，卧床太长或胸板位置太靠前，同样会导致奶牛将粪尿排到卧床上。表5.1给出了不同体重奶牛的散栏式卧床设计尺寸推荐值，在具体设计中要根据不同情况，进行适当的调整。

表5.1　不同体重奶牛的散栏式卧床设计尺寸

体重/kg	卧栏宽度/cm	卧栏长度/cm		颈杆高度/cm	卧床围边到颈杆和胸板的距离/cm
		侧前冲式	正前冲式		
350~550	110~112	200	230~245	105~110	160
550~700	115~122	215	245~260	112~117	170
>700	122~132	230	260~275	117~122	180

2. 卧栏隔栏

隔栏将舍内连续的通铺分隔成若干个相对独立的卧床，使奶牛在彼此不产生较大干扰的情况下，充分地利用卧床。为了防止奶牛站立时臀部和骨盆受伤，隔栏长度一般要比卧床短36cm左右。

3. 卧床基础及垫料

卧床基础及垫料是影响奶牛舒适性的重要因素。卧床的垫料要能为奶牛提供一个具有一定弹性、清洁、干燥的休息表面，这样能减少奶牛乳腺炎的发病率。此外，卧床的表面也应该由前向后形成2%~4%的坡度。

（1）卧床基础：用于奶牛卧床基础的材料根据垫料确定，以沙子为垫料的卧床基础一般采用素土夯实。素土夯实材料来源广泛、价格便宜、弹性好，透气、透水、保温性能也很好，是比较理想的卧床基础材料。如用橡胶垫、木板等做垫料，卧床基础采用混凝土或砖等硬质材料。

卧床的后沿要设置一个高出卧床走道20~30cm的混凝土围边，见图5.1。设置卧床围边可以有效地减少卧床草掉进粪道，同时也可以防止奶牛部分身体躺卧在卧床走道中，有利于保持牛群清洁。卧床围边的高度主要由两个方面决定：保证刮粪板清粪或水冲清粪时，堆积的粪污不会溢进卧床；奶牛进出方便，不会撞伤乳头。

（2）垫料：为增加卧床表面弹性，减少奶牛肢体损伤，经常在卧床表面铺设一些垫料。这样既能增加卧床的舒适性，还能提供一定的摩擦力，使奶牛起卧比较容易。此外，垫料还能吸收舍内的潮气，收集遗留在卧床上的粪便。垫料的种类和铺设状况与奶牛在卧床上躺卧时间的长短有直接关系。

垫料的种类很多，橡胶垫、木板、废轮胎、锯末、花生皮、粗沙、碎秸秆、稻草、干牛粪等都可以作为垫料，并可以组合使用。

在混凝土或压实的卧床基础上铺设卧床垫的效果也不错。卧床垫是在厚的

聚丙烯材料中添加松软的材料，做成类似“三明治”一样的复合体，碎橡胶是最常用的中间填充物。为了防止奶牛受伤，保持牛体清洁，一般要求卧床表面铺 8~10cm 厚的垫草。

沙子是较理想的卧床垫料。沙子松软，渗透性强且不易滋生细菌，能为奶牛提供舒适的休息环境，也有利于牛体干净和乳房健康。带进走道的沙子，能增加走道摩擦力，防止奶牛滑倒，但会增加粪便的重量，为清粪和粪污的后续处理带来不便。沙子作为垫料时，一般要求铺的厚度不小于 15cm。由于奶牛站立前冲时，会将卧床上的沙子向后踹，所以，每隔一周或两周就要为卧床前边填沙。此外，要保持卧床内的沙子不低于卧床围边，否则奶牛站立时会很困难，也易导致奶牛斜卧在卧床上。

4. 坡度

卧床从前到后应该形成一定的坡度，一般以 2%~4%为宜。坡度过大，奶牛后肢负重过大，容易导致奶牛子宫后垂或脱出。卧床的左右也应该形成 1%~2%的坡度，这样可以引导奶牛向一侧躺卧。

5. 开放式卧栏的合理管理

每天观察卧栏环境并清除湿垫料和粪污两次以上，每周添加新垫料至少两次。同样，每天清除粪道中的粪污至少两次也是必不可少的。如果卧栏内不卫生，或卧床上聚集潮气或粪便太多，卧床上的细菌数量会迅速上升，导致奶牛乳腺炎的发病率明显增加。

如果卧床的基础是素土夯实等材料，应该定期添补新的垫料。要保证卧床前边稍高于后边，这样可以防止奶牛斜躺在卧栏内。床面平坦并具有一定坡度的卧床，奶牛卧上去会很舒服，卧下和站起来也比较容易。要对卧栏的隔栏、颈杆等进行良好的保养。

通风良好是保证牛舍良好环境必不可少的因素之一，同样，良好的卧床环境也依赖于牛舍的通风状况。只有足够的通风换气，才能驱走奶牛产生的潮气，保持卧床的干燥。

在炎热的季节里，奶牛更喜欢在通风良好的卧栏内休息。所以，夏季应该保证牛舍的通风良好。通风不良加之舍内空气闷热，很容易导致奶牛在舍内随意躺卧。此时奶牛比较喜欢躺卧在较潮湿的过道中或比较脏的地方，以增加体热的散失。因此，夏季保证足够的通风是牛舍管理的关键所在。

（二）颈枷设计

散栏式颈枷在不妨碍奶牛活动和休息的前提下，将奶牛固定在食槽前。颈枷能有效地防止奶牛采食时将前肢踏入食槽，造成饲料污染，也可防止奶牛抢食，减少采食竞争。用颈枷将奶牛固定，就可以给不同的奶牛饲喂特定的饲料，也方便观察奶牛或对奶牛进行治疗或输精等。

常见的散栏式饲养的颈枷有自锁式颈枷、斜杆或横杆。自锁式颈枷可以对牛群进行统一的绑定和释放，也可在不影响其他奶牛的前提下，单独对某头奶牛进行绑定和释放。斜杆或横杆不能对奶牛进行绑定，只是阻止奶牛采食时将前肢伸到食槽中。使用这种颈枷时，要在挤奶厅附近设置固定的区域安装能够固定奶牛的设备，以便对奶牛进行治疗或输精。不同月龄奶牛的颈枷设计推荐参数见表 5.2。

表 5.2　颈枷设计参数推荐值

月龄	体重/kg	饲料挡墙高度/cm	颈枷高度/cm
6~8	160~220	35	71
9~12	220~230	39	76
13~15	300~350	43	86
16~24	350~550	48	104
成年乳牛	550~680	53	122

(三) 食槽设计

为方便实现机械饲喂，散栏式牛舍多采用地面饲槽。设计时，食槽一般比奶牛采食时站立的地方高出 5~15cm。为防止奶牛采食时将蹄子伸到食槽内，通常在奶牛站立的地方和饲槽之间设计饲料挡墙，其宽度为 10~20cm，不同月龄奶牛所需高度见表 5.2。

由于奶牛通常强壮有力，所以饲料挡墙必须坚固，且表面要光滑、清洁。新建食槽时，应该使用高强度混凝土，以延长食槽的使用寿命，也可用水磨石或瓷砖作为食槽表面。如果采用屋顶敞开通气缝的牛舍，食槽表面应该向饲喂通道中央形成一定坡度，避免进雨水，污染饲料。通常在饲料挡墙上设颈枷，以减少奶牛的采食竞争。

(四) 饮水设备设计

饮水槽是散栏式奶牛场中常用的饮水器具。饮水槽要方便奶牛饮水和饲养员的清扫，设计时也要结合当地冬季的气候状况，寒冷地区要采取相应的措施以防止水槽结冰影响正常饮水。

一般水槽宽 40~60cm，深 40cm，水槽的高度不宜超过 70cm，水槽内水深以 15~20cm 为宜，一个水槽能提供 10~30 头奶牛的饮水需要。奶牛饮水时占有的空间与其所需的采食位的宽度相似。如果牛群大于 10 头，至少提供 2 个水槽，以避免奶牛饮水不足。另外，夏季和产奶高峰时，奶牛的饮水量会急剧增加，饮水槽容积的设计一定要满足饮水高峰期奶牛的饮水需求。不同阶段奶牛的饮水量见表 5.3。

表 5.3　不同阶段奶牛的饮水量

奶牛类型	饮水量/［L·（头·d）$^{-1}$］
犊牛	25~40
青年牛	40~60
干奶牛	80~120
泌乳牛	140~200
喷淋需要	40~80

无论是舍内还是运动场上的饮水槽，周围都应设 2~3m 宽的水泥地面，确保水槽周围干净整洁。舍内的饮水槽可以安装在墙上，也可安装在横向通道上。水槽安装在侧墙上时，墙上涂抹一层水泥以保护墙体。安装在横向通道时，一定要在靠近卧栏的一侧设计一个隔墙或隔板，防止奶牛饮水时从水槽中溅出水打湿附近的卧栏。此外，设计时要确保水槽周围有足够的空间，防止奶牛饮水时影响其他奶牛的正常通行。

（五）地面设计

牛舍地面的设计要使奶牛站立和行走时轻松自如，不易摔倒。设计良好的地面有利于奶牛采食、饮水和进出卧栏的行动。

奶牛舍的地面有漏缝地板和实体地面两种。漏缝地板能保持牛体和卧床干净，也可避免每天清粪的麻烦，但易造成奶牛肢蹄受伤，且冬季易产生贼风影响奶牛的健康，设计时要充分考虑防寒措施。选用漏缝地板时，可直接购买铁箅子，也可用混凝土预制板。常见的混凝土漏缝地板的尺寸为 120cm×240cm×15cm，板条宽 20cm，狭缝宽 3.5~4cm。

实体地板通常采用混凝土地面，一般由 3 层组成：底层是素土夯实；中间层为 300mm 厚的粗沙卵石垫层或三合土垫层；表层是 C20、100mm 厚的混凝土，分段设伸缩缝。此外，为了改善地面以便奶牛站稳，牛舍内的混凝土地面通常设计凹槽进行防滑处理。凹槽的种类有条形凹槽、六边形凹槽和正方形凹槽。凹槽可在混凝土地面凝固前或凝固后制作。采用条形凹槽时，凹槽的宽度和深度一般均为 1cm，相邻两个凹槽之间的距离为 3~4cm；制作六边形凹槽时，凹槽的宽度和深度与条形凹槽相同，一般为 1cm；正方形凹槽的边长为 12cm，其边长与纵墙形成 45°。

（六）通道

散栏式奶牛舍的通道一般分为纵向的饲喂通道、采食通道、卧栏通道和横向通道。很多时候几种通道交叉使用。各种通道的具体做法请参看地面的做法。

1. 饲喂通道

散栏式牛舍的饲喂通道位于食槽前面，专供饲喂车运送、分发饲料，其宽度主要根据送料工具和操作距离要求决定，人工送料时宽度一般为1.2~1.5m。全混合饲料（TMR）饲喂车直接送料时，其宽度则应不低于4m。

2. 采食通道

散栏式牛舍内的采食通道位于食槽和邻近的卧栏之间，供奶牛采食时站立使用，也是奶牛出入邻近卧栏的通道。牛舍采用人工清粪或刮粪板清粪，设计采食通道时要考虑采用何种清粪方式。为了使奶牛采食时不影响其他奶牛的通行，采食通道的宽度一般为3~4.5m，而这个宽度足以满足任何一种清粪方式的要求。

3. 卧栏通道

卧栏通道位于两列卧栏之间或牛舍围栏与卧床之间，是专供奶牛进出卧栏或进入运动场使用的通道。舍内只有一列卧栏时，卧栏通道与采食通道重合。设计多列卧栏或对头式卧栏时，需设计专门的卧栏通道，其宽度一般为2.5~3m。同样，设计卧栏通道时，要考虑该通道的清粪方式。

4. 横向通道

为了减少奶牛采食、出入牛舍以及卧栏行走的距离，对较长的牛舍，一般设置横向通道将卧栏分成几组。横向通道的宽度设计要根据通道上是否安装饮水槽来确定。不安装饮水槽时，其宽度一般为2~3个卧栏的宽度。通道一侧安装饮水槽时，要考虑在奶牛饮水时，不影响其他奶牛的通行，允许两头奶牛并排通行时，其宽度则要达到4~5m。同时，要在饮水槽和卧栏之间安装一个隔墙或隔板，防止水打湿邻近的卧栏。

二、挤奶厅的设施与设备

（一）挤奶厅配套设施的设计

1. 待挤区

待挤区是奶牛进入挤奶厅前等候的区域，是组成挤奶厅的一部分。设计时，要根据挤奶厅栏位数及每栋舍牛只的数量来确定待挤区的大小，至少要为每头待挤奶牛提供1.5~1.8m^2的待挤区面积。为了使奶牛在待挤区等待时间不多于1h，待挤的奶牛头数一般不要超过挤奶栏数的4~5倍，这样就可以计算出待挤区的面积。由于奶牛依次进入挤奶厅，待挤区最好设计成长方形。挤奶台高于待挤区地面，由挤奶厅向待挤区形成2%~3%的坡度，这样奶牛更容易进入挤奶台进行挤奶。

严寒地区一般将待挤区设计在舍内。待挤区与挤奶厅合在一起，这样待挤

区奶牛能清楚看到挤奶情景，可使挤奶过程更加顺畅。待挤区一般无须保温，待挤区的奶牛自身散发的热量即可维持适当的温度，不需另外增加保温措施。气候较暖的地区，可直接在待挤区搭建凉棚，以供奶牛遮阳、避雨，同时配备降温的冷风机、喷淋等设备，防止奶牛发生热应激。待挤区周围应设护栏防止奶牛混群。此外，待挤区地面要进行防滑处理，并保证良好的照明和通风条件。

2. 挤奶通道和挤奶台入口

挤奶通道是奶牛从牛舍到达待挤区的通道。通道宽度由牛群大小决定。一般情况下，每个泌乳牛群小于 150 头时，通道宽度应大于 4m；牛群在 150~250 头时，通道宽度应增加到 5.5m；250~400 头时则为 6m；如果牛群大于 400 头时，通道宽度应达到 7m 以上。除非在特别寒冷的地区，挤奶通道一般不需要封闭，在其上方搭建凉棚即可，通道最好设计成直线状，必须拐弯的地方，要把拐弯处设计成圆角。

奶牛由待挤区进入挤奶台的入口，栏杆应设计成梯形，这样奶牛能够逐次、方便地进入挤奶台栏位，避免入口处设置弯道或台阶。

3. 挤奶台出口和返回通道

返回通道连接挤奶厅和牛舍，为了使挤完奶的牛群尽快离开，最好设直的通道；如果必须设弯道时，一定要将拐弯处设计成圆角，以防奶牛受伤，应尽量避免设置台阶或坡道。

返回通道应越短越好，其宽度取决于挤奶厅一侧的栏位数。如果栏位数小于 15，则返回通道净宽 0.9m 即可；如果大于 15，则应设计为 1.5~1.8m。由于刚挤完奶，乳头管仍处于开放状态，返回牛舍后，应避免奶牛立即躺卧，以防引起乳房感染。

4. 其他设施

浴蹄池设计在往返挤奶厅的通道上，可对奶牛蹄子进行蹄浴消毒，以减少和治疗奶牛蹄部感染。为了减少牛体污物落入浴蹄池，也可以在浴蹄前让奶牛通过清水池。分牛器结合奶牛电子识别系统使用，一般设在挤奶台的出口，可将需要治疗或配种的奶牛分离出来，通过专用通道进入另一区域处理。

（二）挤奶中心的附属设施

1. 奶品处理间

在挤奶间挤出的牛奶需要送到奶品处理间进行处理。奶品处理间是放置储奶罐的地方，也是收奶、过磅、冷却的地方。储奶间的大小由储奶罐的大小和摆放位置决定。一般奶品处理间要多留出一个储奶罐的放置空间，设备的布置要考虑检查维修方便。

常见的储奶罐有直冷式储奶罐、立式储奶罐、卧式储奶罐等，容积为 1 000~10 000L 不等。储奶罐的选择，要根据牛群的大小和产奶量、运输时间间隔及投资等多方面考虑。储奶罐一定要有可靠稳定的冷却系统和良好的清洁设备，这是牛奶保鲜的关键。

2. 办公室等附属建筑

办公室一般设有奶牛产奶量记录统计系统，对牛群的管理相当重要。此外，还要设计用于存放真空泵、空压机、制冷压缩机、热水炉的工具间及其他附属建筑。附属建筑要保持良好的通风。根据需要，地面应安装地漏。此外，挤奶厅内最好设有厕所，以便工人使用。

3. 配电箱

由于真空泵、牛奶冷却设备、热水炉及风扇等设备都需要电，因此一定要提供稳定的电源。

三、奶牛场其他设施与设备

（一）智能化设备

1. 超高频奶牛电子耳标

耐零下 40℃ 低温、超高频，建议每头牛佩戴 2 个，用于奶牛电子识别（图 5. 2）。

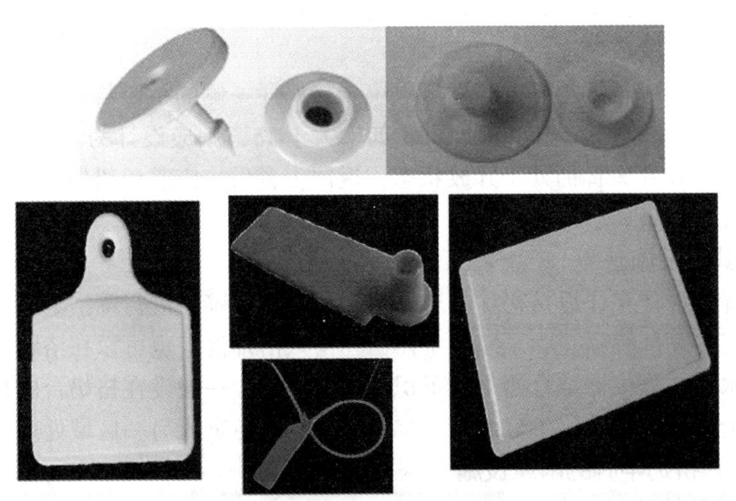

图 5. 2　超高频奶牛电子耳标

2. 智能牛只监控与辅助分群系统

奶牛的分群管理是牧场最基本的管理手段之一，该项工作的好坏对于牛群的生产性能和整个牧场的盈利能力都有巨大的影响。本套智能化系统分为三个部分：

（1）自动分群（事前）：根据牛只状态，设定分群条件，采用自动感知天

线与自动化设备实现自动分群。

（2）出入舍监控（事中）：在牛舍、挤奶厅、产房等入口处安装固定采集设备，监控牛只出入情况，实时预警。

（3）混群警示（事后）：根据软件中记录的牛只状态和分群规则，依据牛只当前所在位置，警示牛只混群情况。

3. 智能发情监测系统

通过牛只的活动量（计步器），判定牛只发情状态，结合无线网络传输技术，实现数据每小时采集一次。同时该系统还可以实时监控牛只的卧床次数和时间（图 5.3）。

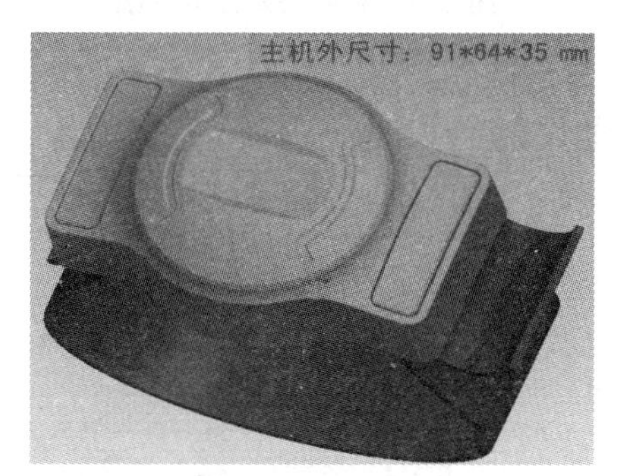

图 5.3　智能发情监测系统

4. 智能挤奶监测系统

采用无线超高频技术（RFID），实现奶牛的自动识别与奶量的自动计量，极大地降低挤奶厅自动计量改造成本，配套的 DHI 同步采样系统，大幅提高了 DHI 采样的准确性与便捷性。同时与奶牛电子耳标、奶牛场管理软件、无线网络传输技术等系统集成，实现数据与集团综合平台的实时上报（图 5.4）。

5. 智能牛舍环境监控系统

为牛舍装备温度、湿度、风速等环境感应设备，当环境达到临界值时，开动牛舍自动电风扇或喷淋系统，创造一个舒适的环境（图 5.5）。

6. 智能视频监控系统

将实时视频摄像头、PLC 程控器（远程查看，疾病会诊）、软件技术相结合，按照牛只、牛群、牛舍等关注的条件，由系统自动调取摄像头，查看现场实际情况（图 5.6）。

7. 牛群巡检

采用车载天线方式，如 TMR 车载天线，建立牛舍无线数据采集网络，当车辆经过牛舍饲喂通道时，自动采集牛舍牛只存栏信息。可以同时完成牛只个体查找、牛群清点、混群事后预警等工作（图 5.7）。

图 5.4　智能挤奶监测系统

- 养殖场环境监控
- 牲畜生长全程监控
- 温室环境监控
- 专家服务系统
- 智能化管理服务
- 视频监控

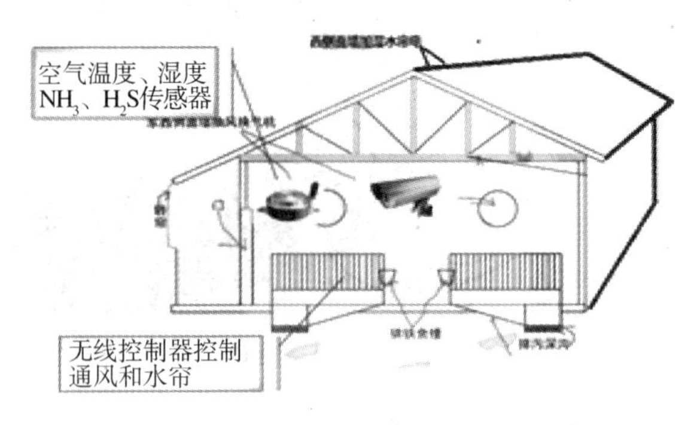

图 5.5　智能牛舍环境监控系统

8. 饲料实时监管

监控 TMR 车的实际配料情况，确保日粮按照营养师的预定配方进行配比，同时将实际日粮配方反馈给营养师（图 5.8）。

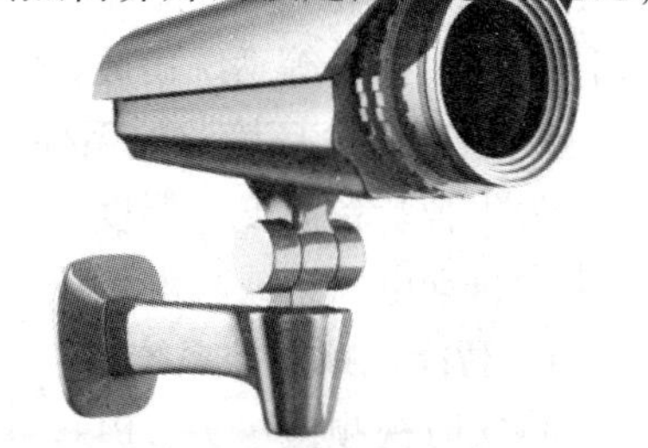

图 5.6　智能视频监控系统

9. 自动称重系统

此设备安置在牛舍，自动测量每头经过设备的牛只体重，并传输入计算机，由“奶牛场管理信息系统”软件进行记录。自动称重系统主要有固定式称重系统、可移动式称重系统（图 5.9）。

图 5.7 牛群巡检

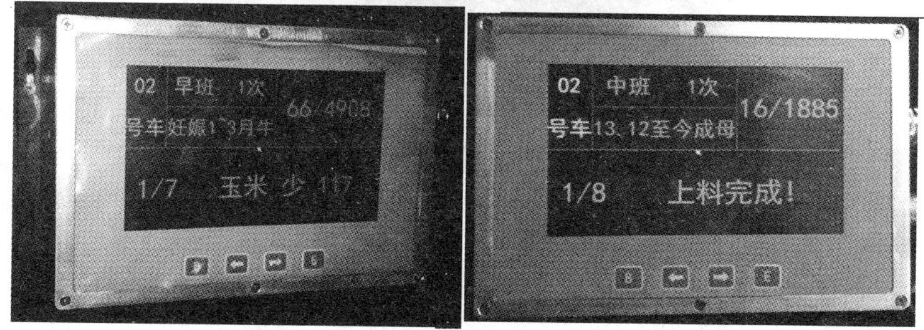

图 5.8 饲料实时监管

10. 自动饲喂系统

以《奶牛场管理信息系统》提供的牛只的日龄、生长状态、繁殖状态为依据，决定每个个体的饲喂量，并监控该牛只的实际采食量，真正做到个性化饲喂。一方面杜绝了饲料浪费，能使牛只饲料成本降低；另一方面避免了人工饲喂可能造成的牛只过肥或过瘦，从而导致生产性能下降，使生产成本上升。

图 5.9　自动称重系统

（二）粪污处理设备

粪污处理设备：主要有潜污泵、固液分离机（图 5.10）、格栅、铲车和翻抛机（图 5.11、图 5.12）等。

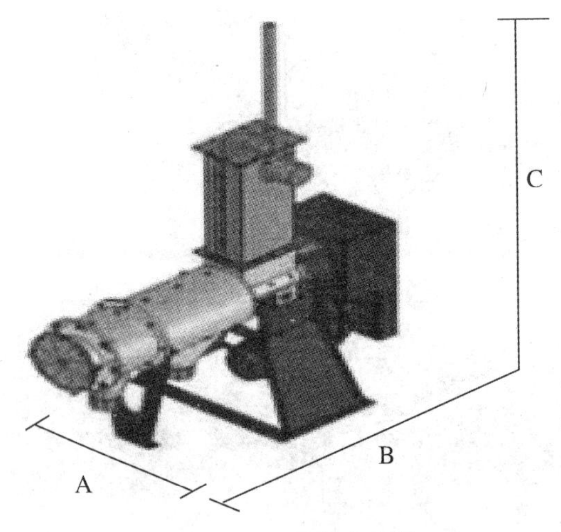

图 5.10　固液分离机

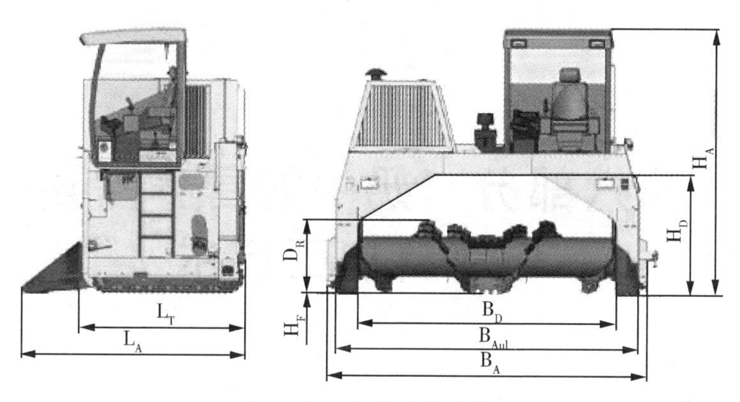

图 5. 11　条垛式翻抛机

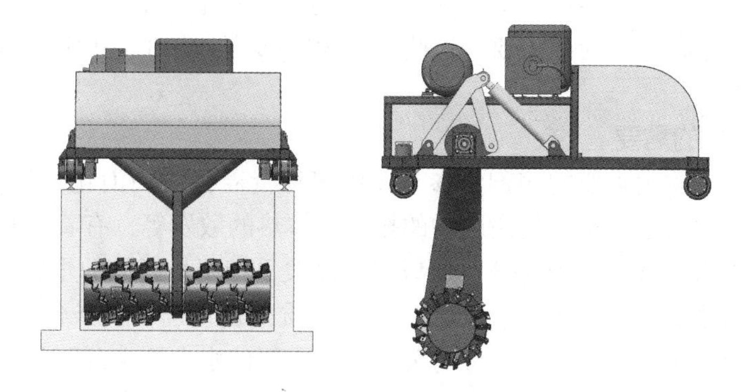

图 5. 12　槽式翻抛机

第六部分　奶牛的营养需要与草料加工技术

一、奶牛的营养需要

奶牛对营养的需要可以分为对水、干物质、能量、蛋白质、碳水化合物、矿物质及微生物等方面的需要。这些营养物质都是奶牛维持正常生命活动与生产所必需的。

（一）水的需要

水是奶牛体内重要的溶剂，参与体内多种营养物质的消化、吸收、转运，并维持正常的离子平衡、代谢废物的排出、体热的散发等，有着极其重要的作用。牛奶中水的含量约为87%，所以水又是关乎产奶量高低的重要因素之一。

奶牛的饮水量与其年龄、泌乳量、干物质采食量、气候条件、饲料性质、水的品质及奶牛所处生理状态等有关。奶牛需要的水主要来源于日常饮水、饲料水及代谢水，其中日常饮水为主要水来源，占水需要量的70%~97%。奶牛的摄水量通常是指自由饮水量与饲料中的水之和。一头体重600kg、日产奶量20kg、干物质采食量16kg的产奶牛日摄水量为60kg左右。奶牛体内水分通过泌乳、粪、尿、肺呼吸、皮肤蒸发等途径流失。奶牛摄水不足，会生长减缓、产奶量急剧下降，严重时会影响牛体健康，造成较大的经济损失。所以，在饲养中要保证奶牛有充足的洁净饮水，并符合《中华人民共和国无公害食品　畜禽饮用水水质》（NY 5027—2008）对水质的要求。冬季应为奶牛提供20℃的温水，夏季饮用凉水有利于降低热应激。

（二）干物质的需要

奶牛的干物质采食量（DMI）是制定日粮配方的重要指标，与机体健康和生产水平有着紧密的联系。干物质采食量与其体重、泌乳量、生理阶段、日粮类型、饲养水平、饲养条件等多种因素有关。高产奶牛的干物质采食量随着产奶量的增加而增加。干物质摄入不足会影响生产水平的发挥，也对产奶牛的健康不利。但干物质摄入过量会加大饲养成本、影响奶牛机体健康，同时未被机体吸收、利用的营养物排泄到环境中会加大环境净化压力。

奶牛干物质采食量（DMI）通常采用以下公式进行计算：

$DMI=0.062W^{0.75}+0.40Y$

适用于偏精料型日粮（精粗比 60∶40）

$DMI=0.062W^{0.75}+0.45Y$

适用于偏粗料型日粮（精粗比 45∶55）

式中：W 为奶牛的体重（kg）；Y 为标准乳产量（kg）。

NRC（2001）提出荷斯坦泌乳牛的干物质采食量计算方法：

$DMI=(0.372\times FCM+0.0968\times BW^{0.75})\times\{1-e^{[-0.192\times(WOL+3.67)]}\}$

式中：FCM 为 4%乳脂率校正产奶量（kg/d）；BW 为体重（kg）；WOL 为泌乳周。

NRC（2001）提出荷斯坦后备母牛的干物质采食量计算方法：

$DMI=BW^{0.75}\times(1.0188\times NE_m-0.8158\times NEm^2-0.1128)/4.184NE_m$

式中：BW 为体重（kg）；NE_m 为维持净能（MJ/kg）。

通常奶牛的最大干物质采食量出现时间迟于泌乳高峰期，即奶牛在泌乳盛期时，能量往往处于负平衡状态。故在饲养上应加大优质饲料的饲喂，同时适当提高能量浓度与采食量，以避免能量过度不足所导致的不良后果。

（三）能量的需要

奶牛的基础生理代谢、泌乳、生长及繁殖均需要消耗能量来维持。我国目前采用净能体系，将奶牛对能量的需要具体分为维持能量需要、生长能量需要、妊娠能量需要及泌乳能量需要。奶牛能量单位以 NND 表示，即当奶牛生产 1kg、乳脂含量为 4%的标准乳需要 3 038kJ 的产奶净能为一个 NND。

1. 维持能量需要

奶牛的维持能量需要受多种因素的影响，如品种、年龄、生理阶段、活动量、环境温度及饲养水平等。成年母牛在舍饲条件下、中立温度区的维持能量为 $293W^{0.75}$，对于处于第一泌乳期与第二泌乳期的奶牛来说需要分别在此基础上增加 20%和 10%。奶牛在放牧时的能量消耗会明显增加，与其体重、行走的距离及地形有关。奶牛在丘陵地带放牧所消耗的能量较平缓草场多。在低温条件下，奶牛通过体表散失的能量会明显增加。在 18℃ 基础上平均每下降 1℃，牛体产热就会增加 $2.51kJ/BW^{0.75}$，因此在低温环境条件下尤其是冬季要注意满足奶牛的维持能量需要。

2. 生长能量需要

生长牛用于生长增重的能量沉积即为生长能量需要。可通过以下公式计算。

增重的净能需要＝$[4.184\times\Delta W\times(1.5+0.0045\times W)]/(1-0.3\times W)$，其中 ΔW 为增重量（kg），W 为体重（kg）。

3. 妊娠能量需要

奶牛在妊娠期，随着胎儿的生长，胎膜、胎水等的快速增加，使得能量需要也相应增加。由于在妊娠前6个月，机体沉积的营养物质数量较少，正常的能量供应已可满足身体需要，故一般对奶牛妊娠能量需要的计算从6个月开始。怀孕6、7、8、9个月时，每天在维持能量的基础上分别增加4.18MJ、7.11MJ、12.55MJ、20.92MJ产奶净能。

4. 泌乳能量需要

泌乳能量需要与泌乳量、乳成分组成相关。牛奶中各成分的能量含量即为产奶需要量。可按以下公式进行计算：

每千克牛奶中含有能量（kJ）= 1 433.65+415.3×乳脂率

每千克牛奶中含有能量（kJ）= 249.16×奶中总干物质率−166.19

（四）蛋白质的需要

奶牛的蛋白质需要主要用于生长、维持、泌乳及繁殖。饲料中的粗蛋白质可包括真蛋白质和非蛋白氮两种。70%粗蛋白质在瘤胃中被瘤胃微生物降解并用于合成菌体蛋白，称为瘤胃可降解蛋白。剩余的30%不能被瘤胃微生物降解，称为瘤胃非降解蛋白或者过瘤胃蛋白。菌体蛋白和瘤胃非降解蛋白质进入真胃和小肠中被分解为肽、氨基酸而被机体吸收利用。

奶牛日粮中蛋白含量过高时，会引起机体的代谢紊乱，甚至会导致中毒，同时也会降低饲料的转化效率、增加饲养成本。过量的氮素排出体外将会对大气、土壤及水体等造成污染。日粮中蛋白含量较低时，则会降低奶牛的营养水平，引起泌乳量和乳蛋白含量降低，同时会造成瘤胃微生物的营养来源不足，影响瘤胃菌体蛋白的合成，从而降低瘤胃对纤维的消化能力，降低乳脂含量。

奶牛维持的可消化粗蛋白需要为$3W^{0.75}$，粗蛋白质为$4.6W^{0.75}$。

生长奶牛用于增重的蛋白质需要为

蛋白质（g/d）= ΔW（$170.22-0.173W+0.000\,17W^2$）×（$1.12-0.13\Delta W$）

其中ΔW为增重量（kg），W为体重（kg）。

妊娠期蛋白的需要可按要求在维持的基础上分别提高。6~9个月，可消化粗蛋白分别提高77g、145g、255g、403g。

产奶的可消化粗蛋白需要量=牛奶的蛋白质量/0.6

产奶的小肠可消化粗蛋白需要量=牛奶的蛋白质量/0.7

（五）碳水化合物的需要

碳水化合物主要为奶牛机体的各种生理及代谢活动提供能量，是奶牛必需的营养物质之一。除水分外，碳水化合物一般占奶牛日粮营养成分的70%~80%，其主要生理作用是为机体及瘤胃中微生物提供能量进行菌体蛋白的合成。碳水化合物中不同成分的合理搭配对于维持奶牛的健康、高产有着密切关

系。碳水化合物中对奶牛具有重要营养作用与生理功能的是中性洗涤纤维（NDF），尤其是在维持正常的瘤胃发酵、保证奶牛的健康和乳脂率的稳定方面。有研究表明，当日粮中中性洗涤纤维含量为35%时，奶牛的干物质采食量与泌乳量处于最佳状态。

粗饲料中的中性洗涤纤维含量一般在50%~70%，当刈割期推迟时，其含量将进一步上升。谷物饲料的中性洗涤纤维含量一般为25%~35%。在以苜蓿、玉米青贮为主要粗饲料来源，玉米作为主要精饲料来源时，日粮中中性洗涤纤维的含量应占日粮干物质含量的25%以上，且其中的19%需来源于粗饲料。

（六）矿物质的需要

矿物质是牛奶中重要的营养成分之一，奶牛对矿物质的需要量约为其体重的5%。奶牛需要的矿物质元素可以分为常量元素和微量元素。常量元素主要包括钙、磷、镁、钾、钠、氯、硫等，需要量主要以克计量。常量元素是奶牛骨骼等组织的主要成分，同时还是维持体内酸碱平衡、渗透压及传递神经冲动等不可或缺的营养物质。微量元素主要包括铁、钴、铜、锰、锌、碘、硒等，在体组织中的浓度较低，需要量以毫克或微克计量，主要参与金属酶的组成或作为酶和激素系统中的辅助因子。

1. 常量元素

（1）钙：钙是奶牛日粮中最重要的常量元素，特别是对于产奶牛来说。钙主要存在于骨骼和牙齿中，在组织及体液中仅占2%左右，主要在肌肉的兴奋、心脏的调节、神经传导、血液凝固、奶的生产等方面起重要作用。若在泌乳早期、泌乳高峰期等钙供应不足，引起机体钙营养失调，会导致动用骨骼中的钙，严重的会导致奶牛产后低血钙和产后瘫痪等。生长期的奶牛若缺钙，常发生佝偻病、软骨病等。

钙的需要量受奶牛个体情况、生产状况等的影响。据测定，奶牛每日每100kg体重维持需要的钙为6g，每产1kg标准乳需要有效钙量为4. 5g。

（2）磷：磷除参与组成有机体的骨骼外，是体内物质代谢必不可少的物质。由于钙、磷同时参与骨骼组成，所以，当磷不足时同样会使机体发生软骨症、佝偻病等。在日粮中应注意添加麦麸、米糠、菜籽饼、棉籽饼和动物性饲料等以防止缺磷现象的发生，且钙磷比例应在（1∶1）~（2∶1）的范围内。磷添加过量则引起骨骼发育异常，更甚者还会导致尿结石等症。

（3）镁：奶牛机体内70%的镁以盐的形式存在于骨骼和牙齿中，是机体内多种酶的活化剂，在糖和蛋白质代谢中起重要作用。低浓度的镁会降低对神经、肌肉的抑制作用，所以奶牛在缺镁时表现为外周血管扩张、脉搏次数增加。继续降低时则会出现神经过敏、颤抖、肌肉痉挛等现象。在冬季及饲喂大量劣质青贮饲料时，容易发生低血镁症。

(4) 钾：钾离子主要存在于细胞内液中，与钠、氯及重碳酸盐离子共同维持细胞内的渗透压，同时还是维持酸碱平衡、维持神经和肌肉兴奋性不可缺少的元素。机体缺钾时，表现为生长受阻、肌肉软弱、异食癖、过敏症等。大部分青绿饲料中钾含量均可满足奶牛日常需要，精料中钾含量相对较低，故饲喂高精料日粮的奶牛会有缺钾的可能。

(5) 钠和氯：钠和氯主要参与水的代谢，维持外液渗透压和酸碱平衡。钠还与其他离子共同维持正常肌肉神经的兴奋性，对心肌活动起调节作用。氯在胃液中与氢离子结合形成盐酸，具有杀菌作用。当动物缺乏钠和氯时，无明显的症状，仅表现动物生长性能受阻，饲料转化率降低，成年动物生产性能下降等。

(6) 硫：奶牛机体中的硫是蛋氨酸、胱氨酸等必需氨基酸的成分，也是硫氨酸、生物素和某些多糖、酶的组成成分。奶牛日粮中缺硫会引起食欲减退、增重减缓、产奶量下降等。但含硫饲料饲喂过量也会降低饲料采食量，加重泌尿系统负担，甚至引起急性中毒。

2. 微量元素

(1) 铁：奶牛体内的铁是牛奶的必要成分之一，存在于血液、肌肉、肝、脾及骨髓中，主要是作为氧的载体以保证体组织内氧的正常输送，并参与细胞内生物氧化过程。缺铁时常表现为贫血症。奶牛对铁的需要量为 50mg/kg，犊牛可提高到 100mg/kg。

(2) 钴：钴参与蛋白质代谢、碳水化合物代谢，是瘤胃微生物生长必需的。瘤胃微生物利用钴合成维生素 B_{12}。当缺乏钴时，奶牛则会出现维生素 B_{12} 的缺乏，主要表现为营养不良、生长停滞、消瘦、贫血等。奶牛每日钴的补给量为 0.1~0.4mg/kg。钴的最大耐受量为 10mg/kg。

(3) 铜：铜是构成血红蛋白的成分之一，是体内多种酶的激活剂，具有催化血红蛋白合成的作用。机体缺铜时往往会出现贫血、运动失调、生长缓慢、被毛粗乱、骨代谢异常等现象，同时会影响泌乳量及导致繁殖疾病的增加。奶牛对铜的需要量为 6~12mg/kg。

(4) 锰：锰与生长、繁殖、三大产能营养素的代谢有关，是体内多种酶的活化剂。日粮中缺乏锰会引起犊牛软骨组织增生、关节肿大，还可导致母牛发情征象迟缓或减退，影响受胎率。锰过量则会降低体内铁贮量而产生缺铁性贫血。奶牛日粮中锰的供给量为 20~40mg/kg。在大量饲喂大麦、玉米等时建议补充糠麸类饲料、碳酸锰、氯化锰、硫酸锰等。

(5) 锌：锌是机体内多种酶的成分，还是胰岛素的组成成分，参与碳水化合物、核酸、蛋白质的代谢。锌缺乏时，会阻碍奶牛生长，降低饲料采食量及利用率，皮肤出现不全角质化、被毛易脱落，严重时会影响繁殖机能。锌过

高则不利于机体对铁和铜的吸收利用，影响瘤胃微生物的生长。奶牛体内约含锌 20mg/kg，对于高产母牛每千克饲料干物质中含锌量必须达到 40mg。

（6）碘：碘在机体内含量甚微，多集中于甲状腺中，参与许多物质的代谢过程，对动物健康、生产等有重要影响。缺碘时，会降低机体代谢水平、甲状腺肿大、发育受阻等。碘的补给量以每千克干物质饲料中供应量 0.4～1.2mg 为宜。

（7）硒：硒分布于全身所有组织中，以肝、肾、肌肉中分布最多。硒是谷胱甘肽过氧化物酶的主要成分，并且该酶依赖硒而致活。硒和维生素 E 具有相似的抗氧化作用。硒不足，可引发白肌病、肝坏死、生长迟缓、繁殖力下降等。奶牛每天饲喂 3～6mg 硒，可提高其免疫力，降低胎衣不下、乳腺炎的发病率，缩短空怀天数，减少牛奶中体细胞数。

（七）维生素的需要

维生素是一类低分子有机化合物，分为脂溶性维生素和水溶性维生素两大类。脂溶性维生素主要包括维生素 A、维生素 D、维生素 E 等，水溶性维生素主要为 B 族维生素。维生素参与机体内多数代谢过程，并参与调节细胞免疫功能和控制基因表达，与奶牛的整个生长过程、生产效能与健康状况均有着重要联系。

1. 脂溶性维生素

（1）维生素 A：维生素 A 对于促进视觉发育和骨骼生长，以及提高繁殖机能有着重要作用。维生素 A 缺乏则表现为夜盲或皮肤干燥，幼畜生长发育受阻，母牛易患流产、胎衣不下、子宫炎等繁殖系统疾病，且被毛粗乱、无光，食欲不佳，易患呼吸道疾病等。推荐产奶牛和妊娠后期奶牛维生素 A 每天饲喂量为 75 000～100 000IU。

（2）维生素 D：维生素 D 与钙、磷的代谢有着密切的关系。缺乏维生素 D 则会导致钙、磷代谢紊乱，出现佝偻病、骨质疏松、四肢关节变形、肋骨变形等现象。奶牛泌乳期缺乏维生素 D 时，会缩短泌乳期。高产奶牛的产乳高峰期则常出现钙的负平衡。推荐产奶牛和妊娠后期奶牛维生素 D 每天饲喂量为 21 000～25 000IU。

（3）维生素 E：维生素 E 在机体内与硒有协同作用，可用于防治母牛胎衣不下等。维生素 E 缺乏时，则会出现肌肉营养不良、心肌变性、繁殖性能降低等病症。推荐产奶牛维生素 E 每天饲喂量为 500～800IU，妊娠后期为 1 100～1 220IU。

2. 水溶性维生素

瘤胃微生物能够合成大部分机体所需的水溶性维生素，机体组织也可以合成维生素 C，故通常认为奶牛一般不需要刻意额外补充水溶性维生素。但犊牛在瘤胃功能发育健全之前可能需要补充B族维生素，且近年来研究发现，烟酸对奶牛在某些条件下有一定的营养作用。

烟酸是B族维生素的一种，与机体三大营养物质代谢有着紧密的关系。在日粮中添加烟酸可以减少奶牛的应激，减少高产奶牛酮病的发生，并且可以促进瘤胃中微生物蛋白的合成，对于提高产奶量和牛奶中乳氮、乳脂的水平有一定的作用。

二、饲草的加工技术与日粮配制

（一）常用饲料类型

奶牛生产中常见和常用饲料一般分为粗饲料、精饲料、糟粕类饲料、多汁饲料、矿物质饲料和添加剂类饲料等类型。

1. 粗饲料

粗饲料指天然水分含量在60%以下、体积大、可消化利用养分少、干物质中粗纤维含量大于或等于18%的饲料。常见的有青贮类饲料、干草类饲料、青绿饲料、作物秸秆等。

2. 精饲料

精饲料是指容积小、可消化利用养分含量高、干物质中粗纤维含量小于18%的饲料，包括能量饲料和蛋白饲料。能量饲料指干物质中粗纤维含量低于18%、粗蛋白质含量低于20%的饲料。常见的能量饲料有谷实类（玉米、小麦、稻谷、大麦等）、糠麸类（小麦麸、米糠等）等。蛋白饲料指干物质中粗纤维含量低于18%、粗蛋白质含量等于或高于20%的饲料。常见的蛋白饲料有豆饼、豆粕、棉籽饼、菜籽饼、胡麻饼、玉米胚芽饼等。

3. 糟粕类饲料

糟粕类饲料指制糖、制酒等工业中可饲用的副产物，如酒糟、糖渣、淀粉渣（玉米淀粉渣）、甜菜渣等。

4. 多汁饲料

多汁饲料主要指块根、块茎类饲料。

5. 矿物质饲料

常见的矿物质饲料有食盐、含钙磷类矿物质（石粉、磷酸钙、磷酸氢钙、轻体碳酸钙等）等。

6. 添加剂类饲料

添加剂类饲料包括营养性添加剂和非营养性添加剂。常见的营养性添加剂有维生素、微量元素、氨基酸等，常见的非营养性添加剂有抗生素、促生长添加剂、缓冲剂等。

7. 非蛋白氮类饲料

非蛋白氮类饲料包括尿素及其衍生物、氨态氮类（如液氨、氨水）、铵类（如硫酸铵、氯化铵等）、肽类及其衍生物（如氨基酸肽、酰胺等）。

（二）饲料的加工、调制与管理

1. 精饲料的加工方法

各种原料经过必要的粉碎，按照配方进行充分的混合。粉碎的颗粒宜粗不宜细，如玉米的粉碎，颗粒直径以 2~4mm 为宜。另可以采用压扁、制粒、膨化等加工工艺。

2. 干草的制备

干草的营养成分与适口性和牧草的收割期、晾晒方式有密切关系。禾本科牧草应于抽穗期刈割，豆科牧草应于初花现蕾期刈割。牧草收割之后要及时摊开、晾晒，当牧草的水分降到 15%以下时应及时打捆。豆科牧草也可压制成捆状、块状、颗粒成品供应。

3. 青贮饲料的加工调制

制作青贮的玉米最适宜的收割期为乳熟后期至蜡熟前期。入窖时原料的水分控制在 65%左右为最佳，水分过高过低都会影响青贮的品质。青贮原料应含一定的可溶性糖，含量应达 2%以上。当青贮原料含糖量不足时，应掺入含糖量较高的青绿饲料或添加适量淀粉、糖蜜等。

原料在青贮前，要切碎至 3. 5cm 左右。往青贮窖中装料，应边往窖中填料，边用装载机或链轨推土机层层压实，制作时间一般应不超过 3d。对于容积大的青贮窖，在制作时可采用分段装料、分段封窖的方式进行。应用防老化的双层塑料布覆盖密封，密封程度以不漏气、不渗水为原则，塑料布表面用砖土覆盖压实。青贮饲料一般在制作 45d 后便可以使用。密封完好的青贮饲料，原则上以 1~2 年内使用完毕为宜。

4. 秸秆类饲料加工调制

秸秆类饲料的加工主要分为物理处理法、化学处理法及生物处理法。

物理处理法主要包括切短、粉碎、揉搓、压块、制粒等。秸秆切短至 3~5cm 为宜。

化学处理法主要包括石灰液处理、氢氧化钠液处理、氨化处理等。氨化处理多用液氨、氨水、尿素等。

生物处理法主要是采用秸秆微贮技术。

5. 饲料的贮藏

饲料在贮藏时要注意做到防雨、防潮、防火、防冻、防霉变、防发酵，以及防鼠、防虫害。饲料要堆放整齐，标识鲜明，便于先进先出。饲料库有严格的管理制度，有准确的出入库、用料量和库存记录。

（三）日粮的配制

1. 配制原则

奶牛日粮的配制应根据《奶牛饲养标准》（NY/T 34—2004）和《饲料营养成分表》，结合奶牛群实际，科学设计日粮配方。日粮配制应做到精粗料比例合理、营养全面，能够满足奶牛的营养需要。

2. 奶牛日粮配合的方法

（1）粗饲料组合模式的确定方法：奶牛日粮一般以粗饲料满足奶牛的维持需要。粗饲料组合模式的确定按以下三个步骤进行。

1）先按粗饲料干物质中青贮占50%、干草占50%的原则，再根据所选青贮、干草品种的干物质含量，确定粗饲料中青贮和干草所占的比例。

2）根据所选青贮、干草的干物质（DM），奶牛能量单位（NND），粗蛋白质（CP）的含量，计算1kg按以上比例组合粗饲料的DM、NND、CP含量。

3）根据1kg粗饲料DM、NND、CP含量和按体重计算出的DM、NND、CP维持需要量计算出同时满足DM、NND、CP维持需要量的粗饲料给量，再按青贮、干草在粗饲料中所占的比例计算出青贮给量、干草给量。

（2）精饲料组合模式的确定方法：奶牛日粮一般以精饲料满足奶牛的产奶营养需要。精饲料组合模式的确定方法按以下两个步骤进行。

1）根据产奶量计划、奶料比计划及产1kg奶NND、CP的需要量计算出1kg混合精料NND含量和CP含量。

1kg混合精料NND含量=（产1kg奶NND需要量×日产奶量）/（日产奶量/奶料比）

1kg混合精料CP含量=（产1kg奶CP需要量×日产奶量）/（日产奶量/奶料比）

2）根据混合精料NND和CP含量及计划选用精饲料品种的NND和CP含量，确定各种精饲料品种在混合精料中所占比例。最后用矿物质和动物性饲料调整混合精料中的钙、磷含量。可用代数法进行计算。

（3）日粮配合试差法

1）根据奶牛的体重、产奶量、乳脂率，查奶牛饲养标准中的维持营养需要表和产奶营养需要表，确定日粮干物质、产奶净能（或奶牛能量单位）、粗蛋白（或可消化粗蛋白、小肠可消化粗蛋白）、钙、磷的维持需要量、产奶需要量及维持产奶合计的营养需要量。

2）根据准备采用的饲料品种，查奶牛饲养标准中的常用饲料成分与营养价值表，确定各种选用饲料的干物质、产奶净能（或奶牛能量单位）、粗蛋白（或可消化粗蛋白、小肠可消化粗蛋白）、粗纤维、钙、磷的含量。

3）根据牛群的一般采食量，先确定粗饲料（干草、秸秆、青贮、青绿饲

料）、多汁饲料、糟粕料的日粮组成及日饲喂量，然后计算出这些饲料的干物质、产奶净能（或奶牛能量单位）、粗蛋白（或可消化粗蛋白、小肠可消化粗蛋白）、粗纤维、钙、磷的进食量，并与维持产奶合计营养需要量对比，差额部分由混合精料补齐。

4）根据混合精料干物质、产奶净能（或奶牛能量单位）、粗蛋白（或可消化粗蛋白、小肠可消化粗蛋白）、粗纤维、钙、磷的含量，确定能补足以上各种营养成分需要的混合精料喂量。混合精料的配方可按照产奶营养需要预先制定，也可根据营养成分的差额临时制定。混合精料一般由玉米、麸皮、饼粕类、动物性饲料（鱼粉）、矿物质饲料（石粉、骨粉、食盐）、添加剂（维生素、微量元素）和瘤胃缓冲剂（碳酸氢钠）组成。按照先后满足能量、粗蛋白、钙、磷的顺序确定混合精料的组成。能量来源以玉米、麸皮为主，粗蛋白补充以饼粕类、鱼粉为主，钙、磷补充以矿物质为主。

5）最后检查日粮的干物质、能量、粗蛋白、钙、磷是否满足维持产奶的营养需要量，并检查干物质中粗纤维含量、精粗干物质比、草贮干物质比、钙、磷比是否符合日粮配合原则的要求。

3. 日粮配制应注意的问题

日粮中应确保有稳定的玉米青贮供应，奶牛必须每天采食 3kg 以上的干草，提倡多种搭配、优质优先。还应注意合理的蛋能比，过多的蛋白质会引起酮病等代谢病，过量的脂肪会降低乳蛋白率。日粮配合比例一般为粗饲料占 45%~60%，精饲料占 35%~50%，矿物质类饲料占 3%~4%，维生素及微量元素添加剂占 1%，钙磷比为（1.5~2.0：1）。

4. 全混合日粮

全混合日粮（TMR）是根据奶牛营养需要，把粗饲料、精饲料及辅助饲料等按合理的比例及要求，利用专用饲料搅拌机械进行切割、搅拌，使之成为混合均匀、营养平衡的一种日粮。全混合日粮水分应控制在 40%~50%。

第七部分　奶牛场的管理

一、饲养管理

规模化奶牛场的饲养管理根据奶牛不同阶段的生理特点，采用不同的饲养管理手段，这样有利于推行先进的科学饲养方法，有利于做好奶牛各生理阶段的饲养管理，可不断提高奶牛的饲养管理水平，减少疾病发病率，延长奶牛的使用寿命，同时减少浪费、降低成本、提高产量、增加效益。

奶牛根据生长发育特点和生理阶段可分为后备牛和成年母牛。后备牛又可被分为0~6月龄的犊牛、7~16月龄的育成牛、17月龄到产犊前的青年牛。青年牛妊娠产犊后转入成年母牛群。成年母牛可分为干奶牛和泌乳牛。干奶牛指成年母牛经过一个泌乳期的泌乳，妊娠7个月后，奶牛停止泌乳，进入恢复休整期，这个时期又可分为干奶前期（停奶至产前21d）与干奶后期（产前21d至分娩）。泌乳牛指从产犊后开始泌乳，直至停奶的牛，这个时期可分为泌乳早期（分娩至产后21d）、泌乳盛期（产后22~100d）、泌乳中期（101~200d）、泌乳后期（201d至停奶）。通常情况下，把干奶后期和泌乳早期称为围产期。

（一）犊牛期饲养管理

犊牛期饲养分为断奶前和断奶后两个时期。

1. 断奶前犊牛

犊牛出生后应立即清除口、鼻、耳内的黏液，确保呼吸畅通；查看脐带是否断裂，并采取相应的辅助和消毒措施。新生犊牛在1h内必须吃上初乳，饲喂量为2~2.5kg，温度（39±1）℃，第二次饲喂应在出生后6~9h。小母犊应持续饲喂3d初乳，并于3d后饲喂混合奶或犊牛代乳料，一周后训练吃草料，逐渐增加喂量，尽量提高日增重，日增重不低于700g。犊牛出生10d内进行打号、谱系登记。犊牛出生后20~30d，用电烙铁或药物去角；出生后2~6周去副乳头，最好避开夏季。到60日龄时，结束哺乳期，全期喂奶量为350~400kg，测量体重后转入断奶群，并做好断奶阶段的饲养。

2. 断奶后犊牛

早期断奶的时间确定为4~8周。犊牛早期断奶关键是掌握好常乳（或代乳料）与犊牛料之间的过渡，出生后15d内就应开始补饲犊牛料，当采食量达到0.75~1kg时可断奶，达到2~2.5kg时可改喂混合料。

犊牛期的营养来源主要依靠精饲料供给，随着月龄的增长，逐渐增加优质粗饲料的喂量，整个犊牛期禁止喂青贮等发酵饲料。在管理方面，应做好断奶牛过渡期的饲养管理，并按月龄体重分群饲养。饲养方式采取散放饲养、自由采食。另外，注意保持犊牛圈舍清洁卫生、干燥，定期消毒以预防疾病发生。

（二）育成牛的饲养管理

犊牛满6个月龄进入育成牛培育阶段。饲养要点是日粮以粗饲料为主，混合精料每天2~2.5kg，日粮蛋白水平达到13%~14%，选用中等质量的干草，增进瘤胃机能。管理方面要保证充足新鲜的饲料供应，并注意精饲料投放的均匀度。饲养方式采取散放饲养、自由采食的模式。育成牛生长发育迅速，合理的日粮供给，有助于乳腺及生殖器官的发育，并达到参配体重，同时注重体高、腹围的增长，保持适宜体膘。注意观察发情，做好发情记录，以便适时配种。坚持乳房按摩能显著促进乳腺发育，提高产奶量，以免产犊后出现抗拒挤奶现象。

（三）青年牛饲养管理

青年牛的饲养模式为散放饲养、自由采食。这一阶段奶牛处于初配或妊娠早期，要做好发情鉴定、配种、妊检等繁殖记录。按营养需要掌握精料给量，防止过肥。产前采用低钙日粮，减少苜蓿等高钙饲料喂量，控制食盐喂量，观察乳腺发育，减少牛只调动，保持圈舍、产间干燥清洁，严格消毒程序，注意观察牛只临产症状，做好分娩前的准备工作，以自然分娩为主，掌握适时、适当的助产方法。

青年牛按月龄和妊娠情况，可分为17~18月龄、19月龄至预产前60d、预产前59d至预产前21d、预产前20d至分娩这几个阶段。根据不同阶段生理特点进行分段饲养。

1. 17~18月龄

此阶段日粮以粗饲料为主，选用中等质量的粗饲料，混合精料每头奶牛每天2.5kg。日粮蛋白水平达到12%。

2. 19月龄至预产前60d

此阶段日粮干物质进食量控制在每头每天11~12kg，以中等质量的粗饲料为主。混合精料每头每天2.5~3kg，日粮粗蛋白水平12%~13%。

3. 预产前59d至预产前21d

此阶段的日粮干物质进食量控制在每头每天10~11kg，以中等质量的粗饲料为主，日粮粗蛋白水平 14%，混合精料每头每天 3kg。

4. 预产前 20d 至分娩

该阶段奶牛的饲养水平近似于成年母牛干奶前期。采用过渡饲养方式，日粮干物质进食量每头每天 10~11kg，日粮粗蛋白水平 14.5%，混合精料每头每天 4.5kg 左右。

(四) 成年母牛的饲养管理

成年母牛饲养管理总则是为奶牛创造干净、干燥、舒适的生产环境，依据产奶量、体况、采食量、繁殖情况，确立各阶段的饲养管理策略。

1. 泌乳牛生理特点

成年母牛按阶段划分为泌乳牛和干奶牛。泌乳期奶牛的生理变化，可以用泌乳曲线、采食量和体重变化曲线、干物质变化曲线来描述。

(1) 泌乳曲线：奶牛产后 40~60d 达到产奶高峰，峰值产奶决定整个泌乳期产量，峰值增加 1kg，全期增加 200~300kg。群体中头胎牛的高峰奶相当于经产牛的 75%。干奶期的饲养、奶牛体况、产后失重等都会影响峰值奶量。泌乳高峰期有长有短，高产奶牛高峰期持续时间一般较长，高峰期后，产奶量逐渐下降。

(2) 采食量和体重变化曲线：奶牛临产前 7~10d，由于生理变化，干物质采食量下降 25%。由于泌乳高峰出现在产后 40~60d，而干物质采食量高峰发生在产后 70~90d，此阶段奶牛处于能量负平衡，表现为产后体重下降。合理的饲养管理可以提高干物质采食量，减少产后失重，提高产奶量，减少发病，有利于产后发情。优质的牧草、全混合日粮均可以提高干物质采食量。另外全天候采食与干净、清洁的饮水对提高干物质采食量也是必需的。

2. 成年母牛饲养管理

(1) 干奶前期（停奶~产前 21d）：日粮应以粗料为主，日粮干物质进食占体重的 2%~2.5%，每千克干物质应含 1.75 个奶牛能量单位，粗蛋白水平为 12%~13%，精粗比为 30：70，以中等质量的粗饲料为主。混合精料每头每天 2.5~3kg。停奶前 10d，应进行妊检和隐性乳腺炎检测，确定怀孕和乳房正常后方可进行停奶。配合停奶应调整日粮，逐渐减少精料给量。停奶采用快速停奶法，最后一次将奶挤净，用酒精将乳头消毒后，注入专用干奶药，转入干奶牛群，并注意观察乳房变化。

(2) 干奶后期（产前 20d 至分娩）：日粮应以优质干草为主，日粮干物质应占体重的 2.5%~3%，每千克日粮干物质含 2 个奶牛能量单位，粗蛋白占 13%，含钙 0.2%、磷 0.3%。此段时间为围产前期，应保持体况 3.54~3.75 分，并特别注意防止生殖道和乳腺感染及代谢病发生。管理上应做好产前的一切准备工作，随时注意牛只状况，产前 7d 开始药浴乳头，每天 2 次，不能试

挤。干奶的最后半个月，在母牛的日粮中应提高营养水平。

母牛在产前4~7d会出现乳房过度膨胀或水肿过大的现象，可适当减少或停喂精饲料及多汁料。在产前的2~3d日粮中应加入小麦麸等，防止便秘。干奶母牛每天要有适当的运动，但要与其他母牛分群放养，以免相互挤拦，发生流产。此外，可在干奶后10d左右开始对干奶牛乳房进行按摩，每天一次，促进乳腺发育，以利分娩后泌乳，产前10d左右停止按摩。

（3）泌乳早期（分娩至产后21d）：产房在此期间应加强管理，健全产房管理制度，设专人值班，并根据预产期做好产房的清洗消毒和产前准备工作。母牛应在产前1~6h进入产间，消毒后躯。分娩如需助产时，要严格消毒手臂和器械。

产后母牛机体较弱，消化机能减退，产道尚未复原，乳房水肿尚未完全消失，这个阶段的饲养管理应以恢复母牛健康为主，不得过早催奶，更不宜大量挤奶。

泌乳早期视母牛体况每天增加0.5kg精饲料，自由采食干草，提高日粮含钙量。每千克日粮干物质含钙0.6%、磷0.3%，精粗比为40：60，粗纤维含量不少于23%。应按泌乳牛日粮配方供给全混合日粮，并根据食欲状况逐渐增加。此阶段应让牛只尽快提高采食量，适应泌乳日粮，排出恶露，并于产后第二天子宫内泡腾酸类药物，以尽快恢复繁殖机能。

（4）泌乳盛期的饲养管理（产后22~100d）：泌乳盛期应以保证瘤胃健康为基础，此期间母牛体质恢复，消化机能正常，产乳量快速增加，约占全期泌乳量的40%。高产奶牛采食高峰持续6~8周，为避免能量负平衡，满足维持和泌乳的营养需要外，还需额外多给精料。

日粮干物质应由占体重的2.5%~3%逐渐增加到3.5%以上，每千克干物质应含2.4个奶牛能量单位，粗蛋白占16%~18%，含钙0.7%、磷0.45%。饲喂缓冲剂可以保证瘤胃内环境平衡。饲喂高能量饲料能提高奶牛干物质采食量。运动场采食槽应有充足新鲜的干草等补充料。在管理上，应尽快使牛只达到产奶高峰，保持旺盛的食欲，减少体况负平衡，搞好产后监控，及时配种。

（5）泌乳中期的饲养管理（产后101~200d）：产后101~200d，干物质采食量达到最高峰，之后平稳下降，产奶量逐月下降，体重开始逐渐恢复。此阶段的日粮干物质应占体重的3%~3.2%，每千克含2.13个奶牛能量单位，粗蛋白占13%，含钙0.45%、磷0.35%，精粗比为40：60，粗纤维含量不少于17%。在日粮中适当降低能量、蛋白含量，增加青粗饲料，此阶段奶量会渐减，同时逐渐降低精料添加量。至第5~6个泌乳月时，精粗比（45~50）：（50~55），应尽量延长奶牛的泌乳高峰。该阶段为奶牛的能量正平衡，体况恢复。

（6）泌乳后期的饲养管理（产后201d至干奶）：日粮干物质应占体重的3%~3.2%，每千克含奶牛2个奶牛能量单位，粗蛋白占12%，含钙0.45%、磷0.35%，精粗比为30∶70，粗纤维含量不少于20%。调控好精料数量，防止奶牛过肥，停奶时体况评分应在3.5分。该阶段应以恢复牛只体况为主，体况应保持3~3.5分；加强管理，预防流产；做好停奶工作，为下胎泌乳打好基础。

二、挤奶管理

（一）挤奶概述

机械挤奶时牛、挤奶设备及工作人员的相互配合，对产奶量有很大的影响。挤奶前后挤奶设备、人、牛及挤奶厅、贮奶设备都要有严格的卫生、消毒管理制度。

1. 挤奶前的准备

挤奶工作人员要保持个人卫生，勤剪指甲，工作前用肥皂认真洗手，保持手臂清洁卫生。挤奶设备应预先用清水清洗4~5min，并检查真空压、脉动次数是否稳定。还要检查牛体卫生，并对奶牛的乳房进行淋洗和消毒。淋洗过程要快，最好在25s之内完成。

2. 挤奶

（1）检验头把乳。套挤奶杯之前用手挤出1~2把奶，检查牛奶有无异常。无异常即可药浴，等待30s后即可挤奶。若有异常则及时进行处理。

（2）套杯。开动气阀，区分前后乳叶杯套挤奶器。卸杯时要先关闭气阀，再卸掉挤奶杯。

（3）挤奶过程中，挤奶杯应保持适当的位置，同时避免过度挤奶。过度挤奶易造成乳房疲劳，影响排乳速度。

（4）乳头消毒。卸下挤奶杯后立即用1.5%的碘溶液浸洗乳头，以防乳头发炎。

（5）对计划停乳的奶牛，最后一次挤奶后，应及时灌注停乳药物。

3. 挤奶后

每次挤奶后都要将挤奶厅进行打扫和消毒，挤奶设备也要进行及时彻底的清洗和消毒。

（二）影响原料奶质量的几个关键点

1. 奶衬

奶衬口的干净与否、裂缝等会直接影响原料乳的质量。奶衬口不干净或有裂缝，牛奶会在进入奶衬时被沉积在上面的污垢所污染。挤奶机内衬有无奶污、有无裂缝、有无变形，内衬型号是否一致，四个乳区的内衬是否同时更

换，这些因素都会影响原料奶质量。

2. 真空压水平

挤奶机的真空压水平对挤奶的速度、原料乳的质量都有影响。真空压水平要适度且保持稳定，过高或过低都会引起乳腺炎的发生，从而降低原料奶的质量。

3. 滤膜

滤膜能够过滤出原料奶中的一部分杂质，保证原料奶的质量。滤膜要每次挤奶后更换一次。

4. 脉动器与脉动管

脉动器节拍不稳定，会对乳房造成伤害，诱发乳腺炎，降低原料奶质量。脉动管上的裂缝使脉动管不能很好地刺激乳房出奶，使乳房出奶不净而容易患乳腺炎。

5. 挤奶机清洗

对挤奶机进行清洗包括预冲洗、碱洗、水冲洗、酸洗和后冲洗。

在挤奶机的清洗过程中要注意：

（1）酸、碱的使用。在挤奶机清洗的过程对酸、碱的浓度及用量应按使用说明书要求进行。每天挤奶两次时，应进行两次碱洗、一次酸洗；每日挤奶三次，则采用三次碱洗、一次酸洗。

（2）水的温度。水的温度要适度，应符合各个阶段对水温的要求。

6. 挤奶机清洗后的洁净度

为了保证奶源质量，挤奶机各部位在每次清洗过后都要达到一定的清洁要求。若奶衬口、内衬或集乳器存在奶垢或异味，说明挤奶机的清洗效果不好；反之，说明挤奶机的清洗效果已达到要求。

第八部分　奶牛繁殖与育种

一、牛群繁殖指标

编制繁殖计划，首先要确定繁殖指标。最理想的繁殖率应达100%，产犊间隔为12个月，但这是不易办到的。常用的衡量繁殖力的指标有：

（一）年总受胎率

计算公式：年总受胎率=年受胎母牛头数/年配种母牛头数×100%

统计方法：①统计日期为繁殖年度，即由上年10月1日至本年9月30日。②繁殖年度内受胎两次以上的母牛（包括正产两胎和流产后受胎），受胎头数和配种头数分别统计。③配种后两个月以内出群（淘汰、死亡、出售等）不参加统计，配种两个月后出群一律参加统计。④以配种两个月的妊娠结果作为确认受胎头数的最低期限（也作为以下指标中的定胎期限）。一般年总受胎率≥90%。

（二）年情期受胎率

计算公式：年情期受胎率=年受胎母牛头数/年输精总情期数×100%

统计方法：①凡输精的情期均应统计在内。如最后一次配种距出群日不足两个月的牛，该情期不参加统计，但此情期以前的情期配种必须参加统计。②统计日期由上年10月1日至本年的9月30日。一般年情期受胎率≥50%。

（三）年平均胎间距

计算公式：年平均胎间跑=$\sum$胎间距/头数

统计方法：按自然年度统计（即1月1日至12月31日）。未足月活产和足月（270d以上）活产母牛参加产犊间隔统计，但流产母牛均不统计。一般年平均胎间距≤410d。

（四）年繁殖率

计算公式：年繁殖率=年产犊母牛数/年可繁母牛数×100%

统计方法：①按自然年度统计，年内生两胎的以两头计算。一次产双胎的以一头计算，早产在妊娠达7个月以上的参加年实际产犊母牛头数统计，不满

7 个月的不计入年实际产犊母牛头数。②年初可繁殖母牛头数指年初（1 月 1 日）起的成年母牛头数和年初满 18 个月龄的及年初虽未满 18 月龄，但在本年度产犊的头数。③凡年内调入的母牛，在调入后分娩的，分子、分母各算一头，未分娩的，不统计。一般年繁殖率≥85%。

二、繁殖、配种计划制订

繁殖是奶牛生产中联系各个环节的枢纽。繁殖与产奶关系极为密切，为了增加产奶收入和增殖犊牛的收入，必须做好繁殖计划。牛群繁殖计划既是按预期要求，使母牛适时配种、分娩的一项措施，又是编制牛群周转计划的重要依据。编制配种分娩计划，不能单从自然生产规律出发，配种多少就分娩多少；而应在全面研究牛群生产规律和经济要求的基础上，搞好选种选配，根据开始繁殖年龄、妊娠期、产犊间隔、生产方向、生产任务、饲料供应、畜舍设备及饲养管理水平等条件，确定牛只的大批配种分娩时间和头数，才能编制配种分娩计划。母牛的繁殖特点为全年散发性交配和分娩，季节性特点不明显。所谓的按计划控制产犊，就是把母牛的分娩时间安排到最适宜产奶的季节，尽量避免在炎热季节产犊，有利于提高生产性能。

三、奶牛初情期与初配

育成母牛的初情期一般为 6~10 月龄，平均为 8 月龄，进入初情期表明母牛具有繁殖的可能性，但不一定有繁殖能力。育成母牛的性成熟期是指生殖生理机能成熟的时期，一般为 8~12 月龄，平均为 10 月龄，母牛具备了繁殖能力，但此时不适宜配种。育成母牛的体成熟期是指机体各部分的发育已经成熟，一般为 16~20 月龄，平均为 18 月龄，表明母牛能够配种。育成母牛的初情期、性成熟期、体成熟期受母牛的品种、饲养管理条件、营养状况、环境气温等因素的影响而有差异。成年母牛生产后第一次发情时间平均为 52d，30~90d 占 70%。奶牛产后第一次发情时间与产犊季节和母牛子宫健康状况有关，冬、春季产犊的母牛比夏、秋季产犊的母牛产后第一次发情晚 8d 左右。初情期延长的育成母牛和产后第一次发情延迟的成年母牛要查明原因，检查饲养管理情况及母牛的内生殖器官。

育成母牛的初次配种应在体成熟初期，即 16~18 月龄，但要求体重达到成母牛体重的 60%~65%，即 360~390kg。过早配种会影响母牛的生长发育及头胎产奶量，过晚配种会影响受胎率，增加饲养成本。成年母牛产后第一次配种时间以产后 60~90d 为宜，低产牛可适当提前，高产牛可适当推迟，但过早或过晚配种都可能影响受胎率。

四、奶牛的发情鉴定

准确的奶牛发情鉴定是做到适时输精和提高受胎率的重要保证。由于母牛的发情持续期较其他家畜短，而外部表现明显，发情鉴定多以外部观察为主，其他检查为辅。在正常饲养管理条件下的健康牛群，一般90%以上的母牛具有正常发情周期和明显的发情表现。一些老年牛由于年老体弱等各种原因，发情外部行为表现不明显，因此造成外部行为观察法的漏查，但利用阴道黏液测试法仍可测出这些奶牛处在发情阶段。而某些饲养管理较差、严冬盛夏季节的舍饲牛群，以及产奶量高的母牛往往会出现发情不规律、发情表现不明显等情况，给发情鉴定带来一定的困难。因此，必要时，也可进行直肠检查。直肠检查法是用手通过直肠壁触摸母牛卵巢上卵泡发育的情况，来判断母牛发情的进程，确定输精的时间。大多数人强调此法准确、有效。但也有人认为这种检查比较烦琐，徒劳无益。有报道认为，在不孕症中，有33%是因为直肠检查所致，因为直肠检查干扰了卵泡的正常发育，使卵巢与输卵管错位，排出的卵子进入腹腔。直肠检查在生产中并不经常使用，而多用于发情表现不甚明显或输精后再发情的母牛。个体饲养的奶牛群体小、难以观察时，也常用此法。

（一）外部行为观察的方法

发情奶牛一般都有明显的外部行为表现，一般分为三个阶段。

1. 发情前期

发情母牛被其他母牛爬跨时不情愿接受，试图爬跨其他母牛，闻嗅其他母牛，追寻其他母牛并与之为伴，兴奋不安、敏感，阴门湿润且有轻度肿胀，哞叫。

2. 发情期

大多数的母牛发情持续为10~24h（18±12h），炎热的条件下持续时间比温暖条件下要短。该时期表现为接受其他牛的爬跨静立不动，因爬跨致使尾根部被毛蓬乱，甚至臀部摩擦出血；爬跨其他母牛并有抽动、前冲动作；不停地哞叫、频繁走动；敏感，两耳直立，弓背，腰部凹陷，荐骨上翘；闻嗅其他母牛的生殖器官；阴门红肿，有透明黏液流出，尾部和后躯有黏液；食欲差，产奶量下降，体温升高。

3. 发情后期

一部分母牛会继续表现发情行为。这一阶段为发情后期，可持续17~24h。此时期母牛表现为不接受其他牛的爬跨；被其他母牛闻嗅或有时闻嗅其他母牛；有透明黏液从阴门流出；尾部有干燥的黏液。

三个阶段是连贯的，没有明显的分界线。这种方法简单易行，理论上讲在发情症状结束后3h输精受胎率最高，并且只需一次输精，问题是如何界定发

情结束时刻，这个分界点应该是母牛从接受其他牛的爬跨到不接受其他牛的爬跨。

参与追逐爬跨的牛不一定都是发情者。有三类牛参与追逐爬跨，分别是正在发情的母牛、刚发过情不久的母牛、怀孕后期母牛。真正发情的奶牛被其他母牛爬跨时站立不动，刚发过情不久和怀孕后期母牛体内雌激素水平较高，所以参与追逐爬跨，但它们拒绝接受爬跨。

外部行为观察的时间重点应安排在早上和晚上。对母牛每天早晨挤奶前、下午挤奶前、晚10时左右做三次观察，一般可得到正确的结果。

夜间，多数奶牛都躺卧休息，周围环境比较安静，激素内分泌旺盛，所以夜间发情的奶牛比较多。据有关资料显示，夜间发情奶牛约占全部发情奶牛的65%，因此早、上8时以前和晚上8时以后发情奶牛较多，因此早、晚两次观察奶牛发情很重要。母牛表现发情的时间分布为：晚6时至次时0时占25%；0时至早6时占43%；早6时至中午12时占22%；中午12时至下午6时占10%。

（二）阴道黏液测试的方法

奶牛处于发情阶段时阴门部有规律地流出黏液。在发情初期，黏液量少，且清亮透明、稀薄，牵缕性中等，有流动性，pH值偏酸；到发情中期时，黏液逐渐增多，变为半透明，牵缕性和pH值增加；而到发情后期时，黏液又减少，黏稠如玻璃棒状，牵缕性很强，pH值中性偏碱。在发情奶牛躺卧休息时，常能见到大片透明清洁黏液从阴门流出，有时可达300~500mL，站立时常悬吊于阴门外（称为吊线），遇到这种情况一般即可认定该牛正在发情阶段。由于受孕后奶牛或非发情期奶牛也有少量黏液流出，所以还必须根据黏液的pH值和牵缕性进一步断定。pH值法，是将pH值在6.0~8.8的专用试纸浸入阴门部流出的新鲜黏液1s，取出后迅速与标准比色卡对照，读取数值。测试黏液牵缕性，用食指与拇指肚取少量新鲜黏液迅速反复拉合，观察丝断时的次数。发情初期，黏液pH值主要集中在6.6~7.0；发情中后期，黏液pH值主要集中在7~7.4；非发情空怀牛和妊娠奶牛，黏液pH值主要集中在6.4~6.8。因此，如果测出pH值在7.0~7.4，一般就可认定为发情奶牛，pH值在6.8要留意继续观察。发情初期，黏液牵缕性主要集中在4~6次；发情中后期，黏液牵缕性主要集中在6~8次；非发情奶牛黏液牵缕性主要集中在0~2次。因此，如果测出黏液牵缕性在6~8次，一般就可认定为发情奶牛。

（三）阴道黏液抹片镜检

发情奶牛抹片镜检呈羊齿植物状花纹，长列而整齐，保存时间长达数小时以上。发情末期抹片的结晶结构较短，呈金鱼藻或星芒状。抹片不呈现结晶花纹，受胎率较低。

（四）直肠检查的方法

在鉴定奶牛发情时，可以通过直肠触摸卵巢和子宫来获得判定发情依据。

在发情奶牛卵巢上可以触摸到处于一定时期的卵泡，子宫略硬一些，且子宫收缩反应强。母牛在发育过程中卵泡的发育可人为地分为四个阶段，即卵泡出现期、卵泡发育期、卵泡成熟期和排卵期。

1. 卵泡出现期

卵巢开始增大，卵泡在卵巢的局部发育并突出，直径 0.5cm 左右，触诊时为一软化点。此时母牛开始有发情表现，但不接受爬跨。这一阶段一般持续 6~12h。

2. 卵泡发育期

卵泡继续增大到 1~1.5cm，呈球形，明显突出于卵巢表面。卵泡壁紧张而有弹性，有一定的波动感。此时母牛发情表现明显，接受爬跨。这一阶段可维持 8~12h。

3. 卵泡成熟期

卵泡不再增大，卵泡壁变薄，紧张度增强，随后变软，有一触即破之感，触摸时用力不均或过猛极易造成卵泡破裂。此时母牛发情表现减弱，拒绝爬跨，转入平静。这一阶段一般维持 6~12h，是输精配种的最佳时期。

4. 排卵期

卵泡破裂排卵，卵泡液流失，泡壁松软、塌陷，触摸时有两层皮之感。排卵后 6~8h，黄体开始形成，直径 0.6cm 左右，有肉样感觉。黄体进一步发育达到成熟，直径约 2 cm，呈坛口状突出于卵巢表面。此时母牛安静，不接受爬跨。

直肠检查时应注意卵泡与黄体的区别。排卵后 6~8h 黄体开始形成，刚形成的黄体直径 0.6~0.8cm，触诊如柔软的肉样组织，完全成熟的黄体直径为 2~2.5cm，稍硬并有弹性，而 2 期和 3 期的卵泡波动感都非常明显，此种方法准确而直接，但有一定的难度。

（五）其他方法

一些特殊的方法有助于饲养者进行母牛发情观察。例如，用充满颜料且对压力敏感的装置固定于母牛的尾根处，当其接受其他母牛爬跨时，即可留下明显的印记；也可以在试情公牛的下颌处带上一个装有染料的小球，当其爬跨发情母牛时，即可在母牛的肩部留下印记。

将尾根喷漆对于发情检测具有良好的效果，将所有符合配种条件的牛每天进行尾跟上部喷漆或专用蜡笔涂抹，根据观察尾跟上部喷漆的保留情况，判断奶牛是否发情。韩文雄（2012 年）指出，对发情牛进行喷漆处理时，所有发情的喷漆牛中，有漆的占 9%，由于发情而无漆的占 91%。

奶牛发情与其活动量增加之间有直接的相关性。利用固定在母牛前肢的计步器，通过传感器收集数据资料，并在奶牛智能群体管理软件中进行分析。通过测量活动量，系统会给出一个最佳输精时间，在方便操作的同时改善了繁殖管理。有些奶牛智能群体管理软件，除了有牛号识别和其他传统计步器的发情鉴定功能之外，新增了记录卧地时间和卧地次数的功能，对这些数据处理过后给出因奶牛行为异常而体现出的牛场舒适度。

（六）情后出血现象

60%左右的发情母牛可见阴道流出带血的黏液，大约在发情后 2d 出现，有人称其为“月经”。这个征候可帮助确定漏配的发情牛，为跟踪下次发情日期或调整情期提供依据，“月经”后的下一次发情大约在 19d 后开始。如果出血过多，会造成不孕，可以在配种后试用黄体酮和维生素 K。

五、奶牛人工授精技术

国外一头良种公牛年产冻精平均为 2. 5 万~5 万份，在中国平均只有1 万~1. 5 万份。每头公牛平均授精母牛数，国外为 1 500~3 000 头，国内为 1 000~1 200头。人工授精的情期受胎率，国外一般为 60%~70%，中国平均在 50%~60%。

（一）直肠检查操作方法

一般用左手戴上塑料薄膜手套，手指并拢呈锥形。缓缓插入肛门并伸入直肠，先掏出直肠内的宿粪。掏出直肠内的宿粪有一个窍门，不要急于掏出宿粪，而是用手先往里推宿粪，等母牛肠壁努责时，顺势掏出宿粪。然而有些牛并不配合，你只有一把一把地掏出宿粪，然后再进行检查。这时，你可能遇到两种困难：一是直肠强直收缩，束缚手指不能动作，解决办法是直肠里的手暂时不要动，由助手掐捏母牛腰荐结合部，或拍打母牛的眼睛，转移其注意力；二是肠壁膨胀紧贴于骨盆四周，解决办法是直肠里的手前伸压迫“玉门关”，迫使直肠回缩。只有在肠壁收缩不太严重的时候，手心向下，手掌展平，手指微曲，在骨盆底部下压，先找到子宫颈，再沿子宫颈向前即可摸到两侧的子宫角，两角之间有明显的角间沟。沿子宫角的大弯向下或两侧探摸可以找到卵巢。找到卵巢后，可用拇指、食指和中指触摸卵巢的大小、形状、质地和卵泡发育情况，确定卵泡发育的程度，判断发情的时期和输精的时间，或者握住子宫颈进行输精。

（二）最佳输精时间

奶牛的发情周期平均为 21d 左右，发情持续期较短，大约 20h，排卵一般发生在发情结束后 8~16h，输精最好在排卵前 3~8h。实践中常在母牛接受爬跨第 8~24h 输精，即卵泡发育期的后期或卵泡成熟期输精可获得最佳的受胎效果。输精人员应掌握以下规律：母牛在早晨接受爬跨，应在当日下午输精，若次日早晨仍接受爬跨应再输精一次；母牛下午或傍晚接受爬跨，可推迟到次日早晨输精。如果输精员由本场人员担任，一般在第一次输精后12h做第二次输精。如果是个体饲养的小群奶牛，输精时间应更灵活些。50%以上的牛在下半夜排卵，所以，傍晚输精有利于受胎。

（三）输精方法

1. 内光源开膣器输精法

对于初学者来说，借助内光源开膣器能够轻松地观察到子宫颈外口，然后把输精器插入子宫颈1~2cm处，注入精液。此法虽然简单、容易掌握，但输精部位浅，易感染，受胎率低。

2. 直肠把握子宫颈输精法

与直肠检查相似，左手戴上薄膜手套，伸入直肠，掏出宿粪，寻找子宫颈，并握住子宫颈的外口端，使子宫颈外口与小指形成的环口持平。用伸入直肠的手臂压开阴门裂，右手持输精器插入阴门（插入时先斜上插入15cm再转成水平，以免将输精器插入尿道开口）。借助握子宫颈外口处的手与持输精器的手协同配合，使输精器缓缓越过子宫颈内的2~3个环状咬合，然后注入精液，在把握子宫颈时，位置要适当，才有利于两手的配合，既不可靠前，也不可太靠后，否则难以将输精器插入子宫颈深部。直肠把握子宫颈法是每个技术员必须掌握的输精方法，具有用具简单、不易感染、输精部位深和受胎率高的优点，其受胎率比开膣器法高出10%~20%。

大量的试验证明，采用子宫颈深部、子宫体、排卵侧或排卵侧子宫角输精的受胎率没有显著差异。假如你的牛场卫生条件差，输精器械不太光滑的话，不要做子宫内输精，最好采用子宫颈深部（子宫颈内口）输精，以免损伤、污染子宫。

（四）输精次数

冷冻精液输精，除母牛本身的原因外，母牛的受胎率主要受精液质量和发情鉴定准确性的影响。若精液质量优良，发情鉴定准确，一次输精即可获得满意的受胎率。由于发情排卵的时间个体差异较大，一般输精两次为宜。但人们往往为了节省开支而只输一次，难免使受胎率偏低。必须注意，输精次数超过三次，不但不能提高受胎率，有时还可能造成某些感染，发生子宫或生殖道疾病。

（五）产犊到第一次输精最佳间隔的确定

奶牛理想的繁殖周期是一年产一胎，即胎间距365d，减去60d干奶期，一胎的正常泌乳天数为305d。奶牛适宜的胎间距范围为400~410d，适宜的泌乳期为280~330d，产后适宜的配妊时间为60~110d。因为产后泌乳早期需要

一段时间恢复身体，产犊后过早配种也并非明智之举，胎间距过短，会影响当胎产奶量；一产青年母牛在下次妊娠前尚未完成自身的发育，产后早期妊娠率很低，更重要的原因是产后过早配种，其泌乳期达不到305d，而胎间距过长，会影响终生产奶量。

六、奶牛妊娠诊断技术

（一）妊娠诊断的意义

早期妊娠诊断，是保胎、减少空怀、提高繁殖率的重要措施之一。经妊娠诊断，确认已怀孕的母牛应加强饲养管理；而未孕母牛要注意再发情时的配种和对未孕原因的分析。在妊娠诊断中还可以发现某些生殖器官的疾病，以便及时治疗；对屡配不孕牛也应及时淘汰。对于奶牛群来说，早期妊娠诊断的错误，极易造成发情母牛的失配和已妊娠母牛的误配流产，从而人为地延长产犊间隔。

（二）直肠检查法

直肠检查法是判断是否妊娠和妊娠时间的最经济、最可靠的方法。一般熟练技术员在配种之后90d应能做出100%的判断。

奶牛未孕的现象用直肠检查法。子宫颈、体、角及卵巢均位于骨盆腔内，经产多次的牛，子宫角可垂入骨盆入口前缘的腹腔内，两子宫角大小相等，排列对称，形状及质地相同，弯曲如绵羊角状。经产牛右子宫角略大于左子宫角，松弛、肥厚。抚摸子宫表面，子宫角则收缩，有弹性，甚至几乎变为坚实，用手提起，子宫角对称，无液体。能够清楚地摸到子宫角间沟，子宫很易握在手掌和手指之间，这时感觉到收缩的子宫像一光滑的半球形，前部有角间沟将其分为相对称的两半，卵巢大小及形状是不定的，通常一侧卵巢由于有黄体或较大的卵泡存在而较另一侧卵巢大些。

妊娠20~25d，排卵侧卵巢有突出于表面的妊娠黄体，卵巢的体积大于对侧。两侧子宫角无明显变化，触摸时感到壁厚而有弹性，角间沟明显。

妊娠30d，两侧子宫角不对称，孕角变粗、松软、壁薄，绵羊角状弯曲不明显。触诊时孕角一般不收缩。若有收缩，则会感觉有弹性，内有液体波动，用手轻握孕角，从一端滑向另一端，有胎泡像软壳蛋样从指间滑过的感觉。若用拇指和食指轻轻捏起子宫角，然后放松，可感到子宫壁内似有一层薄膜滑开，这就是尚未附植的胎膜。技术熟练者还可以在角间韧带前方摸到直径为2~3cm的豆形羊膜囊。空角则出现收缩，能感觉有弹性且弯曲明显。怀孕1个月子宫颈位于骨盆腔中，子宫角间沟仍清楚，子宫角粗细根据胎次而定，胎次多的较胎次少的稍粗。孕角卵巢体积增大，有黄体，呈蘑菇样凸起，中央凹陷；未孕角侧卵巢呈圆锥形，通常卵巢体积要小些。

妊娠60d，孕角明显增粗，相当于空角的2倍，孕角波动明显，角间沟变平，子宫角开始垂入腹腔，但仍可摸到整个子宫。

妊娠90d时角间沟消失，子宫颈移至耻骨前缘，顺子宫颈向前可触到扩大的子宫为一波动的胞囊，从骨盆腔向腹腔下垂，体积排球大小，偶尔还可触到悬浮在羊水中的胎儿。子宫壁柔软，无收缩。孕角比空角大2~3倍，有时在子宫壁上可以摸到如同蚕豆样大小的子叶，不可用手指去捏子叶。卵巢移至耻骨前缘之前，有些牛子宫中动脉开始出现轻微的孕脉，有特征性的轻微搏动，时隐时现，且在远端容易感觉到。触诊不清时，手提起子宫颈，可明显感到子宫的重量增大。卵巢无变化，位于耻骨联合处前下方的腹腔内。

妊娠120d，子宫及胎儿全部沉入腹腔，子宫颈已越过耻骨前缘，一般只能触摸到子宫的局部及该处的子叶，如蚕豆大小。子宫动脉的特异搏动明显。此后直至分娩，子宫进一步增大，沉入腹腔，甚至可达胸骨区，子叶逐渐增大如鸡蛋；子宫动脉两侧都变粗，并出现更明显的特异搏动，用手触及胎儿，有时会出现反射性的胎动。

妊娠150d时子宫全部沉入腹腔，在耻骨前缘稍下方可以摸到子宫颈，子叶更大，往往可以摸到浮在羊水中的胎儿，摸不到两侧卵巢，孕角侧子宫中动脉有明显的搏动，空角侧尚无或有轻微怀孕脉搏。

妊娠180d时胎儿已经很大，子宫沉至腹底。由于胎儿向前向下移，故触摸不到，孕角侧子宫中动脉粗大，有明显强烈的搏动，空角侧子宫中动脉出现了微弱的脉搏。有时孕角侧的子宫后动脉开始搏动。

妊娠210d时，由于胎儿更大，所以从此以后都容易摸到胎儿，子叶更大。

寻找子宫动脉的方法是，将手伸入直肠，手心向上，贴着骨盆顶部向前滑动。在岬部的前方可以摸到腹主动脉的最后一个分支，即髂内动脉，在左右髂内动脉的根部各分出一支动脉，即为子宫动脉。通过触摸此动脉的粗细及妊娠特异搏动的有无和强弱，就可以判断母牛妊娠的大体时间阶段。

妊娠子宫和子宫疾病有一定区别。因胎儿发育所引起的子宫增大和子宫积脓、积水有时与子宫疾病在形态上相似，妊娠子宫也会造成子宫的下沉，但积脓、积水等子宫疾病的子宫提拉时有液体流动的感觉，脓液脱水后是一种面团样的感觉，而且也找不到子叶的存在，更没有妊娠子宫动脉的特异搏动。有炎症的子宫壁变厚，并且薄厚不均，怀孕的子宫壁薄而均质。

（三）B超妊娠诊断法

兽用B超对奶牛早期的妊娠诊断有着重要的意义，可减少空怀、提高奶牛的繁殖力和生产力，增加经济效益，减少损失。传统的奶牛妊娠诊断一般为直肠检查法，其准确性依个人的经验而异，主观性较强，初学者不易掌握，且在妊娠早期容易伤害胚胎，引起流产。

采用便携式兽用B超仪对奶牛进行早期妊娠诊断，操作方法简单，准确率高，既能直观地在屏幕上显示妊娠特征，又能缩短配种后的待检时间。空怀B超图像显示为子宫体呈实质均质结构，轮廓清晰，内部呈均匀的等强度回声，子宫壁很薄。而妊娠奶牛的子宫壁增厚，配种后12~14d子宫腔内出现不连续无反射小区，即为聚有液体的胚泡。以后胚泡逐渐增大，至20d时，胚泡结构中出现短直线状的胚体。22d时，可探测到胚体心跳。22~30d时，胚体呈“C”形。33~36d，可清晰地显示出胚囊和胚斑图像。33d时，胚囊实物一指大小，胚斑实物1/3指大小。声像图中子宫壁结构完整，边界清晰，胚囊液性暗区大而明显，液性暗区内不同的部位多见胚斑，胚斑为中低灰度回声，边界清晰。妊娠30~40d时，B超诊断的主要依据是声像图中见到胚囊或同时见到胚囊和胚斑。

（四）血液或牛奶中黄体酮水平测定法

该方法即根据妊娠后血中及奶中黄体酮含量明显增高的现象，用放射免疫和酶免疫法测定黄体酮的含量，判断母牛是否妊娠。由于收集奶样比采血方便，目前测定奶中黄体酮含量的较多。大量的试验表明，奶中孕酮含量高于5ng/mL为妊娠，而低于该值者为未妊娠。放射免疫测定虽然精确，但需送专门实验室测定，不易推广。近年来，国内外研制出了多种酶免疫药盒，使这种诊断趋于简单化、实用化，估计不久将在奶牛业应用。

七、分娩管理技术

将待产奶牛提前1周转入产房。分娩前要注意观察分娩预兆，做好接产准备。乳房从分娩前10d开始增大，分娩前2d极度膨胀，皮肤发红，乳头饱满。分娩前1周阴唇肿胀柔软。分娩前1~2d子宫颈黏液软化变稀呈线状流出。骨盆韧带从分娩前1周开始软化，临产前母牛精神不安，不断徘徊，食欲减退，不时有排尿状。

分娩是母牛将发育成熟的胎儿、羊水及胎膜从子宫内排出体外的一个正常生理过程，通常无须人为干预，而应让母牛自然地产出犊牛。日常应该做的是，给奶牛提供一个清洁、安静、舒适的环境，避免使母牛产生应激，准备好接产用品，等待奶牛自然分娩。对可能发生难产的母牛要适时助产，助产方法和过程要符合产科学要求。分娩护理和助产是否科学合理，直接影响奶牛生殖系统能否正常恢复，是奶牛再次妊娠的基础。

八、产后生殖系统监护技术

（1）产后3h内注意观察母牛产道有无损伤出血。产后6h内注意观察母牛努责情况，若努责强烈要检查子宫内是否还有胎儿，并注意子宫脱出征兆。

产后 12h 内注意观察胎衣排出情况。产后 24h 内注意观察恶露排出的数量和性状，排出多量暗红色恶露为正常。

（2）产后 3d 内注意观察生产瘫痪症状。

（3）母牛在产后 7d 注意观察恶露排尽程度，观察分泌物的颜色、气味和量是否正常。应每天早、晚观察其采食情况，并监测体温是否正常，做到对疾病早发现、早治疗。对产后 7~15d 的牛进行第一次产科检查。

（4）产后 11d 左右肌内注射氯前列烯醇 0.4mg，以防止产后感染，加速子宫复旧过程。

（5）产后 21d 左右进行子宫复旧检查，发现子宫复旧不全或其他异常要及时处理，以确保奶牛适时投入配种。

（6）产后 40~60d 注意观察产后第一次发情。做好产后第一次发情时间的观察和记录，以便于第二情期及以后情期的发情监控，提高产奶高峰期的发情鉴定检出率。

（7）产后日粮要注意营养平衡，尤其要注意精粗比，过高的精料容易引起真胃变位、酮病及其他产后病。产后 60d 以内，每天每头要给予 300g 过瘤胃脂肪，以减轻能量负平衡程度，使牛能适时发情。严格控制乳腺炎的发生率，乳腺炎发生会降低受胎率。

九、奶牛繁殖调控技术

（一）同期排卵定时输精技术

随着奶牛单产的不断提高，卵巢静止、持久黄体、卵巢囊肿等疾病逐年增多，致使奶牛常常产后久不发情或发情不明显而错过最佳配种时机。母牛通过激素处理以后，不做发情鉴定，到预定的时间就配种，可以获得较高的受胎率。方法一：肌内注射促排 3 号，7d 以后注射氯前列烯醇，间隔 30~36h，再注射促排 3 号，16~20h 以后定时输精；方法二：肌肉注射促排 3 号，7d 以后注射氯前列烯醇，间隔 24h，再注射雌激素，24h 以后定时输精。此外，还有单独使用前列腺素或阴道栓、促性腺素释放激素配合前列腺素、促性腺素释放激素配合前列腺素和阴道栓等方法。无论采用哪种方法，只要严格按照程序认真操作，都能取得一定效果。

（二）性别控制技术

性别控制是指雌性动物通过人为地干预而繁殖出人们所期望性别后代的一种繁殖新技术。奶牛 XY 精子分离性别控制技术是指将牛的精液根据含 X 染色体和 Y 染色体精子的 DNA 含量不同而把这两种类型的精子有效地进行分离后，将含 X 染色体的精子分装冷冻后，用于牛的人工授精，而使母牛怀孕产母牛犊的技术。这种根据精子 X、Y 染色体的不同而分装冷冻的冻精就叫性控冻

精。动物传统的繁殖方法，公母比例是1∶1，作为奶牛养殖来说，除了极少数种公牛被利用外，对生产具有意义的是母牛，母牛怀孕后等待1年，如果产下的是母犊，意味着比产公犊经济价值高几倍，所以，人们总是期望产母犊。性别控制冻精，产母率达到90%以上。采取在配种期饲喂奶牛生理酸性饲料，或在饲料中加入一定量的铬、锌等微量元素，对提高产母率具有促进作用。

（三）围产期繁殖监护技术

通过围产期繁殖监控技术提高奶牛繁殖成活率。产前一周测量体温，当体温由39~39.5℃突然降到38℃左右时，12h之内便会分娩。对正常的经产母牛以自然分娩为主，对初产母牛的助产应待胎儿肢蹄露出产道时助产。尽量减少人员手臂或机械进入母牛产道造成创伤感染。助产时注意防止子宫脱出，分娩后一次性灌服营养钙制剂500mL。产后3h内注意观察母牛产道有无损伤出血，若子宫大量出血，肌内注射缩宫素150U。产后6h内注意观察母牛努责情况，若努责强烈要检查子宫内是否还有胎儿；产后12h内注意观察胎衣排出情况。胎衣不下时子宫每天投入土霉素5g，或宫炎净2粒。产后24h内注意观察恶露排出的数量和性状，排出多量暗红色恶露为正常，不排恶露或恶露过多都是异常现象。产后3d内注意观察生产瘫痪症状。第5d直肠检查，判断子宫恢复情况。产后7d重点监控子宫恶露变化（数量、颜色、异味、炎性分泌物等）。对于早期感染的母牛，不宜过早子宫注药，等待15~20d的子宫“自净”结束后，再酌情用药。产后15d注意观察子宫分泌物是否正常。产后30d左右通过直肠检查子宫康复情况。产后40~60d，重点监测卵巢活动和产后首次发情出现时间。

（四）繁殖营养调控技术

实现饲料阴阳离子平衡（DCAB）是奶牛新一代营养调控技术的一大突破。稳定的DCAB可以保证饲料中各营养成分的生物学功能充分发挥，对奶牛机体内基因表达调控、酶系统与细胞功能调节、体液酸碱平衡、渗透压平衡和解除体内酸碱中毒起到了极为重要的作用，从而提高了产奶量和血钙浓度。

DCAB的不稳定会造成奶牛血钙浓度降低，奶牛出现产乳热，使体组织的肌肉弹性降低，尤其是心血管系统、繁殖系统、消化系统和乳腺组织，导致奶牛感染代谢疾病的比例是正常奶牛的3~9倍，使分娩前后奶牛患酮病、乳腺炎、难产、真胃移位、胎衣滞留、子宫难以复原等病症的概率明显增加。

DCAB的不稳定会造成奶牛子宫肌肉弹性丧失，增加产后胎衣不下的发生率，使子宫复原时间变长，推迟产后发情，从而延误情期受胎，并导致不孕牛增多，影响牛群的受胎率，还会造成奶牛乳头末端的括约肌弹性下降，使挤奶后乳头末端的括约肌不能充分闭合，导致细菌的侵入机会增加，从而增加患乳腺炎的风险。

使用阴离子盐饲料添加剂可保证奶牛饲料中 DCAB 的稳定。

十、奶牛育种技术

（一）奶牛育种的作用与遗传评定方法改进

1950 年以来，伴随着人工授精等一系列繁育新技术的推广应用和奶牛群体遗传改良工作的持续开展，发达国家的奶牛生产水平保持着逐年提高的趋势，美国、加拿大两个国家是最典型的例子。从 1950 年到 1980 年的 30 年间，美国采用 AI（人工授精）育种体系，奶牛平均单产提高了 3 000kg，平均每年提高 100kg；从 1980 年到 2000 年 20 年间，推广应用 MOET（超数排卵和胚胎移植）育种体系，奶牛平均单产又提高了 3 000kg，平均每年提高 150kg，技术的更新使得奶牛种质改善速度进一步加快。与此同时，其他国家的奶牛生产水平也保持着相同的变化趋势。从 1980 年到 2002 年，澳大利亚奶牛的平均单产从 2 850kg 提高到 4 760kg，平均每年提高近 100kg；1995 年到 2002 年，荷兰的奶牛平均单产从 6 613kg 提高到 7 187kg。正是由于奶牛单产水平的提高，自 1980 年以来，几乎所有奶牛发达国家均在保持奶产量低速增长的同时，奶牛存栏数不断减少，从而显著改善了整个奶业的竞争环境。美国的研究显示，近 70 年来，美国饲养奶牛数量大幅减少，2012 年比 1944 年减少了 1 650 万头，而产奶量却显著增加，2012 年比 1944 年年产奶量增加了 345 亿 kg，这主要得益于奶牛单产水平的提高，2012 年比 1944 年单产增加 9 586kg，而单产提高的 55%的贡献来自于美国奶牛育种及群体遗传改良。日本开展的调查也显示遗传改良使奶牛平均单产每年提高 50kg 以上。发达国家的经验给中国奶业的发展以重要启示，只有持续不断地研究并大规模系统应用繁育新技术，奶牛的生产水平才能有质的飞跃。

在过去的几十年间，奶牛遗传评定方法不断改进和完善，动物育种学家们一直在不断追求更新更好的遗传评定模型。虽然美国康奈尔大学的 Henderson 教授在 1949 年就推导出了 BLUP（最佳线性无偏预测）法的理论公式，但由于计算技术的限制，直到 1975 年才首次在实际中使用公畜模型 BLUP 方法。1988 年加拿大、美国等陆续开始使用动物模型 BLUP 法进行奶牛的遗传评定，使遗传评定准确性大大提高。为解决在遗传物质交换中各国间育种值的转换问题，联合国下属的 FAO（联合国粮农组织）于 20 世纪 80 年代中期在欧洲瑞典农业大学成立了国际公牛评定中心（Interbull），其功能是对各成员国遗传评定系统的准确性进行监督和指导，专门负责国际公牛评估的科学研究、各国公牛评估系统育种值的换算和遗传统计模型的验证工作。从 1995 年开始，利用加拿大 Schaeffer L. R. （1993）提出的 MACE（多性状跨过遗传评定）法进行国际公牛的遗传评定。MACE 法是各国将其国内公牛评估的结果送到 Interbull

中心进行二次遗传评估，基本思路是将不同国家的某一性状（如产奶量）作为不同的指标而应用于一个多性状遗传模型，每个参加国得到一套基于本国的遗传基础和表达单位的评定结果。目前，Interbull中心已经有近50个国家参加，包括美国、加拿大、德国、法国、荷兰、意大利、澳大利亚等主要奶业国家，从1996年开始，国际公牛组织每年4次颁布对全球6万头荷斯坦公牛的遗传评估结果，每头公牛都可以得到在20多个不同国家的育种值估计，Interbull已经成为全世界奶牛遗传评定的最高权威机构。1999年2月测定日模型（Test Day Model）在加拿大奶牛遗传评定系统中成功应用。测定日模型是用一种随机回归技术为每头母牛计算其特定的泌乳曲线所需的参数，用于预测特定的测定日的产奶量，其主要优点是可减少许多305d泌乳期模型的预测估计系统误差，使产奶量的遗传力估计提高到0.4~0.5（高于泌乳期使用的0.3水平），因此育种值估计的准确性也超过305d泌乳期模型。据Schaeffer教授主持的一项研究表明，测定日模型与泌乳期模型比较，公牛育种值的估计准确性可提高3%~5%，母牛育种值的准确性可提高13%~14%。

（二）AI育种体系

"AI育种体系"是一套以人工授精技术为基础的育种体系，其要点是：一是普遍采用人工授精技术，世界优秀种公牛精液被广泛地选用；二是实施大规模的、规范化的生产性能测定；三是严格实施科学的公牛后裔测定，并在育种群和生产群中主要使用验证公牛冻精；四是有计划地通过性能测定和后裔测定等育种措施，选育优秀种公牛；五是应用先进的数据统计分析方法，并通过计算机数据处理，提高选种的准确性。AI育种体系的建立加速了奶牛种质的改善，是推动世界范围内奶牛单产在过去50年中成倍提高的第一推动力。美国、加拿大这两个重要的奶牛生产大国实施该体系时间长达50年，几乎覆盖了整个奶牛养殖区域，最终形成了世界上最大的高产奶牛群。

中国"AI育种体系"真正开始有组织实施的时间为20世纪80年代。20世纪70年代以前，由于当时牛群的规模较小，育种组织工作尚不健全，加之受苏联米丘林学派的影响，生产中主要依据体形外貌的主观印象判定种牛的去留，对公牛后裔测定和相应的公牛遗传评定方法基本上是持排斥态度的。自1972年建立大型种公牛站以来，中国才开始试行公牛后裔测定工作。最初在各省市的小范围内进行，其后按地理位置分成几个地区的协作组，在组内分别进行。1983年由中国奶牛协会组织，开始每年对部分优秀的后备公牛，主要是进口的青年公牛及其后代，在中国范围内开展联合后裔测定。

中国1988年开始使用公畜模型（sire model）BLUP对联合后裔测定的公牛进行遗传评定。20世纪90年代初由北京市首先开始，随后在部分省市使用更科学合理的动物模型（animal model）BLUP法，可以充分利用多年历史数据，对所有有关的公牛进行统一遗传评定。例如，北京奶牛中心公布的1998年“公牛概要”（sires summaries），就是利用了北京荷斯坦奶牛1979年至1996年间的生产性能记录资料，其中包括51 322头母牛的82 064条有效产奶量记录，34 796头母牛的46 825条乳脂率记录和18 108头母牛的16 202条体形线性评分，除了每头有关母牛都获得了一个估计育种值外，还对涉及的432头公牛进行了遗传评定。

仅就AI育种体系在奶牛遗传评定方法和计算技术等领域技术水平而言，目前中国与国际先进水平的差异并不大。但由于起步晚，加上缺乏有效的组织体系，导致中国至今未能全面地实施“AI育种体系”，生产性能测定组织系统不健全，公牛后裔测定规模小而不够严格，对全国牛群整体遗传改进的影响还有限。

（三）胚胎工程技术

胚胎移植（Embryo transfer）是将从配种后的良种母畜（供体）体内取出的早期胚胎，或者是由体外受精及其他方式获得的胚胎，移植到同种的生理状态相同或相似的母畜（受体）体内，使之继续发育成为新个体的过程，所以也称作借腹怀胎。胚胎移植技术不仅在研究动物卵子和卵母细胞的成熟、受精过程、胚胎早期发育，以及胚胎与子宫内环境的关系等繁殖生物学问题上有着重要的应用，而且在促进动物体外受精技术、性别鉴定技术、转基因技术、胚胎分割技术和核移植技术等方面也起着至关重要的作用。随着这一技术的日趋发展和成熟，它已与发情控制、人工授精、超数排卵、动物克隆等现代生物技术和遗传育种理论紧密地结合在一起，在畜牧生产中显示了广阔的应用前景。

胚胎移植技术的产业化应用于20世纪70年代，牛的非手术移植技术于1977年开始商业化应用，目前13个国家成立了数百家商业化胚胎移植公司。仅北美洲1978年移植后妊娠的牛近1万例。美国每年生产10余万枚胚胎。日本于1984年开始推广胚胎移植技术，目前每年出生的胚胎移植犊牛在1万头以上。目前，在商业性胚胎移植中，非手术移植鲜胚妊娠率已超过60%，冻胚移植妊娠率平均在50%。20世纪90年代以来，在世界范围内家畜胚胎移植技术的发展已经从鲜胚移植发展到冻胚移植，从整胚移植发展到分割胚、嵌合胚、核移植胚及转基因胚胎移植。与此同时，为了进一步提高胚胎移植的效率，体外胚胎生产技术、胚胎性别鉴定技术、XY精子分离技术也逐渐成熟，并已经开始在生产中应用。发情控制药物以及胚胎产业相关设备的开发也伴随着胚胎技术的发展不断前进。

中国牛胚胎移植的研究工作始于20世纪70年代后期，1978年中国科学院遗传研究所与上海市牛奶公司合作，首次获得手术法冻胚移植的两头奶牛犊牛。此后，许多省市的大专院校、研究单位开始对这项技术进行研究。经过

20多年来的摸索实践，逐步掌握了家畜胚胎移植技术，在小群体范围内，牛鲜胚移植成功率达到50%~60%，冻胚移植成功率达到40%~50%。从20世纪80年代以来，中国学者紧密追踪国际科学技术信息，积极开展以胚胎移植技术为基础的高新生物工程技术的研究，胚胎分割技术已趋于成熟；同时，体外受精鲜胚，冻胚移植羊羔、牛犊相继问世，牛体外受精技术已进入中试阶段。

胚胎移植技术无论是在国外还是国内都已经是一项成熟的技术，就研究水平而言，中国已经与发达国家比较接近，但在胚胎性别鉴定、XY精子分离、体外胚生产等技术领域离产业化还有相当大的距离，落后于发达国家。在胚胎移植相关药物与设备的开发方面，还存在依赖国外的问题。胚胎移植技术的大规模应用，还存在技术人才缺乏的问题。

（四）MOET育种体系

奶牛MOET（超数排卵和胚胎移植）核心群育种体系是将胚胎生物工程技术的优势与核心群育种的特点结合为一体的育种体系。超数排卵、人工授精和胚胎移植技术是MOET核心群育种方案的基本手段。该体系主体是建立一个高产奶牛核心群，通过系统、可靠的生产性能测定和精确的遗传评定，选择优秀种子母牛，作为实施胚胎移植技术的供体母牛，由此使供体母牛每年获得一定数量的具有全同胞关系的后代，这样可以改变过去AI育种体系所必须实施的公牛后裔测定，而是在核心群中利用青年公牛的全同胞和半同胞姐妹的信息（生产性能记录），采用特定的统计推断方法，进行青年公牛及种母牛的遗传评定。该体系可缩短核心公牛的世代间隔，进而加快牛群的遗传进展，比传统育种体系效率要提高30%~40%。核心群育种的基本特点是，主要的育种措施集中在较小的高产牛群中或少数牛场中实施。这样便于严格地实施育种方案，进行准确的性能测定，而且可以测定一些在大群体中无法测定的性状，如采食量。

在胚胎生物工程技术的商业化应用于20世纪70年代初步获得成功以后，美国、加拿大、日本等国于20世纪80年代开始实施MOET核心群育种体系。目前美国、加拿大两国有40%以上的奶牛参与生产性能测定（DHI），每年产生3万~5万头胚胎移植母牛，80%以上的优秀种公牛都是胚胎移植后代，日本几乎全部新增种公牛都来自胚胎移植。

中国经过“八五”和“九五”两个五年计划的研究，初步建立起奶牛MOET育种体系，其技术要点为：①经严格选择，组建一个800~1 000头的高产母牛核心群，在核心群中，对所有母牛实施系统、精确、可靠的性能测定，除产奶性能外，还应有次级性状和其他一些特殊性状的测定，因此这个核心群也称为“母牛性能测定站”。②每年根据性能测定的结果，通过育种值估计，选择一定数量的优秀母牛作为供体母牛。③对供体牛进行超数排卵处理，并使用核心公牛或进口的优秀公牛精液配种，以期获得足够数量的可用胚胎，如不低于12枚。④在核心群内，将其他的母牛作为受体母牛使用，接受胚胎移植。⑤在成功的胚胎移植得到的ET犊牛中，母犊牛育成后第一胎先在核心群中全部作为受体母牛使用，在获得第一泌乳期成绩后，对其产奶性能进行个体遗传评定，在每一全同胞组的头胎母牛中，仅选留一头最优秀者作为核心母牛留在核心群中，其余的母牛可作为种牛推广到生产群中或到其他牛场。⑥ET公犊牛经过生长发育性能测定后，同样每全同胞组留一头，其余的可部分推广到其他省市作为种公牛用。⑦选留下来的青年公牛要等到其全同胞、半同胞姐妹的第一泌乳期性能测定得到后，利用以全同胞、半同胞信息为主的资料，使用特定的遗传统计推断方法，进行青年公牛的育种值估计，选择一定数量的核心公牛，以及用于生产群的种公牛。⑧在核心群以外，还可安排一个“测定群”，为核心群青年公牛的遗传评定提供更多的信息。

（五）牛群改良计划

牛群改良计划（Dairy Herd Improvement，DHI）就是对某一牛群的生产性能和牛奶质量进行持续的记录和分析，通过DHI分析报告结果的应用和生产技术措施的改进，达到牛群质量改良的目的。DHI技术的推广应用在国外已有40余年的历史，该项技术于1992年由天津奶牛发展中心在国内率先引进，2006年河南花花牛实业总公司与荷兰NRC公司在河南建立了牛奶记录服务体系，开始在河南推广应用DHI，经过近几年的运作，取得实效并得到快速推广应用。

1. DHI牛奶记录和测定系统

下面结合DHI记录和分析报告，就各个测定和记录项目做一系统介绍。

（1）加入DHI测定和分析系统应当提供的牛只信息：序号（Seqence Number，Sep），牛只牛奶样品的测试顺序号；牛号（Identification，ID），按照中国奶业协会规定的全国统一的牛只注册号码，对每个牛场和奶牛小区而言，就是标识清楚当年新生牛只的出生年月和顺序号码；分娩日期（Calving Date，Calve D），对当前胎次而言，提供准确的分娩日期是非常重要的，这样才便于计算机DHI分析提供相应的数据；胎次（Lactation Number，LN），当前泌乳状态所处的胎次；牛群测定奶量（Herd Test Milk，HTM），这是以千克为单位的测定日牛只产奶量；繁殖状况（Reproductive Status，Repro Stat），牛场必须按月提供的配种报表和妊娠报表，它是计算机进行繁殖状况分析的依据。

（2）DHI实验分析与生成数据：乳脂率（Butter Fat，F%），从测定日呈送的奶样中分析出的乳脂的百分比；乳蛋白率（Protein，P%），从测定日呈送的奶样中分析出的乳蛋白的百分比；脂蛋比（Fat/Protein，F/P），乳脂与乳蛋白的比例，这是该牛在测定日的牛奶中乳脂率与乳蛋白率的比值；体细胞数（Somatic Cell Count，SCC），是每毫升样品中的该牛体细胞数的记录，单位为1 000；泌乳天数（Dairy in Milk，DIM），这是DHI记录系统基于分娩日期自

动生成的数据；校正奶量（Herd Test Adjusted Corrected Milk，HT ACM），以千克为单位，计算机产生的数据，以泌乳天数和乳脂率校正产奶量而得出的，将实际产量校正到产奶天数为150d，乳脂率为3.5%，同等条件下，提供了不同泌乳阶段的牛只之间的比较；前奶量（Previous Herd Test Milk，Prev. M），是指以千克为单位的上个测定日该牛的产奶量；牛奶损失（Milk Loss，MLoss），是基于该牛的产奶量和体细胞计数由计算机产生的数据；线性体细胞损失（Linear Somatic Cell Count，LSCC），这是基于体细胞计数由计算机产生的数据，用于确定奶量的损失；前次体细胞计数（Previous Somatic Cell Count，PreSCC），单位为1 000，由计算机记录的上次样品中的体细胞数；累计奶量（Lactation To Date Milk，LTDM），是基于胎次和泌乳日期由计算机产生的数据，用以估计该牛只本胎次产奶的累积总量，单位为kg；累计乳脂量（Lactation To Date Fat，LTDF），是基于胎次和泌乳日期由计算机产生的数据，用以估计该牛只本胎次生产的脂肪总量，单位为kg；累计蛋白量（Lactation To Date Protein，LTDP），是基于胎次和泌乳日期由计算机产生的数据，用以估计该牛只本胎次生产的蛋白总量，单位为kg；峰值奶量（Peak Milk，PeakM），是以千克为单位的最高的日产奶量，是以该牛本胎次以前几次产奶量比较得出的；峰值日（Peak Days，PeakD），表示产奶峰值发生在产后多少天。

2. DHI分析报告的应用

DHI分析报告结果是一个庞大的数据库，正确分析和应用各个测定和记录项目之间关系和数据的对比的变化，将对牛场的牛群管理、饲养管理、繁殖管理、育种管理及环境管理起到积极的促进作用。由于各个分析和记录项目之间存在着一定的内在联系，同一项目前后数据对比的变化又能深刻揭示牛场管理在某一方面存在的问题，为了便于分析和阐述，在这里将DHI分析报告中的二十多个测定和记录项目分为奶量分析、牛奶质量分析、牛奶卫生质量分析和繁殖状况分析报告的应用四个部分归纳其应用。

（1）DHI奶量分析报告的应用：DHI奶量分析报告包括牛群测定奶量（HTM）、305d产奶量（305M）、峰值奶量（PeakM）、峰值日（PeakD）、累计奶量（LTDM）、校正奶量（HTACM）、前奶量（Prev. M）等与奶量有关的项目。

1）DHI奶量分析报告是奶牛分群的基础：在DHI奶量分析报告中，牛群测定奶量HTM是牛场管理中进行牛群分群管理和制定配方的依据。依照牛群测定奶量HTM的高低划分或调整牛群，并给出相应的饲养配方。

2）DHI奶量分析报告为高产奶牛的饲养提供了技术支持：按照牛群测定奶量HTM进行牛群分群或个体区别饲养管理，既满足了各群或奶牛个体的营养需要，又符合科学经济的原则，便于高产奶牛发挥应有的生产性能。峰值奶量（PeakM）和峰值日（PeakD）的记录和提示将帮助牛场管理者及时发现牛场管理上的问题。所有牛场管理的目标是增产，峰值奶量是最重要的指标。峰值奶量是胎次潜在奶量的指示性指标，预示着胎产的提高。峰值奶量与日粮营养的有效性和产犊时的体况有关。峰值奶量提高1kg相当于胎次奶量头胎牛提高400kg，二胎牛提高270kg，三胎牛提高256kg。峰值奶量经常受到膘情、育成期饲养、围产期管护、泌乳早期营养、遗传、乳腺炎、产后疾病并发症、挤奶及干奶期管理等因素影响和制约。峰值日（PeakD）提供了营养的指示，牛只一般在产后28~42d间达到其产奶峰值，这一值应当平均低于70d，如果峰值日比70d还大，这将显示有潜在的产奶损失，应在产犊管理、产犊时的膘情、干奶牛配方、产期过渡和泌乳早期日粮营养水平等方面进行检查。另外，还可根据牛群测定奶量（HTM）与前奶量（Prev. M）的对比来判定日粮营养配方的有效性。

3）DHI奶量分析报告是奶牛育种工作的可靠保证：第一，在DHI奶量分析报告中，305d产奶量（305M）和累计奶量（LTDM）直观地提供了牛只产奶量生产性能的优劣，对于奶量较高的牛只进行持续的关注，使它们获得良好的饲养和管理，保证优者更优；而对于奶量很低的牛只也对它们进行持续的关注，结合测定日奶量和妊娠状况，做出淘汰离群或暂不配种的选择，这就是所谓的选优汰劣。第二，在DHI奶量分析报告中，305d产奶量（305M）和累计奶量（LTDM）给出了牛只生产性能高低的尺度，对于高产性能的牛只选择育种值更高的种公牛进行选配，中等产奶性能的牛只选用较高育种值的种公牛进行选配，使奶牛的选种选配有了直观、相对可靠的依据，从而使奶牛育种工作变得深入浅出。

（2）DHI牛奶质量分析报告的应用：DHI牛奶质量分析报告包括乳脂率（F%）、乳蛋白率（P%）、脂蛋比（F/P）、累计乳脂量（LTDF）、累计蛋白量（LTDP）等相关测定和记录项目，其具体应用如下。

1）DHI牛奶质量分析报告直接反映了牛奶的品质和价值。DHI报告测定的乳脂率和乳蛋白率直接反映了牛奶所含营养物质的多少和价值，特别是乳品加工企业在原料奶的收购中对乳蛋白率的高低尤为关注，乳蛋白比率的影响占到原料牛奶价格比重的40%~60%。

2）DHI牛奶质量分析报告客观反映了奶牛的营养状况。乳脂率和乳蛋白率可以指示营养状况。乳脂率低可能是瘤胃功能不佳、代谢紊乱、饲料组成或物理形式不合理等有问题的指示性指标。如果产后100d内蛋白率很低，可能是由于干奶牛日粮差，产犊时膘情差，泌乳早期日粮中碳水化合物缺乏、蛋白含量低，日粮中可溶性蛋白或非蛋白氮含量高，可消化蛋白和不可消化蛋白比例不平衡，配方中包含了高水平的瘤胃活性脂肪（至少比正常水平多0.5~0.75kg）等。正

常情况下，低乳脂率可分为两类：一类特征是牛只的体重增加，过量的精料采食（大于体重的2.5%），乳脂率<2.8%，乳蛋白率高于乳脂率。主要原因是瘤胃功能不正常。解决办法是降低精料采食，避免在泌乳早期过早给予太多的精料，提高粗纤维水平或物理形式，添加缓冲剂，纠正蛋白的缺乏，避免饲喂发酵不正常的青贮草，增加饲喂次数。另一类特征是牛瘦，干物质的采食量低，乳脂率2.5%~3.2%，蛋白与脂肪的比例基本正常，产奶峰值低，泌乳天数大于120d，经常性的原因是能量不足，饲料配方不平衡。解决办法是平衡日粮，增加干物质的采食量，提供高质量的饲草和高能量的精料。另外，正常情况下乳脂与乳蛋白的比率即脂蛋比介于1.12~1.30，高产奶牛的比值偏小。高脂低蛋白可能是日粮中添加了脂肪或日粮中的蛋白质不足，而蛋白大于脂肪，可能是由于日粮中太多的谷物精料，或者日粮中缺乏纤维素。

（3）DHI牛奶卫生质量分析报告的应用：DHI牛奶卫生质量分析报告包括体细胞数（SCC）、牛奶损失（MLoss）、线性体细胞损失（LSCC）、前次体细胞计数（PreSCC）等相关项目。

牛奶体细胞是牛奶中含有的脱落上皮细胞和白细胞的总称。牛奶体细胞数（SCC）是牛奶中含有的脱落上皮细胞和白细胞数目的总和。

体细胞数（SCC）是乳房健康的指示性指标，是衡量奶牛乳房健康的重要标准，它也是DHI记录系统中的核心指标，可以用SCC的数值来监测奶牛乳房健康状况，并用来衡量原料奶的卫生质量。

1）DHI牛奶卫生质量分析报告反映了牛奶的卫生质量。SCC关系到牛奶的质量，并影响乳制品的存放时间，所以SCC作为生鲜奶卫生质量标准也被国内许多城市和乳品加工企业所接受，一般要求SCC<50万/mL。

2）DHI牛奶卫生质量分析报告中SCC的高低反映了奶牛乳房健康状况良好与否。牛群平均SCC的高低可以反映一个奶牛场的整体乳房健康程度，平均SCC越高，说明奶牛场的奶牛整体乳房健康程度越差。相反，则说明奶牛乳房健康程度越好。分析DHI报告中SCC的数值，如果本次SCC和前次SCC都比较高，可能预示着是传染性乳腺炎，是由葡萄球菌或乳房链球菌引起的，一般在挤奶时传染；如果SCC数值忽高忽低，则预示着是环境性乳腺炎，一般与挤奶机具卫生和奶牛生活环境有关。另外，依据DHI报告SCC的数值，还需对SCC特别高的牛只进行临床预防和治疗。

（4）DHI繁殖状况分析报告的应用：DHI繁殖状况分析报告包括分娩日期（CalveD）、泌乳天数（DIM）、胎次、繁殖状况（ReproStat）、预产期（DueDate）等相关项目。

DHI繁殖状况分析报告中的泌乳天数（DIM）与牛场的繁殖状况紧密相关，如果牛群为全年均衡产犊，那么DIM应该在300~340d，也就是说产犊间隔在 360~400d。如果 DIM 高于正常值许多，表明牛群繁殖存在问题，应从受胎率和始配天数两个方面查找问题。影响奶牛受胎率的因素很多，包括牛群营养水平的高低、发情鉴定的准确性、配种技术水平的高低等；而泌乳性乏情、营养性乏情、衰老性乏情，以及繁殖疾病导致的乏情是制约奶牛始配天数的主要因素。对空怀天数超过 180d 的牛只进行持续的跟踪提示和处理，也是改进牛群繁殖管理的关键环节。

3. DHI 分析应用中应该注意的几个问题

DHI 分析应用作为牛场管理的一个有效工具，为牛场的管理提供了许多可度量的量化指标，使牛场的管理变得看得见、摸得着，为最大限度地发挥 DHI 的作用，还需要在以下几个方面加以重视。

（1）牛场管理者提供的原始资料必须真实可靠，并每月不断更新，DHI 报告分析才会对牛场管理更有价值。当然，可靠的原始资料的前提是牛场必须有完整系统的系谱资料记录、繁殖记录和生产性能记录等档案记录。

（2）DHI 的分析应用必须保持连续性，持续地进行技术分析和管理的改进，DHI 的应用才会产生效益。

（3）DHI 技术体系及数据分析包含了国内外许多研究成果和纵深的理论，在 DHI 应用的过程中还需不断地学习提高和探讨，在应用 DHI 分析解决牛场管理的问题时，必须抓住管理中的主要矛盾和问题的主要方面。

（4）DHI 的数据分析应用和数据中心库的建立，不仅对于牛场管理者，而且对于乳品加工企业、奶业科研机构、奶牛育种机构的研究和优质种群的培育，对于奶牛业的健康持续的发展都必将产生积极的作用。

总之，DHI 是牛场管理的有效工具，它为奶牛的饲养管理、繁殖管理和育种管理提供了可度量的标尺，为牛场管理工作的改进指明了方向，因此，必须加快 DHI 的推广与应用，最大限度地发挥 DHI 在牛场管理中的作用，实现奶业生产高产、优质、高效的目标。

（六）奶牛体形外貌鉴定

奶牛的体形外貌鉴定仍然受到足够的重视，世界各国对一些与奶牛健康和长寿有关的性状给予更多的关注。在加拿大，体形外貌评分的工作是由加拿大荷斯坦奶牛协会负责，使用 9 分制评定系统，总共包括 27 个性状（其中直接度量的 16 个）。共有 17 名专职的鉴定员负责加拿大全国 100 万头注册母牛和少量公牛的外貌鉴定评分，每年约评定 20 万头以上，每个评分员携带一个特制的袖珍计算机，先输入奶牛的注册号、名字、生日、分娩时间、分娩胎次和乳房含乳量。这样计算机就可以自动校正奶牛在评分时的年龄、泌乳期阶段、胎次和乳房含乳量，将实际度量的性状或描述性的指标转化为 1~9 的线性标准评分。

体形外貌线性鉴定的方法：线性评定要求母牛在 2~6 岁进行，可以是每

年1次，也可以在24~72月龄时进行。这种方法是根据奶牛身体各部位的功能和生物学特性给以评分，每个性状根据生物学特性独立打分，比较全面、客观、数量化，避免了主观抽象因素的影响。线性鉴定评分是1~9分，从一个性状的生物学极端向另一个性状的生物学极端来衡量。该方法按体躯容积、乳用特征、一般外貌和泌乳系统计算出体形外貌的最后总分数（以理想型的百分数表示）作为最终鉴定结果。

线性评定的性状分主要性状、次要性状和管理性状三类。现主要评定16个主要性状，包括体高、胸宽、体深、楞角性、尻角度、臀宽、后肢后视、后肢侧视、蹄角度、前乳房附着、前乳头位置、乳头长度、乳房深度、后乳房高度、中央韧带、后乳头位置。

16个线性评分完成以后，可以转换为功能评分，然后用这些功能评分乘以不同的权重系数，即可得四大部分的分数，相加后即可得出总评分。当母牛的体形外貌评分低于80分时，不宜作为核心母牛群，奶牛体形线性外貌鉴定主要适用于母牛。一般在1~4个泌乳期进行评定，每个泌乳期在泌乳60~150d时，各评定1次。为了提高评定的准确性，理想地鉴定个体，应处于头胎分娩后90~150d。公牛鉴定年龄不低于18月龄，但如果发育未完全，则可推迟1年再做鉴定；一般在2~5岁，每年各评定1次。

在鉴定时，注意不要把非遗传性疾病、环境等外来因素引起的伤残和遗传缺陷混淆。对某个性状的评定，也不要联系其他性状。母牛在干奶期、产犊前后、患病及6岁以上的母牛，不宜作为线性鉴定的对象。

对牛的体形外貌的鉴定主要用目测。公牛可全用目测。在某些情况下，母牛需要借助体尺测量和手的触摸以对牛体各个部位和整体进行鉴定。鉴定时，应使被鉴定的牛自然地站在宽广而平坦的场地上。首先，鉴定者站在距牛5~8m远的地方，进行一般的观察，对整个畜体环视一周，把握牛体的轮廓。然后，根据每个鉴定性状的观察部位逐个进行鉴定。最后，对奶牛进行总体的印象评分，内容包括头部的大小、形状，以及头部与整体的比例关系，同时要观察鼻镜、眼、角、耳、额等部位的特征，母牛不得有雄性相貌。

注意头与颈、颈与肩的结合，结合处不宜有明显凹陷。躯干部要求注意胸部、腹部、背腰、尻部有无明显的缺陷，乳房及生殖器官发育是否匀称，母牛有无副乳头、瞎乳头、小乳头，公牛有无隐睾等。注意四肢的姿势与步样是否协调。正确的姿势是从前面看，前肢应遮住后肢，前蹄与后蹄的连线和体躯中轴平行。

从总体观察，应注意体形发育是否均匀，并要考虑牛的皮肤及被毛情况。奶牛皮肤应薄而富有弹性，被毛细、平整而具光泽。在鉴定时，还要注意不要把由非遗传性疾病、环境等外来因素引起的伤残与遗传性缺陷混淆。

（七）奶牛场应做的育种工作

1. 育种方向

积极引进和消化国内外优良种质，提高牛奶单位产量、乳脂率（量）和乳蛋白率（量）。改良乳房和肢蹄结构。培育适应性强和经济效益好的荷斯坦品种牛。

2. 选种选配

每年10月将全场成年乳牛及后备牛按父代公牛谱系进行分类，其中成年乳牛计算出校正后305d产奶量的平均水平，同时对牛群的功能性状、外貌性状进行调查与评价，使之对全场牛只的系谱构成、外貌性状和在群与配公牛的优劣做到心中有数。参加DHI统一测定的可由育种专业组完成，各奶牛场做好配合工作。

（1）种用母牛评选：每年10月（在配种高峰前）在成年乳牛及部分育成牛中，评选出留养后备牛的母体——种用母牛，其数量百分比为计划留养母犊牛的2.5倍。高产种群可应其他牛场需求，相应提高留种比例。

（2）良种公牛、试用公牛的选择：选择符合本奶牛场定向培育要求的生产性能好，与本场母牛结合好，又无近亲关系（近亲系数≤6.25%）的良种公牛（冻精），作为当年度奶牛场或每头种用母牛与配的主线及副线公牛。

3. 后备牛培育

后备牛培育工作之优劣，直接影响其遗传性状之表达，影响到生长优势的利用，影响到配种年龄和经济效益，故而后备牛之培育是育种工作不可分割的一部分。应达到或超过各阶段奶牛的培育指标（表8.1）。留种公犊按标准饲养至断奶后，经两病检疫为健康牛的，立即通知育种专业组评定后移公牛站或做其他处置。

表8.1　奶母牛各阶段的培育指标

阶段	十字部高/cm	斜长/cm	胸围/cm	体重/kg
初生	—	—	35	—
3月龄	—	—	97	—
6月龄	106	110	128	178
12月龄	122	135	160	302
15月龄	125	144	169	360
18月龄	131	150	178	416
一胎	138	162	191	532
三胎	140	170	200	612

4. 后备牛的筛选

后备牛在培育过程中，同时有一个筛选过程，对一些生长发育不良、经重点培育无效的及系谱资料中生产性能出现负向变化的后备牛，应及时清理出群。

5. 牛籍档案

牛籍档案（牛籍卡）是牛群管理最基础、最基本的项目，其基本内容包括编号、系谱、出生日期及生长发育记录、繁殖记录、生产性能记录和移动记录。

（1）牛只编号：牛只编号采用终身制、十位制，包括性别位、出生地点位、牧场编号位、出生年度位、序号位。

性别位以 F（代表母牛）和 M（代表公牛）一个字母表示。

出生地点位以二位英文字母表示，如 US（美国）、CA（加拿大）、JA（日本）、GE（德国）、DE（丹麦）、HA（荷兰）、FA（法国）、NE（新西兰）、EN（英国）等。在国内出生的，以城市名称第一、第二个汉字的汉语拼音第一个字母表示，如 ZZ（郑州）、BJ（北京）、HEB（哈尔滨）等。

ZZ 代表郑州，当郑州牧场编号到达 100 时，ZZ 改作 Z100 为牧场编号，第 101 个牧场为别 Z101，等等。

牛只编号除在牛籍卡上编定外，在牛体上应有一处予以明确标记，标记方法有耳标、脚环、颈圈、臀部标号等。耳标应轧在左耳，或左右两侧。

（2）出生日期和花纹：牛只出生后应在 24h 内（休假 BJ 顺延）登录编号、出生日期、性别、出生体重，描绘犊牛站立时左右两侧毛片花纹（或照相）。

（3）系谱：应有 2 代父母本的系谱资料（公牛系谱应有 3 代系谱）。父系应包括牛号、品种、育种值、女儿头数及平均产奶量、乳脂率、乳蛋白率和重复率等。母系应包括牛号、品种、第一及最高胎次的产奶量、乳脂率和乳蛋白率等。

（4）生长发育记录：按不同发育阶段测定和填写体尺、体重及一胎外貌评定。

（5）繁殖记录：必须有完善的繁殖记录，以保证系谱的准确性，包括犊牛编号、胎次、分娩日期、与配公牛、难产、流产记录。

（6）生产性能记录：包括各胎次 305d 产奶量（由 10 个泌乳月及其后 5d 的产奶量累加而成）、胎次总天数、总产奶量、加权平均乳脂率和加权平均乳蛋白率。生产性能的测定由育种专业组统一采样测定，亦可按规定自行采样后送样统一测定。牛奶采样，每一个泌乳月应定期采集两个全天的加权平均样。检测乳脂率和乳蛋白率的奶样，应按挤奶量比例采集样品量，充分混合后检测。某一回采样失败或牛只因疾病等因素缺样时，有条件的应即予补样。一般可按前、后两次样本数据的连线取中间点代表。若连续两回缺样，必须及时补样一回。

无论是专业组还是牧场采样，相互均应实施采样程序及结果监督，以保证数据的客观性。

（7）牛只去向：牛只移出、淘汰、死亡等，应简要记录日期及到达地点。

6. 认真参加公牛的试配工作

按育种领导小组的决定，认真在种用母牛群中做好试配工作。

试配公牛的女儿，在未满一胎305d产量前不得随意离场，除非得到育种专业组的同意。

试配任务按成年母牛数的比例分配，但每场至少留养一头母犊。

7. 积极按商定标准推荐优秀母牛

按商定标准推荐优秀母牛给育种领导小组，作为留养后备公牛的母本（称为种子母牛）。入选后，由供需双方订立合同，进行定向配种，并按要求留养公犊。

（八）奶牛育种前沿技术

分子生物技术的迅速进展对奶牛遗传改良将起到重要影响，当前国外奶牛育种前沿技术的研究热点领域主要包括遗传标记辅助育种技术、基因工程技术和克隆技术等，各个领域都已经取得突破性的进展。遗传标记辅助育种方面，迄今已发展了2 500多个DNA分子遗传标记，覆盖了整个奶牛基因组；对奶牛产奶性状基因的监测与定位已经取得很大进展，证实第6和第14染色体上有产奶性状基因的存在；通过对后选基因和遗传标记基因的数量性状基因（QTL）图谱来对种公牛进行标记辅助早期选择（MAS），以提高种公牛的后裔测定选择效率；美国、澳大利亚、加拿大等国开始应用DNA微卫星技术进行奶牛重要经济性状的选择并取得了初步结果，建立了体细胞少、乳蛋白含量高的优良品系。在克隆技术方面，已经从胚胎的卵裂球作为牛克隆的供核细胞发展到体细胞克隆阶段。1998年，《科学》杂志报道了美国科学家用培养的携带外源基因的胎儿成纤维细胞作为供核获得的4头转基因克隆牛。随后，体细胞克隆牛在日本、新西兰、法国、澳大利亚、德国、美国、加拿大等国家获得成功，美国已经有连续克隆3代并存活的纪录。但目前全世界尚未弄清楚克隆牛过程中遇到的克隆动物早衰和死亡率居高不下的问题，因此该项技术离真正应用于奶牛育种实践还有相当长的距离。

据有关专家预测，随着人类基因组图谱的完成，特别是当奶牛和主要家畜数量性状基因（QTL）图谱完成后，整个奶牛育种的体系将发生革命性改变。传统的种公牛后裔测定体系将逐步与新的分子基因测定方法相结合，遗传评定的统计模型将再次变化，分子信息将成为遗传评定的内容，利用分子标记早期

选择，将大大缩短奶牛遗传改良的世代间距，加快遗传改良速度。

另外，对种公牛携带的一些隐性有害基因（如 CVM、BLAD、DUMP）的分子检测技术已经广泛应用于种公牛的选择和奶牛的育种中，大大降低了种公牛携带和扩散隐性有害基因的可能性，降低了育种风险。

第九部分　奶牛场的经营管理

经营管理是奶牛场经营者为达到一定经营目的而采取的一种手段。世界奶牛业发达国家均经营不同性质的奶牛场，但以商品性奶牛场为主；我国除经营商品性奶牛场外，还有良种繁殖场等。国内外实践表明，无论哪种性质的奶牛场，经营管理是办好奶牛场的首要因素。如有些奶牛场，条件虽好，但由于经营管理不善，连年亏损，困难重重；与此相反，有些奶牛场经营管理得法，经济效益年年增加，奶牛场越办越好。所以，奶牛场经营者，在注意解决技术问题的同时，还必须抓好奶牛场的经营管理，即运用科学的方法，加强对人力、物力、财力等方面的管理，使其发挥最佳效能。经营管理与办好奶牛场有密切的关系，需要多方面的知识才能，已形成一专门学科。

一、人力资源管理

奶牛场的中心任务是生产，为实现经营的目的，必须以人为本，有效地组织和管理生产，促使有限的人力、物力、财力产生最高的效率和效益。

（一）领导班子的建设

根据不同的经营目的和规模，奶牛场应建立相应的组织机构。

奶牛场的组织机构必须精干，择优上岗，责任明确，实行场长聘任制度。场长必须德才兼备，既懂技术又善于管理和经营，并且具有分析解决问题的能力，能深入实际调查研究，准确地判断出存在问题和薄弱环节，能团结广大职工，仔细了解和全面估价影响成本和收益的各种因素，并能及时做出适当的决策。

奶牛场，除设场长外，还应设支书（建立党组织，发挥政治核心作用）、畜牧师、会计师、兽医师、产品质量监督员，以及其他业务人员（包括出纳、采购、保管、统计等）若干人。

场长负责全面工作，支书负责政治思想工作，其他人员也要分工明确，责任到人，相互配合，大家拧成一股绳，齐心协力，把奶牛场办好。

（二）建立健全规章制度

为了不断提高经营管理水平，以人为本，充分调动职工的积极性，奶牛场

必须建立一套简明扼要的规章制度，使工作达到规范化、程序化。

1. 考勤制度

由班组负责。由本人或专人逐日登记出勤情况，如迟到、早退、旷工、休假等，并作为发放工资、奖金、评选先进工作者的重要依据。

2. 劳动纪律

劳动纪律应根据各种劳动特点加以制定。凡影响安全生产和产品质量的一切行为，都应制定出详细奖惩办法。

3. 防疫及医疗保健制度

建立健全奶牛场防疫消毒制度，同时对全场职工定期进行职业病的检查，对患病者进行及时治疗，并按规定发给保健费。

4. 饲养管理制度

对奶牛场生产的各个环节，提出基本要求，制定技术操作规程。要求职工共同遵守执行，实行岗位固定责任制。

5. 学习制度

为了提高职工思想和技术水平，奶牛场应制定和坚持干部、职工学习制度。定期交流经验或派出学习。每周要安排一定时间学习政治和有关的技术理论知识。

（三）实行岗位责任制

定岗、定责、定员，从场长到每个职工都要有明确的年度岗位任务量和责任，建立岗位靠竞争、报酬靠贡献的机制。

责任制是在国家计划指导下，以提高经济效益为目的，实行责、权、利相结合的生产经营管理制度。

（四）建立日报制度

奶牛场如没有数据和统计，心中无数，管理就无从着手，经营就无目标。奶牛档案及生产技术记录和统计是奶牛场的一项基础工作。为给制订计划，检查生产，考察业绩，分析经济活动，进行财务核算等提供依据，必须做好生产中的各项测定、记录汇总、分析等工作。

二、技术管理

技术管理是奶牛场提高产量、质量和经济效益的关键，也是实行科学养牛的根本所在。奶牛场应不断应用现代奶牛生产的先进技术，从饲养工艺的改进，全混合日粮（TMR）饲喂技术的推广和先进挤奶设备的应用，育种方案的确定，选种选配的实施，防疫体系的建立，技术资料的电脑管理等，才能确保各项技术目标的实现，不断提高生产水平和经济效益。

（一）制定全年各项技术指标

制定年度各项技术指标必须贯彻科学、准确的原则，奶牛场要制定奶牛健康管理、育种、繁殖、后备牛培育等方面的目标和规划，并按照制定的目标确定具体实施方案。

1. 健康管理

控制高产牛群各类代谢病的发病率：产乳热低于6%，酮病低于2%，真胃移位低于5%，低乳脂症低于5%，难孕牛低于10%，胎衣滞留低于8%，乳房水肿控制在5%~10%，没有厌食症。

2. 育种

要引进优良种牛的冻精，并根据母牛群现状提出改良方案，在改良本场牛群过程中应把提高牛乳的质量和产量放在重要位置。

3. 繁殖

繁殖成活率控制在85%~90%；产犊间隔控制在12~13个月，高产牛14个月；后备牛初配月龄控制在14~16个月，体重控制在350~400kg。牛群结构，成年母牛应占总数的60%左右，后备牛占40%左右；1~2胎母牛占成年母牛总数的40%，3~5胎占40%~45%，平均胎次3.5胎，牛群更新率20%。

（二）制定技术规范

目前，国内技术规范标准较多，分别有中华人民共和国颁布的专业（国家）标准、中国奶牛协会制定（试行）标准、中华人民共和国农业行业标准，其中中华人民共和国国家标准有《奶牛场卫生规范》（GB 16568—2006）、中华人民共和国专业标准《高产奶牛饲养管理规范》（NY/T 14—1985），中国奶牛协会奶牛繁殖技术管理规范（试行）。21世纪以来我国农业部制定了许多行业标准，其中与奶牛有关的标准有：《生鲜牛乳质量管理规范》（NY/T 1172—2006）、《无公害食品　奶牛饲养兽医防疫准则》（NY 5047—2001）、《无公害食品奶牛　饲养管理准则》（NY 5049—2001）。

《奶牛场卫生及检疫规范》（GB 16568—1996）主题内容与适用范围广，该规范引用了7个标准和规范，对奶牛场的环境设计与设施、饲草料及饮水、饲养管理、挤奶人员、生产工艺、鲜奶储藏及运输的卫生，以及防疫、检疫都规定了标准，是一部值得推广的好规范；《高产奶牛饲养管理规范》正如《中国乳业50年》一书中指出的，《高产奶牛饲养管理规范》是我国奶牛业规范管理的里程碑（246~247页），随着奶牛科学的进步，建议将其内容不断充实和完善。行业标准是根据近年来奶牛业发展制定出的标准，必将对改进和提高我国奶牛业生产水平和产品质量发挥重要的作用。

上述各规范和标准都是依据新的科学理论，结合我国生产实践制定的，对每个奶牛场都有指导意义。所以建议奶牛场应在上述各规范和标准指导下，制

定自己本场的技术规范。

（三）实行技术监控

奶牛场对各项技术工作必须建立严格的监控制度并认真贯彻执行，及时解决生产中的技术问题，如对发生难产和产后疾病的母牛，产前检查是繁殖控制程序中的重要环节。又如对 3 次配种未配上的母牛、产后 60d 未见发情的母牛、流产母牛、发情异常母牛等都应及时检查和进行必要的治疗。再如有的母牛长期体况不佳，则应尽快检查日粮配合，进行营养分析及疾病诊断等。

（四）开展岗位技术培训

奶牛生产技术性强，应不断提高员工素质，开展经常性的技术培训，在必要时进行专业培训。技术培训应有专人负责、领导和监督。新员工上岗前必须经过岗位培训。饲养员和挤奶员上岗前，除学习专业知识外还应指定专人进行培训，考核合格后，方准上岗。在岗人员（包括技术人员）亦应进行定期培训、更新知识，以适应生产发展的需要。

根据员工技术水平和生产工作业绩应与工资、奖金挂钩，以便更好地促进员工学习专业知识的积极性。

（五）引进先进技术与总结经验相结合

奶牛科学技术不断在发展和进步，所以及时引进先进技术，对提高奶牛生产的科学水平大有好处，但绝不能忽视本场实践中所汇总、分析的技术数据，必须认真总结并建立技术档案。先进技术与本场生产经验相结合是最适用的技术。

总结本场生产经验非常重要。为便于总结经验，奶牛场必须做好牛群档案和生产记录。

（1）牛只档案：每头奶牛都应有一张牛只档案卡，其中包括牛号、出生日期、牛只花纹（照片）、性别、初生体重、血统、各阶段生长发育情况、各胎次产奶性能（产奶量、乳脂率、乳蛋白率）、分娩产犊情况（与配公牛、分娩日期、性别、初生体重及牛号）及体形线性评分（一般外貌、乳用特征、体躯容积、泌乳系统、评分等级）。

（2）生产记录：牛乳产量（日产奶量、牛舍全群日产奶量报告、全场日产奶报表），繁殖记录（配种记录包括牛号、与配公牛、配种日期、受孕与否、月受胎报表），犊牛培育记录（牛号、出生体重、断奶体重、断奶月龄、哺乳量），成母牛淘汰、死亡、出售情况（淘汰、死亡出售日期及原因），牛群变动月报表（成母牛、后备牛增加头数及减少头数），年度牛群的费用统计表（包括混合精料、青贮玉米、干草、青草及多汁料的数量及费用，牛群的用药情况及费用，牛群的配种情况及费用）。

三、生产计划管理

各地生产实践表明，奶牛场必须运用实践经验和积累的各种信息资料，制订与执行下列生产计划。

（一）牛群合理结构及全年周转计划

奶牛场适当调整牛群结构，处理好淘汰与更新比例，使牛群结构逐渐趋于合理，对提高奶牛场经济效益十分重要。

牛群结构及全年周转计划必须根据发展规划，并结合牛群实际进行编制和调整。

牛群全年周转计划，通常包括以下各项内容（表 9.1）。

表 9.1　牛群周转计划表

牛群种类		上年 12 月 31 日存栏数	增加（头数）				减少（头数）					本年年终存栏数	年平均存栏数
			出生	调入	购入	转入	调出	转出	淘汰	出售	其他		
泌乳牛	受孕牛只												
	空怀牛只												
干奶牛	受孕牛只												
	空怀牛只												
后备母牛	受孕牛只												
	空怀牛只												
犊母牛													
犊公牛													
合计													

表 9.1 中，泌乳牛指正在产奶的牛只；干奶牛指经过一个泌乳期后，将要进入下一个泌乳期的休整期的牛只；后备牛指断乳后至分娩前的牛只；犊母牛指初生至断奶以前的母犊牛。

牛群结构及全年周转计划必须考虑奶牛场的性质。在一般情况下，如果以育种为主要目的的奶牛场，成年母牛在牛群中的比例不宜过大（50%）。如果以生产牛乳为目的，则成年母牛在牛群中的比例应较大（60%或更高）。比例过高或过低，均会影响奶牛场的经济效益。但发展中的奶牛场，成年母牛和后备牛的比例暂时失调也是允许的。

为了使母牛群能逐年更新而不中断，成年母牛中年龄胎次应有合适的比例

（母牛全群年龄结构率=不同年龄母牛数/全群母牛总数×100%）。在一般情况下，1~2胎母牛占母牛群总数的35%~40%，3~5胎占40%，6胎以上占20%。牛群平均胎次（年末成年母牛总胎数/年末成年母牛总头数）为3.2~3.8次。老龄牛应逐渐淘汰，以保持牛群高产、稳产。

编制全年周转计划，必须提出牛群增减的措施。有些成年母牛1年中可产犊两次，第一次在1月，第二次在当年12月；为了减少奶牛死亡，使牛群尽量少受损失，必须做好成年母牛饲养和犊牛的培育工作。

编制全年周转计划，一般是先将各阶段、各龄牛的年初存栏数填入表9.1的上年12月31日的存栏数中，然后根据牛群中成母牛的全年繁殖率进行填写，并应考虑到当年可能发生的情况。初生犊牛的增加，犊母牛、育成母牛、初孕牛的转群，一般要根据全年中犊牛、育成牛的成活率及成年母牛、初孕牛的死亡率等情况为依据，进行填写。调入和购入的奶牛头数要根据奶牛场落实的计划进行填写。

各类牛减少栏内，对淘汰牛和出售牛必须经过详细调查和分析之后进行填写。淘汰和出售牛头数，一定要根据牛群发展和改良规划，对老、弱、病（包括不孕牛）、残牛及低产牛及时淘汰，以保证牛群不断更新，提高产奶量，降低成本，增加盈利。犊公牛，一般直接出售或肥育后出售做肉牛。

（二）饲料计划

饲料是奶牛场一项最大的支出，占生产总成本的60%~70%，直接影响奶牛场的经济效益。奶牛场必须按饲养年度制订切实可行的饲料计划，这是经营奶牛场的关键。

制订饲料计划的步骤：计划应根据奶牛饲养标准和高产奶牛饲养管理规范，以及牛群变化、产奶量等为依据确定奶牛的采食量。一般奶牛实际采食量与标准相比，可适当提高15%~20%。但有的奶牛场投料量过大，甚至超过标准定量的50%以上，认为投料越多，产奶量越高。这是一种错误的做法。

泌乳牛采食饲料干物质（DM），一般为其体重的3%~3.5%，其中粗饲料占总饲料干物质的1.5%~2%。

如一头体重为550kg的产奶牛，每天采食的干物质为16.5~19.25kg，平均17.86kg，在计划时，实际采食量应按19.65kg计算（在17.86kg的基础上增加10%）。

如果每天以20kg计算，1年则需要饲料干物质7 300kg（20kg×365）。

如粗饲料干物质平均含量为20%，精粗比例40：60则一年需要的粗饲料：7 300/0.2×60%=21 900（kg），即每天需粗饲料21 900÷365=60（kg）。

编制饲料计划，首先要确定各月饲养牛只的头数及日粮组成，然后计算每头奶牛每天、每月及全年各种饲料的需要量，其计算内容如表9.2所示。

表 9.2　饲料计划统计表

牛群种类	饲养头数	日计划采食量				月计划采食量				年计划采食量			
		干草	青贮料	精料	其他	干草	青贮料	精料	其他	干草	青贮料	精料	其他
泌乳牛													
干奶牛													
后备母牛													
犊母牛													
犊公牛													
合计													

各阶段、各龄牛日采食量除参考饲养标准外，还应结合牛群的营养状况、饲料资源、饲料价格等进行计划。此外，还应考虑食盐、钙、磷等矿物质饲料，以及维生素饲料的供应。

在计划粗饲料数量的同时，还应考虑其质量、适口性及当地的饲草资源情况。

（三）繁殖计划

繁殖是奶牛场生产中联系各个环节的枢纽。繁殖与产奶量的关系极为密切，为了增加产奶收入和增加犊牛的收入，必须做好繁殖产犊计划。

实践证明，奶牛场如果繁殖不正常，是不会取得高产的，更不会取得良好的经济效益。

编制繁殖计划，首先要确定繁殖指标。最理想的繁殖率应达 85%，产犊间隔为 12 个月，但这个指标是不易达到的。所以，在制订计划时应适当放宽一些。但是繁殖率也不得过低，育成牛不低于 95%，经产牛不低于 80%，产犊间隔不超过 13 个月（高产牛例外）。产犊间隔越长，饲料费及其他费用开支越大，所以屡配不孕母牛，应及时淘汰。其次，产犊季节要安排适当，既有利于管理，也有益于提高繁殖率、产奶量。

编制繁殖计划，还要根据母牛繁殖记录，查清每头成年母牛或初孕牛当年或去年配种及怀孕的准确时间，并推算预产期，产后发情配种时间及怀孕时间等。同时，还要考虑当年达到配种年龄的青年母牛，亦应参加配种繁殖。

在清楚地掌握每头奶牛繁殖的基本情况之后，即可对全场奶牛的繁殖状况进行汇总，并编制全年的繁殖计划。

(四) 产奶计划

产奶计划是奶牛场生产的产品指标，是检查生产经营效果的重要依据，制订计划要逐日逐头逐月进行，然后相加，作为全年牛群的产奶计划。

制订个体牛产奶计划，首先要了解每头母牛的年龄与胎次、上胎的产奶量、最近一次配种、受孕日期、预计干乳日期、产犊日期及饲养条件等，然后根据该头奶牛上胎次的产奶量及泌乳曲线（表9.3），编制其各泌乳月的产乳计划（表9.4）。依表9.3、表9.4即可编制全群牛只的年度产奶量计划（表9.5）。

表9.3 奶牛泌乳期各月平均每日产奶量 单位：kg

泌乳月 / 年产奶量	日计划采食量										平均每日产奶量
	1月	2月	3月	4月	5月	6月	7月	8月	9月	10月	
3 600	14	17	15	14	13	12	11	10	8	6	12
3 900	16	18	16	15	14	13	12	10	9	7	13
4 200	17	19	17	16	15	14	13	11	10	8	14
4 500	18	20	19	17	16	15	14	12	10	9	15
4 800	19	22	20	19	17	16	14	13	11	9	16
5 100	20	23	21	20	18	17	15	14	12	10	17
5 400	21	24	22	21	19	18	16	15	13	11	18
5 700	23	25	24	22	20	19	17	15	14	12	19
6 000	24	26	25	23	21	20	18	16	14	12	20
6 300	25	27	26	24	22	21	19	17	15	13	21
6 600	26	28	27	25	23	22	20	18	16	14	22
6 900	27	29	28	26	25	23	21	19	17	14	23
7 200	28	30	29	27	26	24	22	20	18	15	24
8 000	28	35	33	32	30	28	25	22	20	18	27

注：平均每日产奶量指整个泌乳期中每日平均产奶量。

表 9.4　年度个体母牛产奶计划　　　　单位：kg

牛号											
胎次											
上胎产奶量											
最近配种日期											
预计分娩日期											
产奶计划	1月										
	2月										
	3月										
	4月										
	5月										
	6月										
	7月										
	8月										
	9月										
	10月										
全年总计											

表 9.5　奶牛场年度个体母牛产奶计划　　　　单位：kg

月份 项目										
总饲养头日										
总产奶量										
头日（平均）产奶量										
牛群日产奶量										

注：1. 总饲养头日=饲养泌乳牛头数×饲养天数；

2. 头日（平均）产奶量=总产奶量/总饲养日数；

3. 牛群日产奶量=总产奶量/饲养天数。

（五）财务预算

编制预算表是为了对来年财务工作做好计划，以便使各项作业协调顺利地进行，如果发生价格变动或灾害等，预算应予以修订。

预算项目要简单明了。预算与来年活动情况很难相符，但应尽可能做出比

较切合实际的预计。

四、奶牛场全年技术工作安排

奶牛场的工作千头万绪。为了有计划地开展各项工作，对全年的技术工作必须统筹兼顾，全面安排。但由于我国土地辽阔，气候生态条件差异较大，必须结合当地实际情况进行妥善安排。根据河南地区的自然气候条件，现举例如下：

1 月：填报上年度生产统计报表，总结上年度的工作情况；研究部署本年度生产计划，制定各项实施细则；加强牛舍防寒保暖，预防犊牛呼吸道疾病。

2 月：安排好春节期间的生产，避免劳力、饲料脱节及人为灾害；检查配种工作及存在问题。

3 月：进行春季牛舍、运动场的消毒、灭虫工作；进行春季牛群修蹄工作。

4 月：进行上半年布鲁氏菌病和牛结核病的防检疫工作；检查、维修青贮机械及青贮池。

5 月：对不孕牛只进行复查，并采取相应技术措施；加强挤奶厅生鲜乳的管理工作，防止生鲜乳变质；做好夏季防暑降温的准备工作。

6 月：组织青贮制作时的临时班子，做好青贮制作的准备工作；进行牛舍及其他设施的维修。

7 月：检查上半年生产计划完成情况及存在的问题；进行防暑降温，减少牛群的热应激，降低产奶量的下降幅度。

8 月：做好青贮制作工作；做好防暑降温工作。

9 月：做好青贮制作的收尾工作，对全场进行卫生消毒；整理好产房，做好产犊高峰季节的准备工作；做好繁殖年度资料整理和记录工作。

10 月：进行牛群普查鉴定工作；进行秋季牛群修蹄工作；安排下半年布鲁氏菌病和牛结核病的防疫、检疫工作。

11 月：总结年度配种工作；做好冬季防寒保暖工作。

12 月：制订下年度生产计划；进行年度总结的准备工作；实施冬季防寒保暖措施。

五、牛群档案与生产记录

牛群档案和生产记录是奶牛生产管理、育种不可缺少的部分，是牛场制订计划、发展生产等各项经济技术活动的重要依据。

（一）牛只档案

每头奶牛均应有一张牛只档案卡，其内容包括牛号、出生时期、照片（图

9.1)、初生重、在胎天数、毛色、血统（图9.2)、各阶段生长发育情况（表9.6)、各胎次产奶性能（表9.7)、分娩产犊情况（表9.8）及体形线性评分等（表9.9)。

牛　　号________　　照片

出生日期________

来　　源________

进场日期________

离场日期________

去　　向________

原　　因________

____

图9.1　牛只基本资料及照片

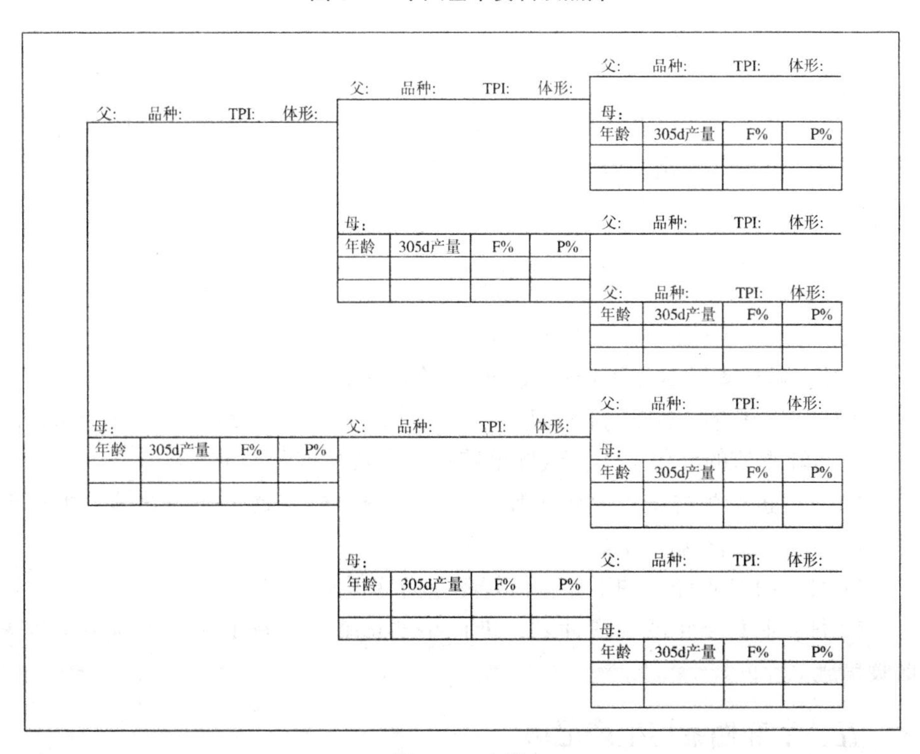

父:　品种:　TPI:　体形:

母:

年龄	305d产量	F%	P%

父:　品种:　TPI:　体形:

母:

年龄	305d产量	F%	P%

父:　品种:　TPI:　体形:

母:

年龄	305d产量	F%	P%

父:　品种:　TPI:　体形:

父:　品种:　TPI:　体形:

年龄	305d产量	F%	P%

父:　品种:　TPI:　体形:

母:

年龄	305d产量	F%	P%

父:　品种:　TPI:　体形:

母:

年龄	305d产量	F%	P%

父:　品种:　TPI:　体形:

母:

年龄	305d产量	F%	P%

图9.2　血统

表 9.6　生长发育及体况评分记录表

	初生	3 月龄	6 月龄	12 月龄	15 月龄	18 月龄	头胎	3 胎	5 胎
体重（kg）									
体高（cm）									
体长（cm）									
胸围（cm）									
体况评分									

表 9.7　各胎次产奶性能

胎次 \ 泌乳月		1	2	3	4	5	6	7	8	9	10	11	12	泌乳天数	总产奶量(kg)	305d 产奶量(kg)	平均乳脂率(%)	平均乳蛋白率(%)
1	产奶量																	
	乳脂率(%)																	
	乳蛋白率(%)																	
2	产奶量																	
	乳脂率(%)																	
	乳蛋白率(%)																	
3	产奶量																	
	乳脂率(%)																	
	乳蛋白率(%)																	
4	产奶量																	
	乳脂率(%)																	
	乳蛋白率(%)																	
5	产奶量																	
	乳脂率(%)																	
	乳蛋白率(%)																	

表 9.8　分娩产犊情况

胎次	与配公牛			预产期	实产期	在胎天数	性别	犊牛编号	备注
	牛号	品种	等级						
1									
2									
3									
4									
5									

表 9.9　体形线性评分记录

胎次	一般外貌	乳用特征	体躯特征	体躯容积	泌乳系统	评分等级	备注
1							
2							
3							
4							
5							

（二）生产记录

1. 牛奶产量记录

（1）产奶量记录表（表 9.10）：

表 9.10　　年　　月　　日产奶量记录表　单位：kg

牛号	第一次	第二次	第三次	合计	备注

记录员：

（2）产奶量日报表（表 9.11）：

表 9.11　　年　　月　　日产奶量日报表　单位：kg

项目 / 牛舍	成年母牛头数	产奶量	平均产奶量	比上日增减量	备注

制表人：

（3）牛奶产量及流向月报表（表 9. 12）：

表 9. 12　牛奶产量及流向月报表

总产奶量			泌乳牛		犊牛用奶量		鲜奶流向				
计划产量（kg）	实际完成（kg）	完成计划（%）	头天	平均产量（kg）	哺乳头天数	耗用量（kg）	销售优质奶数量（kg）	销售普通奶数量（kg）	次奶数量（kg）	牛奶损耗量（kg）	本月底库存量（kg）

制表人：

（4）成年母牛各胎次 305d 产奶量统计表（表 9. 13）：

表 9. 13　成年母牛各胎次 305d 产奶量统计表

产量（kg）／头数／胎次	4 500 以下	4 501 ~ 5 000	5 001 ~ 5 500	5 501 ~ 6 000	6 001 ~ 6 500	6 501 ~ 7 000	7 001 ~ 7 500	7 501 ~ 8 000	8 001 ~ 8 500	8 501 ~ 9 000	9 001 ~ 9 500	9 501 以上	头数共计	总产量（kg）	平均产奶量（kg）
1															
2															
3															
4															
5															
6															
7															
8															
8 以上															
合计															

单位主管：　　技术负责人：　　制表人：　　报出日期：　　年　　月　　日

2. 繁殖记录

（1）配种日记（表 9. 14）：

表 9. 14　配种记录

日期	牛舍	牛号	配种时间				卵泡		与配公牛	配次	受孕	备注
			上午	下午	晚上	复配	左	右				

制表人：

（2）受胎月报表（表9.15）：

表9.15　受胎月报表

日期	牛舍	配种日期	预产期	与配公牛	备注

制表人：

（3）情期受胎月报表（表9.16）：

表9.16　情期受胎月报表

配种头次	初检胎数	情期受胎率（%）

制表人：　　　　报出日期：　　　年　　月　　日

（4）公牛精液耗用月报表（表9.17）：

表9.17　公牛精液耗用月报表　　年　　月　　日

公牛号	耗用量	外调数	废弃数

制表人：

3. 犊牛培育情况表（表9.18）

表9.18　犊牛培育情况表

公犊出生重		母犊出生重		3月龄体重		哺乳量/头		母犊成活率（%）
头数	平均体重（kg）	头数	平均体重（kg）	头数	平均体重（kg）	哺乳天数	平均哺乳量（kg）	

制表人：

4. 成年母牛淘汰、死亡、出售情况（表 9.19）

表 9.19　成年母牛淘汰、死亡、出售情况　　单位：头

项目 分类	处理原因											处理牛		备注
	老年	传染病	生殖道	四肢	乳房	呼吸道	血液循环	消化道	低产	其他	合计	总胎次	平均胎次	
出售														
淘汰														
死亡														
合计														

5. 牛群更新率（表 9.20）

表 9.20　牛群更新率　　单位：头

年初成年母牛数			年内成年母牛增加		年内成母牛减少	牛只更新率
已投产	超龄牛	合计（1）	头胎牛投产数(2)	转入数（4）	出售、淘汰、死亡、移出等（3）	(3) / [（1）+（2）+（4）]·100%

制表人：

6. 牛只变动情况报表（表 9.21）

表 9.21　　年　月牛只变动情况报表　　单位：头

项目 牛别			上月末数	增加						减少								月末数	月累计头天数
				繁殖	调入	转入	购入		合计	调出	转出	淘汰	出售	死亡	夭折		合计		
成年母牛	泌乳牛	已孕																	
		未孕																	
	干奶牛	已孕																	
		未孕																	
	24 月龄以上至分娩	已孕																	
		未孕																	
	合计																		

续表

项目			上月末数	增加						减少								月末数	月累计头天数
牛别				繁殖	调入	转入	购入		合计	调出	转出	淘汰	出售	死亡	夭折		合计		
后备牛	19~23月龄	已孕																	
		未孕																	
	7~18月龄	已孕																	
		未孕																	
	0~6月龄																		
	合计																		
公犊牛																			
牛只总数																			

单位主管：　　技术负责人：　　制表人：　　报出日期：　　年　月　日

7. 饲料费用统计报表（表9.22）

表9.22　　年度牛群饲料费用统计报表

月份	牛奶		精料		青贮		干草		青草		糟渣		多汁料		合计	
	数量(kg)	费用(元)	数量(kg)	费用(元)	数量(kg)	费用(元)	数量(kg)	费用(元)	数量(kg)	费用(元)	数量(kg)	费用(元)	数量(kg)	费用(元)	数量(kg)	费用(元)
1																
2																
3																
4																
5																
6																
7																
8																
9																
10																
11																
12																
合计																

制表人：

六、奶牛场生产情况分析

奶牛场经常进行生产情况分析，有助于提高生产管理水平，增加经济效益。以下资料仅供参考。

（一）饲养情况分析

（1）每天饲喂2次或更多次，如若采用全混合日粮，每天至少饲喂2次。

（2）每头次混合精料最大饲喂量为2.3~6kg。

（3）每头成母牛的采食空间至少为75cm，4~8月龄后备牛20cm，17~21月龄后备牛为60cm，且在散栏式牛舍内应有3m以上的采食通道，以免影响牛只尤其是体弱牛只的采食。

（4）奶牛每天至少应有18~20h可以采食到饲料。

（5）饮水槽应设在饲喂区15m范围内，且每头牛饮水槽的空间不低于5cm。

（6）奶牛产后干物质进食量，每周应提高1.36~1.82kg（初产母牛）和2.27~2.72kg（2胎以上母牛）。

（7）低产奶牛干物质的进食量为其体重的2.5%~3%，高产奶牛为3.5%~4%。

（8）奶牛每天应采食其体重1.8%~2.5%的牧草或其他粗饲料。

（9）泌乳牛每千克精料可产2.5~3.5kg的牛奶。

（10）高产牛群各类代谢病的发病率不超过：乳热症6%、酮病2%、真胃移位5%、低乳脂症5%、胎衣滞留8%、乳房水肿5%~10%，没有厌食症。

（11）各期体况评分分别为：干奶时3.4~3.7分，分娩时3.5分，配种时2.4~2.8分，确定其妊娠时2.7~3分。

（12）当牛群在散栏式牛舍休息时，至少应有50%的奶牛在反刍。

（二）繁殖情况分析

（1）产犊间隔超过365d时，每推迟1d，奶牛场的效益都会有损失；若超过395d，则每延长1d，损失将会更大。

（2）干奶期超过60d或不足45d时，奶牛场的效益都会有损失。

（3）成年母牛每次怀孕平均输精1.7次，若超过1.7次，每增加0.1次，成年母牛的配种费用及冻精费用都会增加。

（4）初次产犊年龄为24月龄，超过24月龄，每推迟1个月，都会增加一个月的育成牛的饲养费用及1个月的产奶损失。

七、计算机技术在奶牛业的应用

畜牧信息化，是指为全面提高畜牧业经济运行效率、畜牧业劳动生产率、畜牧企业竞争力，在畜牧生产、管理、经营及研究等各领域不断推广和应用电脑、通信、网络等信息技术和其他相关智能技术的动态发展过程。在整个畜牧信息化建设中，硬件（电脑、自动化设备、网络等）是基础，软件（办公软件、畜牧养殖管理软件、集团公司管理及政府监管平台等）是条件，信息资源（养殖终端数据、行业先进技术等的收集）则是重要的生产要素。

国外发展状况大致经过 3 个阶段：第 1 阶段是 20 世纪五六十年代的广播、电话通信信息化及科学计算阶段；第 2 个阶段是 20 世纪七八十年代的计算机数据处理和知识处理阶段；第 3 个阶段是 20 世纪 90 年代以来农业数据库开发、网络和多媒体技术应用、农业生产自动化控制等的新发展阶段。

我国目前畜牧信息化水平同发达国家相比还有很大差距，主要表现在畜牧业基础设施薄弱；畜牧信息资源缺乏，尤其是能提供给用户的有效资源严重不足；畜牧信息技术成果应用程度低，严重阻碍了畜牧业现代化的发展。

奶牛场信息化建设目前主要包含以下几大板块及相关的支持软件系统介绍。

（一）奶牛场管理信息系统版块

奶牛场管理信息系统凭借中国农业大学专业技术支撑，结合国外最新奶牛科学管理经验，总结国内数十位奶牛饲养专家的育种、养殖、生产技术和经营管理实践经验，遵循我国《奶牛饲养标准规范》（最新第三版）开发，并经多家奶牛场实施应用发展成熟，是奶牛场降本增效和管理现代化的有力保证，完全实现奶牛生长繁育全生命周期、胎次产奶周期，及奶牛养殖企业日常生产、经营管理的规范化、科学化、透明化（图 9.3、9.4）。

图 9.3　奶牛场管理信息系统 1

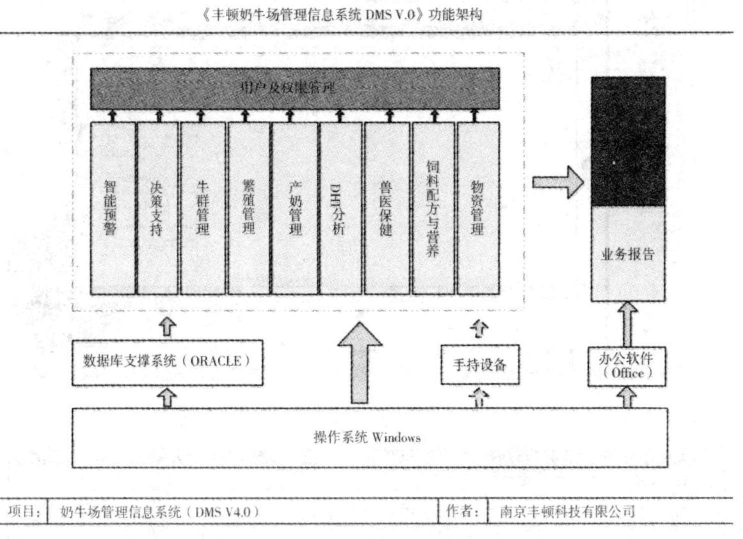

图 9.4　奶牛场管理信息系统 2

1. 核心业务功能

智能预警、决策支持、牛群管理、繁殖管理、产奶管理、DHI 分析、兽医保健、饲料配方与营养、物资管理等。

2. 系统特点

（1）支持奶牛全生命周期、产奶周期的规范化管理，奶牛场日常运作透明化。

（2）基于生产周次批的动态牛群结构管理和完整的牛只档案管理。

（3）生产计划、执行、评估、反馈体系建立。

（4）智能化任务派工、安全警示。

（5）科学选配、优化育种。

（6）专家知识支撑下的疫病防治管理。

（7）科学的饲料配方设计与营养分析。

（8）保障健康、安全的休药期监管。

（二）奶牛生产性能测定分析系统板块

奶牛生产性能测定分析系统是对奶牛性能改良测定体系 DHI 进行数据分析的集成软件，在中国奶业协会直接指导下开发，系统主要用于 DHI 检测中心。该系统对 DHI 的关键性能指标进行数据采集、计算处理、跟踪记录与分析，形成牧场测定牛群的 DHI 分析报告（图 9.5~图 9.9）。

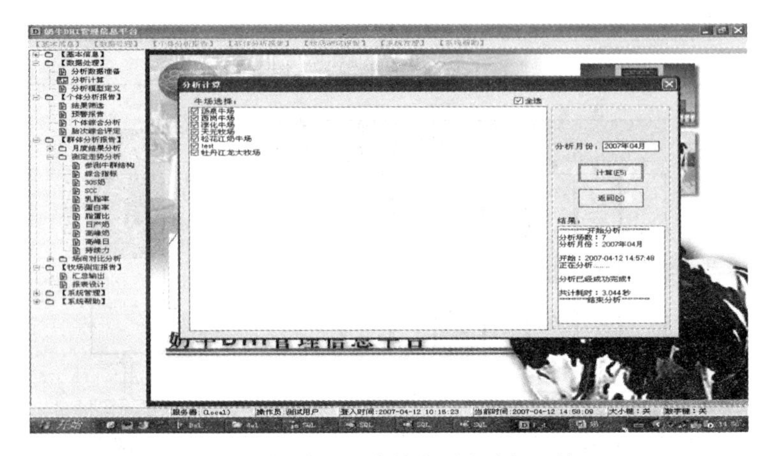

图 9.5　奶牛场生产性能测定分析系统 1

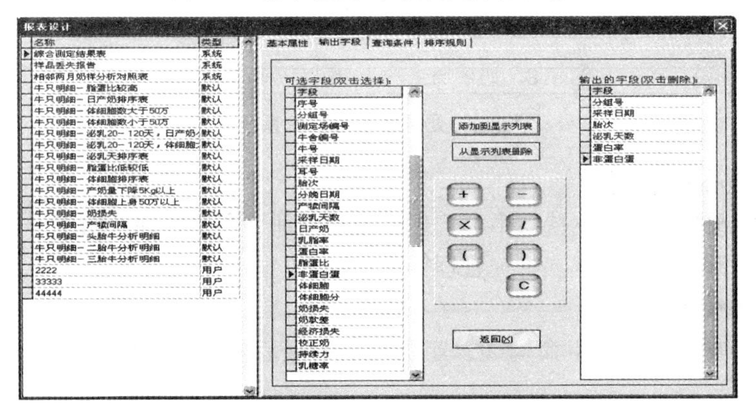

图 9.6　奶牛场生产性能测定分析系统 2

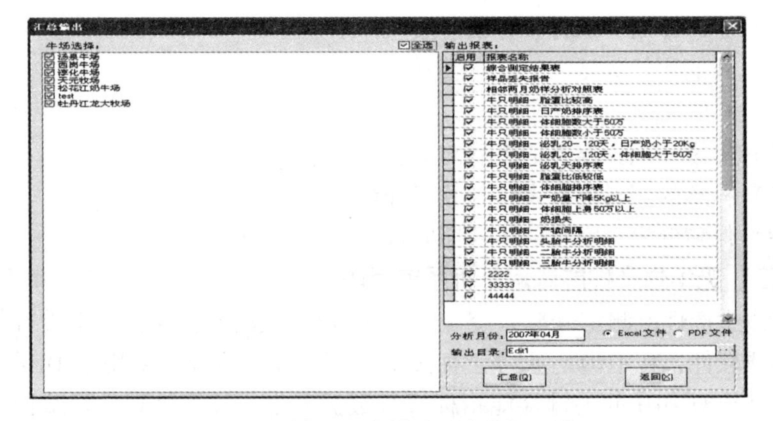

图 9.7　奶牛场生产性能测定分析系统 3

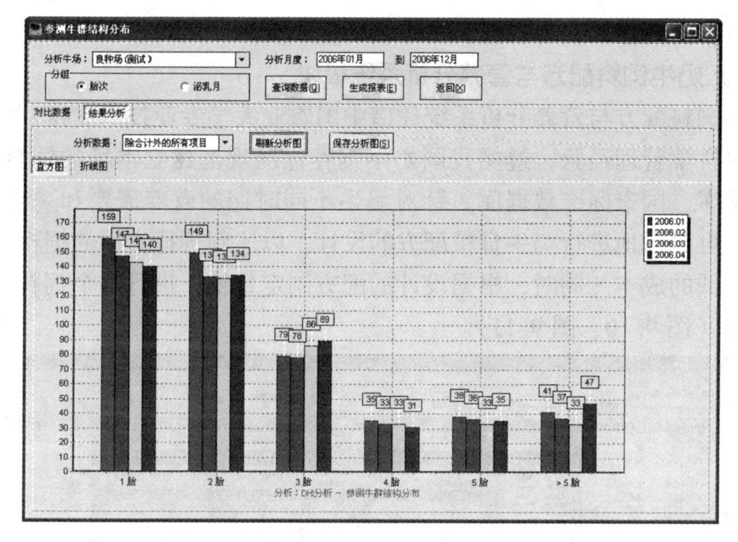

图 9.8　奶牛场生产性能测定分析系统 4

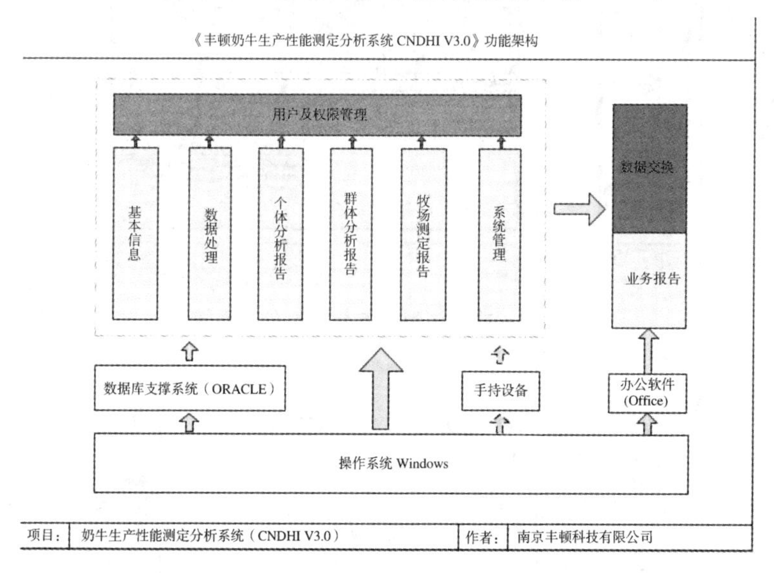

图 9.9　奶牛场生产性能测定分析系统 5

1. 核心功能

基本信息、数据处理、个体分析报告、群体分析报告、牧场测定报告、系统管理。

2. 系统特点

DHI 基础测试指标有日产奶量、乳脂率、乳蛋白率、体细胞数、乳糖率、总固体率及非蛋白氮。在最后形成的 DHI 报告中有四十多个指标，这些是根据奶牛的生理特点及生物统计模型统计推断出来，通过这些指标可以更清楚地掌握当前牛群的性能表现状况，指导牧场生产。

（三）奶牛饲料配方与营养分析系统板块

奶牛饲料配方与营养分析系统凭借中国农业大学专业技术支撑，结合国外最新奶牛科学管理经验，遵循我国奶牛饲养标准规范建立本场的饲料数据库、营养数据库、国家标准数据库。针对奶牛不同时期的营养需要和采食量要求，饲料配方可灵活地进行奶牛日粮配方的设计，以达到选择实用的饲料、标准的营养、最低的成本。同时，根据设计的配方制定日粮，进行整个饲料、日粮的有效管理（图 9. 10、图 9. 11）。

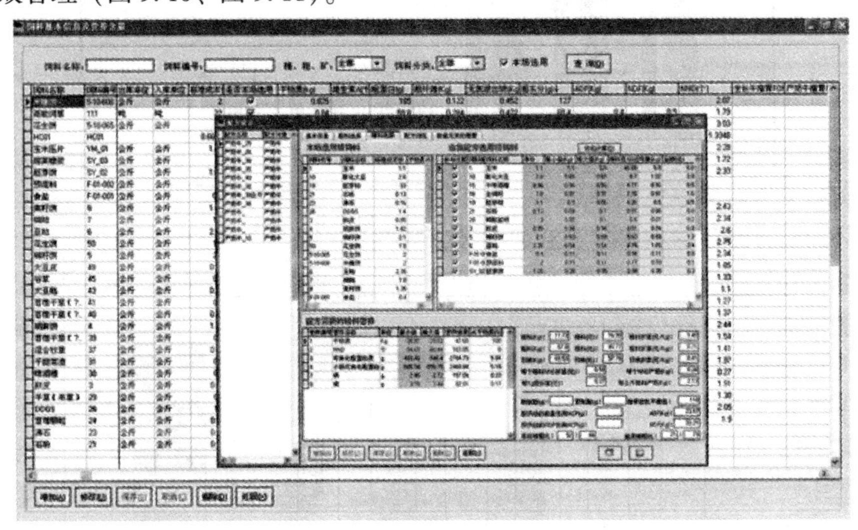

图 9. 10　奶牛饲料配方与营养分析系统 1

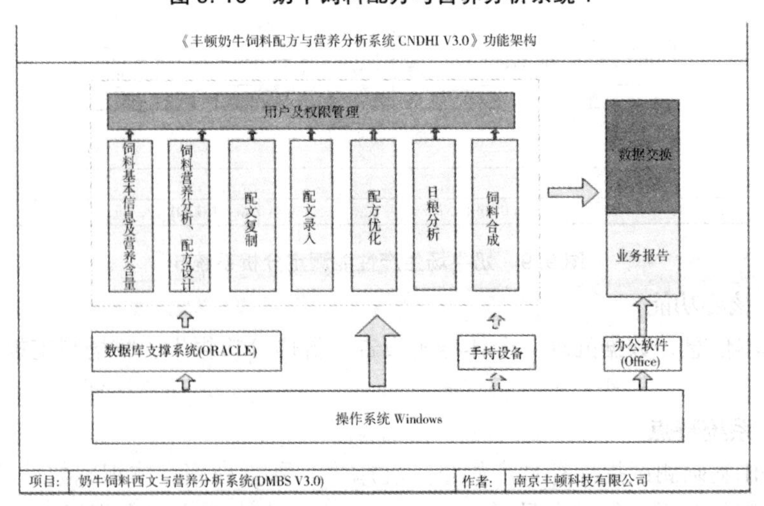

图 9. 11　奶牛饲料配方与营养分析系统 2

1. 核心功能

饲料基本信息及营养含量、饲料营养分析、配方设计、配方复制、配方录入、配方优化、日粮分析、饲料合成。

2. 系统特点

运用数学目标运筹学方法，在保证奶牛干物质和各种营养元素日摄入量的前提下，选择适用的一组饲料，求得一组最佳的饲料用量（即每一种原料的日供应量），使得成本最低。

(四) 奶牛体形鉴定系统板块

奶牛体形外貌线性评定（Linear Type Classification）是奶牛育种工作中科学评价奶牛体形的一种方法。奶牛体形外貌与生产性能、繁殖性能、乳腺炎和保持力之间存在明显的关系，做好奶牛体形线性评定对于选育高产、健康、耐用、乳房结构适应机械挤奶的优质牛群是相当必要的。我国主要推行的是9分制奶牛体形鉴定方法。奶牛体况评分（Body Condition Score）是指奶牛皮下脂肪的相对沉积，它是提高产奶量和繁殖效率，并同时降低代谢疾病和其他产前产后疾病的重要管理工具。

“奶牛体形鉴定系统软件”可广泛应用于奶牛体形体况线性鉴定工作，为用户快速、准确地对奶牛生产性能做出客观、科学的评判提供保证，为生产管理和育种工作中的数据挖掘提供基础，提供不同版本为畜牧监控部门、乳业集团、规模奶牛养殖场等广大奶业工作者和奶牛育种专业人员提供丰富而简洁的产品使用体验。

第十部分　奶牛场疾病的治疗与预防

一、瘤胃积食

瘤胃积食是指食物蓄积，又称急性瘤胃扩张，是反刍动物贪食大量的粗纤维或容易膨胀的饲料引起的瘤胃扩张、瘤胃容积增大、内容物停滞或阻塞，导致整个前胃功能障碍，形成脱水和毒血症的一种疾病。

（一）病因

1. 原发性瘤胃积食

原发性瘤胃积食主要是过食草料造成的。比如饲料突然更换，由差的饲料改喂大量优质青草或多汁饲料；牛因饥饿而暴食精料，加上饮水不足，缺乏运动，都能导致原发性瘤胃积食。

2. 继发性瘤胃积食

在前胃弛缓，皱胃变位，创伤性网胃炎或阻塞等疾病过程中，由于牛只消化能力下降，食道不畅容易造成瘤胃积食，称为继发性瘤胃积食。

（二）发病机制

在瘤胃滞留的饲料种类不同，其致病机制作用各不相同。由精饲料引起的积食，其实质是瘤胃酸中毒；以粗饲料引起的积食，一般以瘤胃的物理性阻塞为主。

在瘤胃中积聚大量难以消化的粗饲料，容易引起瘤胃壁的扩张，容积增大，瘤胃壁肌层不全麻痹，因此，停滞在瘤胃中的食物混合和向后部推送受到阻碍，加上食物腐败，发酵产气及有产物的刺激，进而引起瘤胃扩张，而且引起胃壁痉挛性收缩，使病畜疼痛不安，长时间会导致胃黏膜发炎和坏死。随着内容物极度充盈，瘤胃收缩微弱，内容物停滞紊乱现象的加剧，全身症状恶化。

由精饲料引起的积食，瘤胃变化表现为pH值的下降，H^+浓度增高，乳酸蓄积，渗透压改变，导致了脱水和酸中毒。

（三）临床症状

常见症状是反刍减少或废绝，部分牛鼻镜干燥，精神沉郁，多卧少立；病

牛呻吟、努责、腹痛不安；腹围显著增大，尤其是左侧触诊瘤胃感觉捏粉样，结实部分牛有痛感；叩诊时呈浊音，有时因有少量气体，所以叩诊呈鼓音；听诊瘤胃有内容物发酵的噼啪音。直肠检查时触摸到瘤胃部分压进骨盆腔。随着病情加重，呼吸困难并伴有呻吟，黏膜潮红，眼球突出，头颈伸直，四肢张开，甚至张口呼吸，脉率增加，心音高昂，排便细软或腹泻，甚至停止。后期出现严重的脱水和酸中毒。

（四）诊断

本病根据病史和临床症状，眼观、按压、直肠检查，容易诊断。

（五）治疗

本病治疗原则是消除瘤胃内容物，兴奋瘤胃，补液，改善酸中毒。

1. 药物治疗

（1）西药治疗：

1）灌服泻剂，促进排空瘤胃内容物。常用方法有：硫酸镁 500～1 000g、苏打粉 100～120g，加水一次灌服；硫酸镁 500g、液状石蜡 1 000mL、鱼石脂 20g，加水一次灌服，或用植物油 1 000～2 000mL 灌服。

2）加强瘤胃收缩，纠正酸中毒。可采用 10%氯化钠液 500mL、20%安钠咖 30mL，一次静脉注射；5%葡萄糖生理盐水 1 000mL、25%葡萄糖液 500 mL、5%碳酸氢钠液 1 000mL，一次静脉注射，每天 1～2 次。

（2）中药治疗：根据瘤胃积食的症状诊断，食积于胃、滞而不同，可攻及导滞、泻下通肠。可用行气散、椿皮散等煎服。

2. 手术治疗

本法应在急性和早期的病例使用，即把瘤胃切开，掏出部分瘤胃内容物。同时要根据病变的程度、阻塞物的性质来决定。但不应过晚。否则一旦病程延长，机体抵抗力降低会造成术后效果差。

还可用洗胃疗法，主要是针对采食精饲料而发生的积食，可以经胃导管向瘤胃内灌服生理盐水，并将其导出，再灌入，再导出，反复洗胃，可收到治疗效果。

（六）预防

加强饲养管理，按奶牛不同的生理阶段营养需要制定科学合理的日粮配方，最好是全混合日粮（TMR）饲喂。不突然变更饲料配方、日粮组成、饲喂次数，不能片面地加大精饲料的喂量，要重视干草的供应。加强饲料保管，防止饲料变质。

二、瘤胃臌气

瘤胃臌气又称瘤胃膨胀，是由于瘤胃和网胃内容物过度发酵，产生大量气体且气体不能以嗳气排出，而使瘤胃体积迅速扩张而引起的瘤胃消化功能紊乱的一种疾病。临床特征主要为左侧肷窝部高度膨隆，突出于髋关节，嗳气受阻，叩诊呈鼓音。

（一）病因

1. 原发性瘤胃臌气

原发性瘤胃臌气主要由于气体被一种稳定性的泡沫所代替，使瘤胃中正常发酵的气体变为泡沫不能游离，并与瘤胃中的固态和液态内容物混合。主要特征为形成的气体少，彼此不能聚结、融合。发生原因分饲料因素和动物自身因素。

（1）饲料因素：主要由于采食大量容易发酵的饲料，如饲喂大量未经浸泡处理的大豆、豆饼，生长迅速而未成熟的豆科植物，幼嫩的小麦、青草等；饲喂大量谷物类精料，如小麦、玉米等及其他使用肥料的植物；或钙、镁、尿素、葡萄糖饲喂过量等，均可促使本病的发生。

另外，饲料保管不当，如青贮、糟渣等霉变或淋雨后饲喂，也常引起本病发生。

食入品质不良的青贮料，腐败、变质的饲草，过食带霜、露、雨水的牧草等，都能在短时间内迅速发酵，在瘤胃中产生大量气体，特别是在开春后饲喂大量肥嫩多汁的青草时最危险。若奶牛误食某些麻痹胃的毒草，如乌头、毒芹和毛茛等，常可引起中毒性瘤胃臌气。

（2）动物自身因素：豆科植物引起的臌气，因个体不同，敏感性也各有差异。有的敏感性高，有的低。易感牛的唾液分泌显然少于不易感牛，而唾液的分泌量、成分和流出速度有影响本病发生的倾向。

2. 继发性瘤胃臌气

继发性瘤胃臌气主要由嗳气障碍、气体排出受阻所致。主要特征为产生的气体呈游离状态，非泡沫状，不与食物相混合。

瘤胃臌气常继发于食管阻塞、麻痹或痉挛，创伤性网胃炎，瘤胃与腹膜粘连，慢性腹膜炎，网胃与膈肌粘连等。

（二）发病机制

反刍动物采食后，瘤胃中的食物正常发酵分解产生气体，这些气体则通过嗳气、反刍及胃肠吸收或排出体外，从而保持着产气与排气的动态平衡。若在致病因素的作用下，这种原有的动态平衡被打破，会使牛羊体内发生病变。

（三）临床症状

1. 急性瘤胃臌气

急性瘤胃臌气常发生在采食后不久或采食中，病情发展较快。最明显的症状是左腹急剧膨胀，严重者可突出背脊，触诊腹壁紧张具弹性；叩诊呈鼓音；

听诊瘤胃初期蠕动频繁，呈噼啪音、金属音，以后完全停止，仅可听见泡沫发生音。随着病情发展，病牛举止不安，低头弓背，反刍、嗳气停止，精神沉郁，结膜充血，角膜周围血管扩张，部分牛眼球突出，不断起卧，望腹，全身出汗，呼吸困难，体温变化不大，但偶有发热现象。

2. 慢性瘤胃臌气

慢性瘤胃臌气多为继发性因素引起，病程迟缓，瘤胃中等程度膨胀，常在采食或饮水后反复发作。穿刺排气后，又会发生膨胀，瘤胃蠕动正常或减弱，病情一般发展缓慢，食欲、反刍减退，逐渐消瘦。有的牛瘤胃臌气好后，仍有可能复发，其病程往往长达 7d 或半月。

（四）病理变化

快速死亡的病牛症状表现为舌伸出口外，头、颈部淋巴结，上呼吸道黏膜及心外膜明显充血和出血，胸部食道呈苍白色；瘤胃臌胀，内容物呈泡沫状，黏膜下尤其在瘤胃腹囊部黏膜下充血和出血，呈红斑样；小肠黏膜充血；肝脏由于血液从中排出而变苍白；肾脏易碎；肺脏被压缩；偶见瘤胃与膈破裂。死亡时间较长者，瘤胃内泡沫几乎完全消失，瘤胃角化上皮脱落，黏膜下层明显充血，皮下气肿。

（五）诊断

左侧肷部鼓起，腹部紧张有弹性，叩诊呈鼓音，瘤胃蠕动逐渐减弱，甚至完全消失。部分患牛张口呼吸，运动迟缓、失调。症状易诊断，但要确定病因较为困难，因为臌气发生后来不及彻底查清就需要紧急治疗。原发性臌气根据病史、症状能立即做出诊断，而继发性臌气因其病因复杂、症状各异，所以判别困难。

（六）治疗

治疗目的是尽快排出臌气，减轻腹压。治疗原则是排气减压、泻下止酵、健胃、补充体液、调节酸碱平衡。治疗方法应视病情的轻重缓急及臌气的性质而定。

1. 急性病例

急性病例可采套管针穿刺放气或胃管放气等方法，先排气减压，再确定病因，对症治疗。

2. 原发性（泡沫性）臌气

原发性臌气治疗的目的是消除泡沫。常用方法：

（1）花生油、亚麻仁油、大豆油 60 ~120mL 做成乳剂，一次灌服，每天 1~2 次。

（2）松节油 100mL、鱼石脂 50g、酒精 100mL，加适量温水内服。

（3）液状石蜡油或植物油 2 000mL、松节油 80~90mL，灌服。

3. 继发性（游离气体性）臌气

继发性臌气除可用胃导管放气，套管穿刺到瘤胃放气外，必须诊断出引起臌气的原发疾病，并采取针对性治疗措施。

（七）预防

加强饲养管理是预防本病的关键。

（1）合理搭配饲料，不能喂食大量容易发酵的饲料，如豆科植物（苜蓿、大豆等）。

（2）谷实类饲料不应粉碎过细，精料应按需要量供给，日粮中精粗比例要合理，混合要均匀，保证奶牛粗饲料的进食量。

（3）加强饲料的保管与加工调制，防止饲喂腐败、霉变饲料；严禁饲料中混入异物，减少创伤性网胃炎所引发的继发性瘤胃臌气。

三、前胃弛缓

前胃弛缓是由于各种原因引起奶牛前胃神经调节功能紊乱，前胃神经兴奋性降低、收缩力减弱，草料停滞于胃，瘤胃内容物运转缓慢，微生物菌群失调，产生大量发酵和腐败物质，导致以消化功能障碍，食欲、反刍减少为主要特征的一种疾病。

（一）病因

原发性前胃弛缓的发病原因多是饲养管理不善，常见的是谷类或其他精饲料采食过多，粗饲料不足，不能很好地消化而发病。另外，饲料单一，长期饲喂难以消化的、富含粗纤维的饲料，如麦秸、豆秸等；饲料品质不良及调制不当，饲喂发酵、腐败、变质或冰冻的饲料，如饲喂霉变的干草，冰冻变质的豆腐渣、胡萝卜等；突然改变饲养方式和饲料品种，如突然改变饲料次数，或由适口性差的饲料突然改为适口性好的饲料，使奶牛过食；这些因素均可导致奶牛发病。

继发性前胃弛缓多是有一些疾病继发而来，如创伤性网胃炎、酮病、乳腺炎、蹄病等均可引起前胃弛缓。

（二）发病机制

过食含碳水化合物精料，可引起奶牛瘤胃内容物酸度增高，pH 值降低，瘤胃运动受到抑制；蛋白质饲料如豆饼、大豆等喂量过大，瘤胃中碱度急剧增高，瘤胃运动也会受到抑制。粗硬而难以消化的饲料，在瘤胃中以物理性作用妨碍瘤胃运动，腐败、冰冻饲料中含有一些未知物质而引起前胃弛缓。由于瘤胃内容物 pH 值的变化和异常产物的形成，使其正常的分解产物——挥发性脂肪酸的产生急剧下降，从而使产奶量明显下降，前胃弛缓，兴奋性降低，食欲减少。

（三）临床症状

1. 原发性前胃弛缓

原发性前胃弛缓的最初症状是食欲减退，异食，吃精料不吃粗料，或吃粗料而拒食精料；精神沉郁，对外反应迟钝；咀嚼运动减弱，反刍次数减少至完全停止；瘤胃收缩减弱，运动次数减少至停止，肠蠕动音减弱，通常瘤胃呈坚实的面团状。病久逐渐消瘦，触诊瘤胃有痛感，最后极度衰弱，卧地不起，头置于地面，体温降到正常以下。食入酸败的、含水多的青绿饲料及谷类精料所引起的弛缓，病牛伴有胃肠卡他症状而出现腹泻现象，粪便呈半液体状或泥样，甚至呈水样。全身反应不明显，呼吸、脉搏和体温正常，产奶量下降。临床上取瘤胃内容物检查呈酸性，纤毛虫活性降低，数量减少。

2. 慢性前胃弛缓

慢性前胃弛缓的病牛，食欲时好时坏，瘤胃运动时有时无，时发膨胀。便秘，排出干燥、色深粪便，外附黏液；后期下痢，粪便呈液状。全身无力，体重渐减，衰竭，眼凹陷，肌肉震颤，起立困难，有的长时间卧地不起。排粪迟滞，便秘或腹泻，鼻镜干燥，体温正常。有时胃内充满粥样或半粥样内容物。随着病情加重会有体温升高、呼吸加快、便秘和腹泻交替发生，并伴有前胃等酸中毒的表现，病程长者被毛粗乱，眼窝塌陷，消瘦，严重者卧地不起。

（四）诊断

原发性前胃弛缓根据病史、病后食欲异常、瘤胃蠕动减弱等特征可做出诊断。

（五）治疗

治疗的目的在于加强瘤胃的运动及排空功能，制止瘤胃的异常发酵过程，恢复正常的反刍和食欲。治疗原则是消除病因，健胃制酵，调节瘤胃 pH 值，防止机体酸中毒。

1. 促进瘤胃蠕动

酒石酸锑钾 2～4g，口服，每天一次，连用 3d；或用促反刍液 500～1 000mL，一次静脉注射；或用 10%氯化钠注射液 300～500mL 和 10%安钠咖注射 20～30mL，一次静脉注射；或用新斯的明 20mL，一次皮下注射，隔 2～3h 再注射 1 次（妊娠母牛忌用）。

2. 调节瘤胃 pH 值，恢复瘤胃微生物的正常区系

可投服碱性药物，如对一体重为 450kg 的成年母牛进行计算，可灌服氢氧化镁 400g，或氧化镁 400g，或碳酸镁 225～450g。

3. 制止过度发酵

伴有瘤胃臌气时，可用松节油 50mL 或鱼石脂 20g，加水适量灌服；便秘时可灌服硫酸镁或硫酸钠 300～500g；继发胃肠炎时，可用磺胺类药物或其他抗生素。

（六）预防

1. 坚持合理的饲养管理制度

饲料要全面安排，保证全年有足够的饲料供应，防止饲料的突然变换。工作日程、饲喂制度要固定，不能随意变更；饲喂制度变更时，要循序渐进。

2. 日粮要科学合理

根据奶牛的生理阶段和生产性能制定合理的日粮结构，增强牛只体质，及时发现患病牛只，及早对症治疗。

3. 加强饲料管理

加强饲料的保管与加工调制，严禁饲喂变质饲料；饲料在加工过程中，重点关注饲料的大小、长短及异物的清除。

四、皱胃变位

奶牛皱胃变位是指皱胃正常解剖位置发生改变，引起消化道梗阻，导致消化机能障碍的内科疾病。皱胃变位可分为左方变位和右方变位（奶牛皱胃变位分两种类型，皱胃通过瘤胃下方移到左侧腹腔，置于瘤胃和左侧腹壁之间，称为皱胃左方变位；皱胃向前方扭转，置于肝脏和右侧腹壁之间，称为皱胃右方变位）。临床上，绝大多数病例是左方变位。皱胃变位发病高峰在分娩后 1 个月内，也可散发于泌乳期或怀孕期，成年高产奶牛的发病率高于低产母牛。该病个别育成牛有发生现象。

（一）病因

1. 饲养管理因素

高产奶牛日粮中精料过多是引起皱胃变位的重要原因，有资料表明，因为精料过多会导致饲料在瘤胃停留时间过短，未充分消化就进入皱胃，在增加皱胃负担的同时产生大量挥发性脂肪酸、乳酸和气体，使皱胃发生弛缓而扩张，并发生滑行而导致皱胃发生变位。另外，优质粗饲料饲喂量不足，粗饲料铡得过短，饲喂变质饲料，皱胃的胃尖部存有异物，使瘤胃发酵异常及未消化物流入皱胃，以及由于其他疾病造成长时间食欲不佳等，均是导致该病发生的重要因素。

2. 妊娠分娩因素

妊娠分娩因素是导致该病发生的主要因素。这是由于妊娠期间，伴随胎儿不断长大，膨大的子宫从腹底将瘤胃抬高并将皱胃向前推移到瘤胃前下方，母牛分娩后，抬高瘤胃的力量突然解除，瘤胃下沉，而皱胃不能立即恢复原位，导致皱胃发生左方变位。妊娠后期，如胎儿将皱胃推移到瘤胃右下方和瓣胃前方的，则发生皱胃右方变位。

3. 其他因素

一些代谢性疾病和感染性疾病，如酮病、生产瘫痪、牛妊娠毒血症、子宫炎、乳腺炎、消化不良等，均会使病畜食欲减退，瘤胃体积减小，是发生皱胃变位的重要诱因。奶牛误食异物或不清洁饲料，如混有泥沙的块根类饲料，会使皱胃弛缓、扩张，最终造成皱胃变位。据有关资料报道，维生素A、硒缺乏，或产后血钙偏低都是本病发生的诱因。另外，体位突然发生改变，如奶牛发情时相互爬跨、摔倒、跳跃或运输时装卸不当等常可导致皱胃右方变位的发生。

（二）致病机制

目前主要有两种致病机制学说，即机械性因素学说和皱胃弛缓学说。

1. 机械性因素

在怀孕后期，不断增大的妊娠子宫机械性地将瘤胃从腹底部抬高并向前推移，沿腹底壁与瘤胃腹囊之间形成了可供皱胃经腹底部向左侧变位的潜在空隙，皱胃有沿此空隙向左侧变位的倾向。分娩后，胎儿排出，腹腔空隙增大，瘤胃因弛缓收缩无力而不能及时复位，由于重力作用而下沉，同时皱胃因弛缓不能及时收缩回位，最后被嵌于瘤胃和左侧腹壁之间。

2. 皱胃弛缓

正常奶牛的皱胃位于腹底部下方的瘤胃和网胃的右侧，通过皱胃收缩作用维持其形态、完成其功能。正常情况下，瘤胃液上部产生的挥发性脂肪酸（VFA）通常在瘤胃吸收，只有少量进入皱胃；当瘤胃中粗饲料不足，精料颗粒小到一定程度就会离开瘤胃进入皱胃，并在此发酵或转移，使皱胃和十二指肠内的挥发性脂肪酸和不饱和脂肪酸增多，抑制皱胃运动而导致皱胃弛缓。皱胃弛缓时，一方面其向左侧越过腹底部正中线以后，就很容易滑到左腹部，随着皱胃内含气的增加，皱胃大弯部分沿着左腹壁上移并扩张，最后挤在瘤胃背囊和左腹壁之间，而发生皱胃左方变位；另一方面皱胃扭转于腹腔右侧，同时十二指肠也扭转，导致皱胃大量的积气积液膨大，向前达肝与腹壁之间，向后到肷部下方，严重者在皱胃变位的同时，瓣胃、网胃、十二指肠也被牵动而发生不同程度的扭转。

钙具有维持神经、肌肉正常的功能。有研究报道说，血钙浓度低于0.9~1.0mg/L时，皱胃蠕动和收缩力都要减弱，因此分娩前后奶牛血糖、血钙水平降低使皱胃收缩力降低，这可能是导致皱胃弛缓的一个原因。

（三）临床症状

奶牛皱胃变位临床上分为左方变位和右方变位。

1. 左方变位

该病多发生于母牛分娩后，少数发生在产前3个月到分娩之前。临床中常发现病牛分娩2~3d后开始拒食，病初呈现慢性消化功能紊乱症状：前胃弛缓，食欲减退，厌食精料，可食少量优质干草，反刍和嗳气减少或停止，瘤胃蠕动减弱或消失，有的呈现腹痛和瘤胃臌胀，排粪迟滞或腹泻。随着病程的发展，呈现出该病的典型症状：左腹肋弓部膨大，听诊可听到与瘤胃蠕动不一致的皱胃蠕动音，如在病牛左腹壁第9~12肋骨上1/3处叩诊，可听到明显的钢管音，冲击式触诊可听到液体振荡音。在左腹侧膨大部穿刺，穿刺液为酸性反应，无纤毛虫，pH值为2~3。直肠检查，瘤胃背囊右移，瘤胃与左腹壁之间出现间隙，有时在瘤胃的左侧可摸到膨胀的皱胃。拨动皱胃可判断其粘连程度。

2. 右方变位

右方变位呈急性发作。病牛突然发生腹痛，呻吟不安，后肢踢腹，背腰下沉或呈蹲伏姿势。心跳加快，每分钟达100~120次，体温偏低或正常。常拒食贪饮，瘤胃蠕动消失，粪便软，呈暗黑色，混有血液，有时腹泻。右腹肋弓部膨大，冲击式触诊可听到液体振荡音。将听诊器放在右肌窝内，同时叩打病牛右腹壁第9~12肋骨上肋骨，可听到明显的钢管音。因皱胃内有大量液体和气体蓄积。直肠检查，在右侧最后肋弓部可摸到扩张而紧张的皱胃壁。严重的病例常伴有重度的脱水、休克和碱中毒。如得不到及时有效的治疗常在2~3d死亡。

（四）诊断

1. 皱胃左方变位诊断

突然减食，尤其拒食精料，食欲时好时坏，逐渐消瘦，粪便量少，饮欲、体温、脉搏、呼吸未见异常，用治疗前胃弛缓的药物无效。听诊，左侧腹中部听到皱胃蠕动音，左侧最后3个肋间明显膨大，有的有金属音（注意和胃肠炎、腹膜炎鉴别诊断），肷窝下陷。直肠检查，左侧腹壁和瘤胃壁有明显空隙，瘤胃右移。在皱胃蠕动音明显的左腹壁穿刺检查，若胃液呈酸性反应（pH值为1~4），缺乏纤毛虫，可确诊皱胃左方变位。

2. 皱胃右方变位

右侧最后肋弓及肋弓后方明显地膨胀，冲击式触诊有液体的振荡感。直肠检查：触摸到扩张而后移的皱胃。穿刺检查皱胃液，pH值为1~4，无纤毛虫，可确诊皱胃右方变位。

（五）治疗

1. 非手术疗法

（1）保守疗法：真胃变位的早期病例可以通过药物促进瘤胃、瓣胃、真胃蠕动，促进真胃内的食物流动，及时缓解低钾血症、低氯血症和代谢性碱中毒。

（2）翻滚法：与手术方法相比，翻滚法操作简单、易行，不需切开腹腔，对奶牛损伤小；缺点是疗效不确实，容易复发，在治疗左方变位时成功率在20%~30%。右方变位和孕牛患真胃变位时不能采用翻滚法。使用翻滚法前先禁食、禁水2d，使腹腔体积缩小，结合腹腔注射温生理盐水2 000~2 500mL，翻滚后每天做3~4h的逍遥运动。对一次翻滚无效的病例可以重复使用一次。

2. 手术疗法

手术疗法一般治疗过程都是保定，术部剃毛、消毒，然后依次切开皮肤肌肉和腹膜，打开手术通路，根据具体情况进行必要的处理，使皱胃复位并固定，逐层闭合手术通路，最后进行相关的术后护理。手术疗法适用于发病后的任何时期，由于将皱胃固定，疗效好，是根治疗法。

（六）预防

虽然皱胃变位可以手术治疗，而且治愈率很高，但是其价格较高，要求专业人员操作等，且影响产奶量，所以该病的预防就非常重要。由于皱胃左方变位的病因学和发病机制还未确定，所以对于该病的防治和预防没有确切的措施。可以从以下方面进行预防。

1. 加强饲养管理

根据奶牛营养需要，合理配合日粮，饲料中精粗比例适当；及时补充维生素、钙、磷等矿物质及微量元素，保证母牛维生素、矿物质及微量元素的平衡；加强饲料原料的监管，防止变质，同时注意剔除饲料中的各类异物，如泥沙、杂物等。

2. 加强产后奶牛的护理

奶牛产后1个月内是真胃变位的高发时期。产后奶牛身体虚弱，容易发生前胃弛缓、低血钙、生产瘫痪、酮病、胎衣不下、重症乳腺炎等疾病，从而引发真胃变位。产后奶牛要加强护理，母牛分娩后，及时站立，及时地自由饮用或灌服麸皮糖盐水或一些产后汤2~3桶，并肌内注射催产素100IU，以恢复体力，促进血钙恢复，促进子宫收缩，排除子宫内的液体，加速子宫复旧。

3. 及时治疗疾病

对一些营养代谢病和感染性疾病，如前胃弛缓、低血钙、生产瘫痪、酮病、胎衣不下、重症乳腺炎等疾病要及时治疗。重点是前期的观察。

五、奶牛酮病

奶牛酮病是高产奶牛产犊后6周内最常发生的一种以碳水化合物和挥发性脂肪酸代谢紊乱为基础的代谢病。临床上以呈现兴奋、昏睡、血酮升高、血糖降低及体重迅速下降、低乳或无乳为特征。本病也称酮血病、酮尿病、醋酮血病。该病发病主因是糖不足所致的代谢障碍，从而导致体内产生大量酮体堆积呈现酮血、酮尿、酮乳，并以呼气、排出尿、产出奶，有类似烂苹果气味为主要特征。该病主要发生于舍饲高产奶牛，以3~5胎次，产后8周内泌乳期多见。本病可以影响奶牛的后代体质，造成较大的经济损失。

（一）病因

有调查显示，酮病的病因是多方面的，如胎次、营养、饲养水平都对其发病有着重要影响。

1. 与生理状态的关系

在正常生理情况下，母牛分娩后的4~6周出现泌乳高峰，但其食欲恢复和采食量的高峰在产犊后8~10周。在产犊后10周内奶牛的食欲较差，干物质采食量减少，能量和葡萄糖的来源很难满足泌乳消耗的需要，如果母牛泌乳量过高，将势必加剧这种不平衡。有研究发现，奶牛每天的产奶量为20~24kg比较适宜；如果每天产奶量达32 kg以上，即使血液中全部的葡萄糖用于泌乳也无法满足需要。若奶牛产奶量偏高，就会造成奶牛血糖过低而引发酮病。因此，对奶牛长期地选育，过于追求高产在很大程度上加剧了酮病的发生。

2. 与营养组分的关系

饲料供应过少、品质低劣，饲料单一、日粮不平衡，或精料（高蛋白质、高脂肪和低碳水化合物饲料）过多、粗饲料不足等，均会使机体的生糖物质缺乏而引起能量负平衡，产生大量酮体而发病。实践中添加某些营养组分，如莫能菌素、烟酸、丙酸钠、丙二醇等能降低产后酮病发生率，起到很好的预防作用。

3. 产前过度肥胖

干奶期供应能量水平过高或干奶时间过长，导致母牛产前过度肥胖，分娩后严重影响采食量的恢复，同样会使机体的生糖物质缺乏，引起能量负平衡，产生大量酮体而发病。研究发现酮病的发生与奶牛体况有很大的相关性，体况指数（BCI）在3.5以上的奶牛酮病发生率较高，BCI大于4.0的奶牛易发酮病和脂肪肝。

4. 产奶量、泌乳期和胎次

产奶量越高，酮病发生率也高，年平均产奶量在9 000kg以上的高产牛亚临床发病率可高达68.18%，但低产奶量（3 000kg以下）的奶牛酮病发病率降低。很多研究显示，酮病多发于产后10~60d。一般第2~5胎的高产奶牛发病率高，第1胎及第6胎以后的奶牛酮病发生率明显降低。

5. 脂肪肝引起酮体代谢障碍

通过实验证明，脂肪肝的发生多在临床型酮病的发生之前，并认为奶牛先有脂肪肝后才患酮病。由于脂肪肝引起肝脏代谢紊乱、糖原合成障碍而加剧了血中酮体含量的升高。

6. 其他

此外，前胃弛缓、子宫内膜炎、产后瘫痪、胎衣不下、产乳热、真胃变位、肾炎、蹄病等疾病均可引起继发性酮病的发生。饲料中钴、碘、磷等矿物质的缺乏和各种应激因素及其他内分泌紊乱也可促进酮病的发生。

（二）发病机制

由于奶牛的能量摄入不能满足自身的需要，为保证血糖浓度的稳定，机体动用肝糖原继而动员储脂，甚至体蛋白，引起奶牛血液中的酮体含量升高、游离脂肪酸含量增多、三酰甘油含量减少等的一系列变化。如果奶牛长期处于能量负平衡状态，机体正常的内环境就会被打乱，继而引发奶牛的食欲减退、产奶量降低等症状。迄今为止，主要有以下几种致病机制。

1. 酮体的代谢障碍

正常情况下，肝脏产生的酮体中含有很少的丙酮，生成后即可被吸收，仅一小部分进入尿液。乙酰乙酸、β-羟丁酸则经血液进入肝外组织，被氧化生成乙酰辅酶A，结合草酰乙酸进入三羧酸循环以提供更多的能量供其他组织利用，且正常情况下产生的酮体的量很少。当糖缺乏时，仅有的草酰乙酸离开三羧酸循环，去参与葡萄糖合成，使草酰乙酸严重不足，造成乙酰乙酸、β-羟丁酸被氧化生成乙酰辅酶A，不能进入三羧酸循环，从而两两缩合生成乙酰乙酰辅酶A，最后形成酮体。

2. 糖代谢机制

奶牛产后泌乳需要大量的葡萄糖来合成乳糖，而葡萄糖在反刍动物则主要靠糖异生作用提供，糖异生的先质主要有丙酸、生糖氨基酸、甘油等。奶牛发生酮病时，病牛厌食或不食，由胃肠道吸收的生糖先质减少或中断，引起血糖含量异常下降。这时机体则必须动员肝糖原，随后动员体脂肪和体蛋白来加速糖原异生作用以维持泌乳需要。反刍动物摄入的碳水化合物作为葡萄糖而被吸收的很少，能量来源主要取自在瘤胃内降解的挥发性脂肪酸——乙酸、丙酸和丁酸。其中丙酸为生糖先质，用于合成乳酸后很少能有剩余。而乙酸和丁酸及体脂动员产生的游离脂肪酸在肝脏内有三种去路：葡萄糖充足的条件下合成脂肪；消耗草酰乙酸进入三羧酸循环供能；生成酮体。糖类和生糖氨基酸是草酰乙酸的唯一来源，当奶牛厌食或不食时，糖类和生糖氨基酸摄入减少，组织中的草酰乙酸浓度就会很低。因此，脂肪酸也就不会合成脂肪，只能走上生酮途径，这促使了酮体含量的升高。

3. 脂代谢机制

干奶期和围产期奶牛饲料配方不当或缺乏运动，导致奶牛机体过度肥胖。若此时由于某些原因引起奶牛摄入的营养不能满足需求，机体为满足营养需求就要动用体脂，产生过量的游离脂肪酸。脂肪酸可以被酯化成低密度脂蛋白而转移出肝脏，但若能量或蛋白缺乏时，游离脂肪酸则以三酰甘油的脂肪小颗粒的形式在肝脏中沉积。而此时肝脏缺乏极低密度脂蛋白，不能将脂肪转运出肝脏，从而逐渐使肝细胞发生脂肪变性，发生脂肪变性的肝脏就称为脂肪肝。此时肝脏代谢功能大大降低，这就会使脂肪酸向生酮的方向发展，促使了酮病的发生。

4. 蛋白代谢机制

当奶牛机体缺乏能量时，在动用体脂的同时，体蛋白也会动员，蛋白分解产生的氨基酸分为生糖氨基酸和生酮氨基酸，前者通过糖异生转变成草酰乙酸进入三羧酸循环，结合脂肪酸分解产生的乙酰辅酶 A 分解供能，生酮氨基酸的分解则会增加血液中的酮体含量。

5. 激素水平的代谢机制

产后由于催乳素的水平提高，不断地促使乳腺组织进行产奶，泌乳量不断增加，乳糖需要量增加，葡萄糖的消耗量也跟着增加，这样循环中的葡萄糖就会减少，这又促使胰高血糖素分泌增加、胰岛素分泌减少、肾上腺素分泌增加，它们的变化就使得得奶牛机体不断动员脂肪和蛋白进行糖的异生，这促使了循环中酮体含量的升高。

（三）临床症状

临床无明显的症状，仅产奶量下降，食欲轻度减少，进行性消瘦是它们的特点。极度消瘦时，产奶量明显下降，病程可持续 1~2 个月。酮病一般可分为消化型、神经型、瘫痪型（麻痹型）和继发性 4 种。其中以消化型为主，发生率高。只需加强饲养管理，调整饲料（减少蛋白质饲料），配合治疗，预后良好；若病情延误，继发肠炎，导致机体脱水，严重酸中毒，则预后不良。

1. 消化型

消化型占酮病病牛的比例最大，且多在分娩后几天乃至数周内发生，尤其是泌乳盛期的高产奶牛群，更有多发酮病的趋势。病牛精神沉郁，食欲反常，病初拒食精料，尚能吃些饲草，等到后期连青、干草也拒食，出现饮水减少，异嗜，病畜喜饮粪水，舔食污物或泥土，泌乳量锐减，无乳，体重减轻，消瘦明显，脱水严重，对外界反应不明显，不愿走动，体温、脉搏、呼吸正常。随着病情延长，体温稍有下降，心跳增加，尿量少，呈淡黄色水样，易形成泡沫，有特异的丙酮气味。皮肤弹性丧失，被毛粗刚、无光泽，眼窝下陷。病牛伫立取拱腰姿势，垂头，半闭眼，有时眼睑痉挛，步态踉跄，多易摔倒。排粪停滞，或排出球状的少量干粪，外附黏液。有时排软便，臭味较大。呼出气和挤出的乳汁散发丙酮气味。

2. 神经型

除有不同程度的消化型主要症状外，还有口角流淌混杂泡沫的唾液，兴奋

不安，狂暴，吼叫，摇头，呻吟，磨牙，眼球震颤，肩胛及肷部肌肉群不时发生抽搐，时时做圆圈运动，或前奔或后退，并向墙壁或障碍物上冲撞。驻立时四肢叉开或相互交叉，精神紧张，颈部肌肉强直，尾根高举。部分奶牛的视力丧失，感觉过敏，出现躯体肌肉和眼球震颤等一系列神经症状，有的兴奋和沉郁可交替发作。

3. 瘫痪型（麻痹型）

在分娩后 10d 以内发病较多，除许多症状与生产瘫痪相似外，还出现以上两种酮病的一些主要症状，如食欲减退或拒食，前胃弛缓等消化型症状，以及对刺激过敏、肌肉震颤、痉挛，严重者不能站立，被迫横卧地上，其卧下姿势以头屈肩胛部，呈昏迷，产奶量急剧下降等，用钙制剂治疗无效。

4. 继发性

继发性酮病在临床上多被原发性疾病如前胃弛缓、真胃移位、乳腺炎和子宫内膜炎等各自特有的症状所掩盖。

（四）诊断

对于临床上比较典型的酮病病例，可根据其发病时间、临床症状及特有的酮体气味做出初步诊断。确诊需要做临床病理学检查，测定血糖含量及血、尿、乳中酮的含量。血糖病牛血糖含量由正常值 50mg/100mL 下降至 20～40mg/100mL。血液中酮体的含量升高为 10～100mg/100mL，继发性酮病虽有提高，但很少超过 50mg/100mL，尿液中酮体的含量 80～1 300 mg/100mL，乳汁中酮体的含量达 40 mg/100mL。

（五）治疗

治疗原则是补糖抗酮，对症治疗。

1. 对神经性酮病

口服水合氯醛，首次剂量 30g，加水服用；继续再给予 7g，每天 2 次，连续数天。水合氯醛的作用在于对大脑神经产生抑制作用，使患畜安静，缓解病情；增强瘤胃中淀粉的分解，促进葡萄糖的合成和吸收，增强瘤胃丙酸的发酵作用。

2. 补糖和糖源性物质

50% 葡萄糖 500～1 000mL 静脉注射，每天 2 次；丙酸钠 200g，分 2 次加水内服；丙二醇或甘油 300g 加水投服，每天 1 次，连服 2d 后药量酌减。

3. 激素疗法

皮质激素已广泛应用于治疗临床酮病，效果良好。肌内注射糖皮质激素可降低产奶量，明显降低尿酮阳性及血酮、尿酮水平，但不适用于预防奶牛酮病。用糖皮质激素或与葡萄糖合用治疗乳牛酮病有效。体质较好的病牛，可选用醋酸可的松。

15~115g 糖皮质激素肌内注射，或 10%氢化可的松 60~100mg 静脉注射。静注葡萄糖的同时，适当用小剂量的胰岛素，有促进糖利用的作用。

4. 缓解酸中毒

5%碳酸氢钠溶液 500~1 000mL，一次静脉注射。

5. 增强前胃消化机能、促进食欲

可用人工盐 200~250g，一次灌服；维生素 B_1 20mL，一次肌内注射；维生素 B_{12} 和钴合用，效果好。

6. 其他对症治疗

有神经症状的，适当使用镇静剂，如安溴、氯丙嗪、辅酶 A 或半胱氨酸、葡萄糖酸钙、B 族维生素、维生素 C、维生素 E。

（六）预防

酮病作为奶牛泌乳期常见的一种代谢疾病，也是一种管理性疾病，其发生比较复杂，在生产中应采取综合预防措施才能收到良好的效果。

1. 饲养方面

（1）控制干奶牛体况，不要过肥也不要过瘦。

（2）产前 15d 可开始逐日增加精料喂量，以适应产后饲用的日粮。同时限制富含蛋白质和脂肪类的饲料，保证日粮中有充足的矿物质、维生素、钴、磷、碘等，不喂发霉、变质、低劣的干草和青贮料。

（3）注意瘤胃缓冲剂的供给。产后日粮中添加适量的缓冲剂如碳酸氢钠、碳酸钠、氧化镁、膨润土或草木灰等，有效预防瘤胃酸中毒，提高抗病力。某些饲料添加剂（烟酸、丙烯乙二醇、丙酸钠、离子载体等）有助于降低酮病的发生率。离子载体能降低乙酸的生成和促进瘤胃微生物细菌产生丙酸，且比较便宜，使用方便，在日粮中使用对预防酮病有良好作用。

（4）要尽量提高奶牛干物质摄入量，在增加精料和干物质摄入的同时，要确保奶牛食欲旺盛。

（5）增加生糖饲料，减少生酮饲料。换掉可能含有大量乙酸、丁酸的青贮饲料。

2. 管理方面

（1）建立酮病监测制度：在母牛妊娠 7~8 个月时，通过血酮测定检出血酮升高牛只，用丙二醇合剂进行治疗。及时监测分娩前后的病牛：产前一周测尿 pH 值、酮体或乳酮一次；产后 10~45d 内，测尿 pH 值、尿或乳的酮体含量，每 7d 一次；凡测定尿液 pH 值呈酸性，尿（乳）酮体含量升高者，立即应用葡萄糖、碳酸氢钠、丙二醇等治疗，并采取限制挤奶等其他相应措施。

（2）产前 2 个月开始停奶，确保胎儿与母体的营养需要。产后不要急于挤奶，在 0.5h 后开始挤奶，要求先挤初乳 2kg 饲喂犊牛，每次挤奶不能挤净，

产后第一天只挤1/3，第二天挤2/3，第三天挤干净。

（3）产后2~6周最为关键，若发现食欲下降或废绝者，立即进行尿、乳的酮体检查并及时治疗，限量挤奶，促进疾病早日康复。

（4）及时治疗产科和前胃疾病，防止继发性酮病。

六、瘤胃酸中毒

奶牛瘤胃酸中毒是由于大量饲喂富含碳水化合物的饲料，导致瘤胃pH值下降和乳酸蓄积所引起的一种全身性代谢紊乱疾病，其临床特征是瘤胃消化功能紊乱、蠕动停滞，脱水，运动失调，衰弱。本病发病急剧、病程短、死亡率较高。

（一）病因

本病病因主要是饲喂过量的富含碳水化合物的饲料（如玉米、大麦、燕麦等）和各种块根饲料（如甜菜、马铃薯、萝卜等），以及糟粕类饲料（如啤酒渣、豆腐渣等）。造成精料饲喂过量的原因有以下几点：

（1）饲料配方不合理，精料的添加量过大，粗饲料相对不足或品质差。

（2）为了提高奶牛的产奶量，过分增加精料及糟粕类饲料的喂量。

（3）饲料的突然变更，特别是日粮突然由适口性差的改为适口性好的饲料，如增加精料、块根饲料及糟粕类饲料，致使奶牛采食过量。

（4）牛患前胃弛缓、瘤胃积食等疾病时，由于瘤胃内环境发生改变，产生大量乳酸，更易发生酸中毒。

（二）发病机制

目前，对于本病的发病机制主要有两种观点，即乳酸中毒和内毒素中毒。

1. 乳酸中毒

非纤维素碳水化合物在瘤胃中降解产生乳酸。奶牛过食精料后，血液中二氧化碳结合力下降，pH值降低。二氧化碳分压及pH值都会影响到血液中乳酸的水平。血液的pH值可直接影响血红蛋白的饱和度和红细胞中2，3-二磷酸甘油（DPG）的浓度，在相同的氧分压下，pH值越低，血红蛋白对氧的亲和力越小，氧饱和程度越小。酸中毒时，2，3-二磷酸甘油的合成降低，分解加强，细胞中2，3-二磷酸甘油的浓度下降，加之使毛细血管扩张，血液运氧障碍，引起组织缺氧，因此认为，pH值降低和缺氧症的出现都能促使乳酸的蓄积。

正常情况下，乳酸不是瘤胃糖类发酵中的主要的细胞外中间产物。饲喂干草，乳酸作为被消化饲料转换的中间产物之一，其量不到所有产物的1%，而饲喂高精料时，乳酸大约占转化量的17%，可见，瘤胃中乳酸含量随精料的增加而升高。当形成的乳酸与转换消失的一样迅速，乳酸的蓄积不易出现；而当乳酸的产生速度大于转换消失速度，则乳酸容易在瘤胃内容物中蓄积。瘤胃中发酵形成的乳酸或其同分异构体，通过瘤胃或胃肠道其他部位吸收进入体内，其中氢离子与体内的碳酸氢根离子结合形成碳酸，并水解成水和二氧化碳，排出体外。这样乳酸的吸收减少了体内碳酸氢根离子的储存，从而引起机体的酸中毒。

2. 内毒素中毒

大量饲喂富含碳水化合物的饲料后，奶牛的瘤胃 pH 值下降，纤毛虫的活性降低，再生能力消失，瘤胃中微生物区系发生很大变化，其中牛链球菌生长迅速，使乳酸大量产生，并于瘤胃中蓄积，瘤胃内环境变化，导致瘤胃中革兰阴性菌大量死亡裂解，释放细菌内毒素，胃肠道中细菌内毒素、脂多糖含量显著升高，释放出大量内毒素并被吸收入血，造成奶牛全身炎性。此时机体内血浆矿物质和代谢物受到干扰，乳脂肪合成能力和产奶量下降。当奶牛发生酸中毒时，瘤胃内的细菌内毒素含量急剧增加，远远高于正常水平，此时胃壁黏膜发炎，肝脏损伤，网状内皮系统对内毒素的解毒能力下降，导致内毒素吸收入血，从而发生微循环障碍，造成缺氧，使得糖代谢进入无氧酵解途径，产生乳酸，造成大量乳酸积累。因此，乳酸和细菌内毒素对酸中毒的发生起到了协同作用。

（三）临床症状

通常本病分为最急性型、急性型和亚急性型三种。

1. 最急性型

奶牛常在采食后 12~24h 内发生酸中毒，发病急，甚至有些牛在采食后几个小时内就出现中毒症状，突然死亡。病初病畜表现食欲废绝，精神沉郁，反刍减少，不愿走动，行走时步态不稳，流涎，呼吸急促，心跳增加，达 100 次/min 以上；而后呼吸困难，后肢麻痹、瘫痪、角弓反张，常于发生症状后 1~2h 内死亡。死亡前病牛张口吐舌，从口内吐出泡沫状带血唾液。高声鸣叫，甩头蹬地。

2. 急性型

急性型常见于产后母牛，病牛表现食欲废绝，精神沉郁，目光无神，结膜充血潮红，皮温不均，耳、鼻俱凉，肌肉震颤，不愿行走，行走时步态不稳，眼窝塌陷，皮肤弹力下降，腹泻，排出黄褐色、黑色带黏液的稀粪，或排出褐红色、暗紫色的粪水，干涸后如沥青样。

3. 亚急性型

病牛无明显症状，通常表现为前胃弛缓，食欲减退，饮欲增加，反刍减少，瘤胃胀满且蠕动减弱，粪便稀软或腹泻，常继发蹄叶炎。

（四）诊断

根据病史，临床症状可先初步诊断，进一步诊断可通过实验室诊断，可以通过测定瘤胃液及尿液的 pH 值，血液中乳酸、碱储含量等来确诊本病。一般患病牛只的瘤胃内容物及血液中乳酸的浓度升高，瘤胃液 pH 值为 4~6；乳酸升高（0.1~0.3mg/mL），纤毛虫数量明显减少；血液 pH 值降至 6.9 以下，尿液 pH 值下降到 5~6。

（五）治疗

本病的治疗原则是去除病因，纠正酸中毒，补充体液，促进瘤胃蠕动，加强护理。

1. 纠正酸中毒

5%的碳酸氢钠注射液 1 000~2 000mL，静脉注射；为缓解瘤胃酸中毒，可以用 1%石灰水上清液及 2%~3%碳酸氢钠溶液，反复洗胃，洗至呈碱性为止。

2. 补液

当脱水严重时，可用 5%的糖盐水 2 000~3 000mL，10%水杨酸钠注射液 200mL，生理盐水 1 000~2 000mL，静脉注射。

3. 对症治疗

对伴有瘤胃臌气的病牛，可灌服鱼石脂、乙醇或松节油，之后再灌服碳酸氢钠；对不全麻痹的牛，除静脉注射葡萄糖酸钙注射液以外，还可与维生素 B、维生素 C 等制剂合用。

（六）预防

1. 加强饲养管理，保证日粮营养全面化、合理化

首先应加强饲养管理，制定科学合理的日粮结构；避免突然变更饲料或变更饲养制度，饲料的变换要在 10~14d 内逐渐进行，以使瘤胃有个适应过程；保证精粗比，以防止瘤胃酸中毒的发生，同时注意矿物质及微量元素的合理添加。

2. 合理加工日粮

谷类精料加工时，压片或粉碎即可，颗粒不宜太小，大小要匀称，尽量防止加工成细粉料。

3. 在饲料中添加瘤胃缓冲剂

在日粮中添加碳酸氢钠、氧化镁等瘤胃缓冲剂，以促进瘤胃正常的消化功能，预防酸中毒的发生。

七、奶牛产后瘫痪

奶牛产后瘫痪是奶牛常见病和多发病，是母牛分娩后发生的一种急性低血钙症，又称乳热症。本病的主要特征是奶牛精神沉郁，食欲减退，四肢肌肉震颤，站立不稳，瘫痪，卧地不起，重症者知觉丧失，昏迷。

（一）病因

综合分析发现主要有以下几个因素导致本病发生。

（1）分娩后，血钙浓度剧烈降低，是引起本病发生的直接原因，也是主要原因。目前认为，使血钙降低的因素有以下几种：

1）分娩前后血钙进入初乳且动用骨钙的能力降低，是引起血钙浓度急剧下降的主要原因。干奶期的母牛甲状旁腺的机能减退，分泌的甲状旁腺激素减少，因而动用骨钙的能力降低。怀孕末期如不更改饲料，特别是饲喂高钙日粮的母牛，血液中的钙浓度增高，刺激甲状腺分泌大量降钙素，导致动用骨钙的能力更加降低。因此，分娩后大量血钙进入初乳时，血液中流失的钙不能得到迅速的补充，致使血钙急剧下降而发病。

2）在分娩过程中，大脑皮质过度兴奋，其后立即转为抑制状态，分娩后腹内压突然下降，腹腔的器官被动充血，以及血液大量进入乳房，引起暂时性的脑贫血，因而使大脑皮质的抑制程度加深，从而影响甲状旁腺，使其分泌激素的机能减退，以至难以维持体内的平衡。加之怀孕后半期由于胎儿发育的消耗，各骨骼吸收能力减弱，所以，骨骼中能被动用的钙已经不多，不能补偿产后钙的大量丧失，从而发病。

3）分娩后从肠道吸收的钙量减少，也是引起血钙降低的重要原因。由于后期胎儿增大，胎水增多，占据了大部分腹腔，挤压胃肠器官，影响其活动，致使从肠道吸收的钙量显著减少，而且分娩时雌激素水平增高，对消化道功能和食欲也有影响，从而使消化道吸收钙量更少。

（2）饲养管理不当，由于母牛产后能量消耗很大，失水较多，加之泌乳的需要，特别是初乳中的钙含量高，如果饲料配方、活动不足等饲养管理不当，母牛就会因缺钙而瘫痪。

（二）发病机制

本病的发病机制目前尚不完全清楚，但引起本病最直接的原因就是缺钙、镁、磷。血钙不足引起动用骨骼中储存的钙离子，从而引起骨钙不足而发生瘫痪，而在发病瘫痪的过程中出现的痉挛现象可能与缺镁有一定的关系。

1. 产前精饲料喂量过多，钙含量过高

怀孕末期饲喂高钙日粮的母牛，血液中的钙浓度增高，刺激甲状腺分泌大量降钙素，导致动用骨钙的能力更加降低。因此，分娩后大量血钙进入初乳时，血液中流失的钙不能得到迅速的补充，致使血钙急剧下降而发病。

2. 日粮中磷不足或者钙磷比例不当

日粮中强调钙的供给而忽略磷的供应，机体对钙的吸收效果不好，导致体内血钙浓度低，致使产后瘫痪增多。

3. 日粮中钠离子、钾离子等阳离子含量过高

干草是日粮中的基础饲料，含较高的阳离子，尤其是钾离子。这些混合阳离子致使母牛处在一种轻度的代谢碱中毒状态，尿液呈碱性，pH 值升高，在碱性状态下，骨骼和肾脏很难对甲状旁腺激素产生作用。经肝、肾羟化酶作用后的活化型维生素 D_3，具有溶解、释放骨钙的作用。研究发现喂给母牛日粮的阴阳离子，能够影响维生素 D_3 的产生和分娩时低血钙的程度；在分娩前饲喂高钾离子和钠离子日粮，分娩时血浆维生素 D_3 的浓度低。有报道说当发生钙应激需要时，饲喂高阴离子氯离子、硫离子日粮的反刍动物骨骼比饲喂给高阳离子日粮的母牛骨骼能释放出更多的钙。阴离子日粮通过增加靶组织对钙调节激素尤其是甲状旁腺激素的反应，控制 1α–羟化酶和骨骼钙的吸收而发挥作用。

4. 维生素 D 不足或合成障碍

经肝、肾羟化酶作用后的活化型维生素 D_3，具有溶解、释放骨钙的作用，促使肠黏膜上皮细胞对钙的吸收。由于日粮中维生素 D 的供应不足或合成障碍，这不仅妨碍了肠吸收钙的能力，而且也影响到骨骼中钙的溶解和释放，其结果必将导致血钙含量的降低。

（三）临床症状

奶牛发生瘫痪时，表现的临床症状不尽相同，可将其分为典型性和非典型性两种。

1. 典型性病例的临床症状

发病快，从开始发病到典型症状表现出来，整个过程一般不超过 12h。病初通常是食欲减退或废绝，反刍、瘤胃蠕动及排粪排尿停止，表现轻度不安；不愿走动，后肢交替，踏脚，后躯摇摆，好像站立不稳；四肢（也有身体其他部位）出现肌肉震颤，鼻镜干燥，四肢及身体末端发凉，皮温下降。但有时也可能出汗，呼吸变慢，体温正常或稍低，脉搏无明显变化。初期症状持续的时间不长，特别是表现抑制状态的母牛，不容易注意到。

初期症状发生后数小时（多为 1～2h），母牛即出现瘫痪症状，后肢开始不能站立，由于挣扎站立，母牛全身出汗；颈部大多肌肉震颤。不久，出现意识抑制和知觉丧失的特征症状。病牛昏睡，眼睑反射减弱或消失，心音减弱，心速加快，每分钟可达 80～120 次；脉搏微弱，呼吸深慢，听诊有啰音。此时，瞳孔散大，对光线照射无反应，皮肤对疼痛的刺激也无反应。肛门松弛，肛门反射消失。有时发生喉头及舌麻痹，舌伸出口外不能自行回缩。呼吸时出现明显的喉头呼吸音，吞咽发生障碍，因而容易发生异物性肺炎。

病牛以一种特殊的姿势卧地，即伏卧，四肢屈于躯干下，头向后弯曲到胸部一侧，用手可以将头颈拉直，但一松手，又重新弯曲到胸部。也可将病牛的头弯曲至另一侧胸部。个别母牛卧地之后出现癫痫症状，四肢伸直并抽搐，卧地时间稍长，肯定会出现瘤胃胀气。随着病程的发展，病牛的体温逐渐降低，最低可降至35~36℃。

2. 非典型性病例的症状

此种病例在生产中比较常见，在产后较长时间才发生的瘫痪多是非典型性的，其症状除了瘫痪外，主要特征是头颈姿势不自然，由头部至髻呈一定“S”形弯曲。病牛精神极度沉郁，食欲减退或废绝，各种反射机能减弱，但不完全消失，病牛有时能勉强站立，但站立不稳，且行动困难，步态摇摆。体温一般正常或不低于37℃。

（四）诊断

根据临床特征，如舌、咽、消化道麻痹，知觉丧失，四肢瘫痪，体温下降和低血钙等做出判断。该病常发生于3~6胎的高产牛，一般发生在刚刚分娩不久（多数在产后3d内），体温低于正常（38℃以下），结合临床特征即可做出诊断。

（五）治疗

1. 钙疗法

常用10%~20%葡萄糖酸钙500~1 000mL，或2%~3%氯化钙500mL，一次静脉注射，每天两次。

2. 乳房送风法

目的是让乳房膨胀，内压增高，防止进一步泌乳，减少钙、磷随乳汁排出。具体操作是，将病牛乳房洗净，用酒精棉球将四个乳头擦洗消毒，通过乳房送风器或连续注射器向乳房里注入空气，空气输入量以乳房皮肤紧张、乳区界线明显为准。为防止注入的空气逸出，输入后可用绷带将打满气乳区的乳头扎紧。

3. 激素疗法

对钙制剂治疗效果不明显或无效时，可用地塞米松20mg或氢化可的松25mg，溶于1 500mL 5%葡萄糖生理盐水中，一次静脉注射。

（六）预防

1. 加强干奶期母牛的饲养管理

（1）控制日粮中精饲料的添加量，防止牛过肥过瘦。

（2）干奶期奶牛选择低钙、低磷日粮。

（3）提供良好的饲养管理，圈舍要清洁卫生，尽可能减少各种应激因素对牛的刺激。

（4）增加含硫离子、氯离子等阴离子的饲料。研究报道称，饲喂酸性饲料对产后瘫痪有预防作用。

2. 加强对围产期母牛的监护，防止本病发生

（1）注射维生素 D_3，对临产牛可在产前 8d 开始肌肉注射维生素 D_3，每天一次，直至分娩。

（2）对于年老、高产及有瘫痪史的牛只，可在产前 7d 或产后静脉补钙、补磷，预防本病。

八、黄曲霉毒素中毒

黄曲霉毒素中毒是指由于奶牛长期大量采食被黄曲霉和寄生曲霉等污染的饲料所致的中毒性疾病。临床上以全身出血、消化功能紊乱、腹水、神经症状和流产等为特征，剖检可见肝细胞变性、坏死、出血，胆管和肝细胞增生。黄曲霉毒素中毒是人畜共患，且有严重危害性的一种霉败饲料中毒病。

（一）病因

黄曲霉毒素主要是黄曲霉和寄生曲霉等的有毒代谢产物。它们是一类结构极为相似的化合物，都含有二呋喃环和香豆素，在紫外线照射下都发出荧光。其中 B 族毒素（如 B_1 和 B_2）发蓝紫色荧光，G 族毒素（如 G_1 和 G_2）发黄绿色荧光。目前，已发现黄曲霉素衍生物有 20 余种，其中以黄曲霉毒素 B_1、B_2 和 G_1、G_2 毒力较强，且以黄曲霉毒素 B_1 的毒性及致癌性最强。在检验饲料中黄曲霉毒素含量和进行饲料卫生学评价时，一般以黄曲霉毒素 B_1 作为主要监测指标。

黄曲霉和寄生曲霉广泛存在于自然界中，主要污染玉米、花生、豆类、棉籽、麦类、大米、秸秆和酒糟、花生饼、豆饼、豆粕、酱油渣等。它最适宜的生长温度为 24~30℃，在 5℃以下或 40℃以上即不能繁殖，最适宜的相对湿度为 80%以上。本地区所产玉米如在雨季收获未晒干收藏或含水量高也可能含有黄曲霉毒素，尤其在保管、储存不当时，极易遭到黄曲霉和寄生曲霉的污染。奶牛长期大量采食被黄曲霉毒素污染的饲料就会发生中毒。

（二）临床症状

1. 急性中毒

奶牛表现为食欲废绝，精神沉郁，拱背，惊厥，磨牙，转圈运动，站立不稳，易摔倒。黏膜黄染，结膜炎甚至失明，对光过敏反应，颌下水肿。腹泻呈里急后重，脱肛，虚脱，约于 48h 内死亡。

2. 慢性中毒

犊牛表现为生长发育缓慢、被毛凌乱、食欲减退、惊恐、转圈、无目的徘徊、腹泻、消瘦。成年牛表现为反刍减少、采食量减少、产奶量下降、黄疸和心跳、呼吸加快。妊娠牛流产或早产。中毒母牛因奶中含有黄曲霉毒素，故可引起哺乳犊牛中毒。由于毒素抑制淋巴细胞活性，损伤免疫系统，故病牛机体抵抗力降低，易引起继发症的发生。

（三）病理变化

急性病例见小红细胞性贫血，红细胞压积降低，嗜中性白细胞尤其是分叶核白细胞增多，血液胆红素增多，凝血时间延长。总胆红素升高为11.6mg/100mL，结合胆红素为3.92mg/100mL，血清谷草转氨酶升高（596.2～87.7U/L）、血清γ-谷酸基转酞酶升高（55～63.6U/L），碱性磷酸酶升高，血浆胡萝卜素和维生素A明显降低。

（四）剖检变化

1. 急性中毒

可见黄疸。皮下、骨骼肌、淋巴结、心内外膜、食道、胃肠浆膜出血。肝棕黄色，质地坚实，呈橡胶样。镜检，肝细胞特别是肝门附近肝细胞肿胀，细胞核增大约5倍，有的肝细胞有空泡，肝索崩解，有的肝细胞含胆汁。肝小叶周围及中央静脉周围有胆管增生。胰腺周围有化脓灶。

2. 慢性中毒

除肝黄染、硬变外，无其他明显异常变化。镜检，静脉阻塞，肝细胞颗粒变性和脂肪变性，结缔组织和胆管增生，血管周围水肿，成纤维细胞浸润，淋巴管扩张。大多数病例有腹水，肠系膜、皱胃、结肠出现水肿，肾淡黄色或有黄色区。

（五）诊断

通过病史和对现场饲料样品进行检查，观察病牛的临床症状及病理变化，方可做出初步诊断。首先调查饲料品种和来源。发病奶牛与采食饲料的品质有关。奶牛出现产奶量下降、腹泻等症状，用一般抗生素等治疗无效或不显著时，如停止饲喂可疑饲料，不用治疗，经一段时间后，发病率便会降低或停止发病，发病的牛症状减轻或消失。这时可怀疑为黄曲霉菌毒素中毒。有条件时可结合尸检进行诊断，大多病死奶牛消瘦，最明显的变化是肝脏质地变硬，表面有灰白色区，呈退行性变化，胆管上皮增生，胆囊扩张为一般的数倍，胆汁稠。大多数病例有腹水，肠系膜、皱胃、结肠出现水肿，肾淡黄染或有黄色区。而确切的诊断应检测毒素（包括饲料、胃内容物、血、尿和粪便的黄曲霉菌的含量），进行饲料中黄曲霉菌和毒素的分离 、培养和鉴定等。

（六）治疗

对中毒奶牛应立即停喂霉变腐败饲料或可疑饲料，多给易消化的青绿饲料。一般轻症奶牛不需要治疗即能康复，对重症病牛应及时治疗。

1. 肌内注射土霉素

剂量为每千克体重10mg，每天1～2次，肌内注射，连续5d。土霉素的治疗作用不是在于其抗菌作用，而是因为它对相关酶的诱导作用，从而干扰了黄

曲霉毒素的毒性机制。

2. 口服碱性活性炭

用磷酸盐缓冲液（KH_2PO_4+Na_2 HPO_4）稀释的活性炭，大量灌服。再配合类脂醇化合，剂量为每千克体重2mg，一次肌内注射，连续注射5d。也可同时配合土霉素肌内注射 。

3. 用半胱氨酸或蛋氨酸腹腔注射

用半胱氨酸或蛋氨酸，剂量每千克体重200mg，一次腹腔注射；或硫代硫酸钠每千克体重50mg，一次腹腔注射 。

4. 内服泻药

植物油1 000mL，熬开，候温一次内服。

（七）预防

1. 做好饲料的保存工作，防止霉变

严格控制饲料和原料的水分、温度和湿度。饲料中水分含量和空气相对湿度对霉菌的生命活动有很大影响。一般来说，温度30℃，相对湿度80%以上，饲料水分在14%以上（花生的水分9%以上），这样的条件最适宜黄曲霉繁殖和生长。温度在24~34℃，黄曲霉产毒量最高。饲料从收获、脱粒到收藏过程中，要尽量避免雨淋，及时通风晾晒，尽量保持干燥，防止霉菌的生长繁殖。

2. 在饲料中添加脱霉剂

防止饲料霉变除严格控制水分、温度和湿度外，还可以添加防霉剂，防止饲料霉变，特别是高温高湿的季节储藏饲料时多应用防霉剂。常用的防霉剂有山梨酸、苯甲酸、丙酸等，还有市场销售的脱霉剂类。

3. 加强对霉变饲料的处理

饲料发生霉变后，用氨化法处理，另外还可使用流水冲洗法、物理吸附法等。

4. 不饲喂发霉变质的饲料

加强饲养管理，严禁饲喂发霉变质的饲料，发现有轻微黄曲霉毒素中毒要立刻停喂霉变饲料，给予含碳水化合物较多的易于消化的青绿饲料，减少或不饲喂含脂肪过多的饲料。

九、子宫内膜炎

子宫内膜炎是指子宫黏膜的浆液性、黏液性或化脓性炎症。根据黏膜的损伤程度及分泌物性质不同，可将其分为隐形、慢性卡他性、慢性卡他性脓性和慢性脓性子宫内膜炎4种。

（一）病因

1. 生产管理不规范

运动场泥泞积水，牛舍潮湿阴暗，环境卫生差，消毒程序不规范，致使环境存在大量病原微生物，如链球菌、葡萄球菌、大肠杆菌等。

2. 生产操作不合理

分娩环境、牛体、助产者手臂、器械消毒不严格，助产操作不当，致使产道受损。分娩后母牛抵抗力降低、子宫颈口开张，环境中的病原微生物经阴门、阴道、子宫颈进入子宫。阴道检查、人工输精、子宫给药时外阴及器械消毒不严格等。

3. 疾病

牛流产、胎衣不下、产道损伤、子宫脱出、产后瘫痪、乳腺炎等一些疾病均可继发本病。机体患有结核病、布鲁氏菌病、牛病毒性腹泻、黏膜病、牛传染性鼻气管炎等，常伴有子宫内膜炎的发生。

4. 饲养管理不当

日粮营养不平衡，缺乏微量元素、矿物质，牛只过肥、过瘦，均可导致免疫力下降，引起感染而发病。

（二）临床症状

1. 隐性子宫内膜炎

牛发情周期正常，但配种不易妊娠，检查阴道、子宫形态及全身未见异常，仅见发情黏液增多，浑浊或含有絮状物。冲洗子宫的回流液静置后可见蛋白絮状物沉淀。

2. 慢性卡他性子宫内膜炎

牛发情周期正常，但配种不易妊娠或配种妊娠后发生流产。经检查发现子宫颈阴道部充血、肿胀，阴道内集有少量的黏液，发情时从子宫流出含有絮状物的黏液，子宫角增粗，子宫壁肥厚质软，弹性降低。

3. 慢性卡他性脓性子宫内膜炎

病牛精神不振，食欲减少，体温时有升高现象，性周期紊乱，拱背努责，常做排尿姿势，从阴道中流出稀薄的污白色黏液或脓液，黏附于坐骨结节或尾根。阴道检查子宫颈阴道部充血、潮红、肿胀，有脓性分泌物。直肠检查，子宫角增大，质度不均、薄厚不匀，有时有轻微波动。

4. 慢性脓性子宫内膜炎

性周期紊乱，发情不规律或者不发情，从阴道排出大量的脓性分泌物，分泌物黏稠、灰白色或黄褐色，恶臭。子宫角肥大，子宫壁肥厚不均匀，收缩反应微弱。子宫颈阴道部充血、潮红、肿胀，有脓性分泌物潴留。

（三）诊断

1. 临床诊断

通过观察母牛阴门流出的分泌物情况，再通过阴道检查、直肠检查确定子宫内膜炎症变化、肿胀、质地和收缩反应，结合发情、配种情况等综合分析，可以确诊。

2. 实验室诊断

（1）子宫内膜检查：取子宫内膜刮下物镜检，若标本上有淋巴样细胞集聚，上皮细胞正常，上皮下有中性粒细胞集聚，血管扩张，子宫腺体萎缩，即可确定本病。

（2）精液诊断法：在加温至 38℃ 的载玻片上，分开滴上 2 滴精液（保存在液氮中，用 2.9% 的柠檬酸钠溶液于 38～40℃ 下解冻），再将被检母牛子宫分泌的黏液加入其中 1 滴精液中，用干净的盖玻片盖在两个液滴上，置于显微镜下镜检。如果精子在黏液中逐渐不冻或凝聚，说明该牛患有子宫内膜炎。

（3）Yautcaun 改良法：将 2mL 的子宫分泌黏液和 2mL 4% 的氢氧化钠溶液加到干净的青霉素瓶中，混合，然后在酒精灯上加热到开始沸腾。冷却后，根据液体的颜色来判断结果：无色为阴性反应（-）；慢慢变成微黄色者为可疑（±）；出现柠檬黄色者为阳性（+），为子宫内膜炎。

（4）化学检查法：采集 2mL 恶露，加硝酸 0.5mL，放入沸水中 1～2min，取出冷却后加 1.5mL 33% 的氢氧化钠溶液，摇匀观察液体颜色判断：无色为阴性反应（-），黄绿色为阳性反应（+），琥珀色为卡他性反应（+），橙色为卡他性脓性反应。

（四）治疗

子宫内膜炎的治疗原则是抗菌消炎，防止感染扩散，促进子宫收缩，使炎性分泌物排出，对症治疗，消除全身症状。

1. 子宫投药

青霉素、链霉素、四环素、土霉素及磺胺类药物等都可子宫冲洗或投放，其中以土霉素效果较好。

2. 应用生产激素

对产后子宫炎应用生殖激素增强子宫肌收缩，从而排出子宫感染所产生的病理产物，如缩宫素、前列腺素或其类似物。

3. 全身用药

静脉注射或者肌内注射甲硝唑、青链霉素、头孢噻呋钠等抗生素。

4. 中药治疗

对于中药治疗，各地的处方及使用效果报道都很多，如完带汤、当归羊藿散等。

5. 其他疗法

如子宫按摩法、激光疗法等。

（五）预防

1. 加强围产期的饲养管理，减少奶牛产后疾病

饲养上制定科学合理的日粮结构，平衡饲料营养，特别要注意矿物质及微量元素的添加。

管理上加强环境消毒，防止产后感染，给生产母牛提供一个清洁、干燥、安静的分娩环境。

2. 加强分娩管理，减少产道损伤

临产母牛应单独隔离，分娩前后应对后躯及外阴等部位进行认真消毒，尽量让牛自然分娩，不要打扰或过早助产。助产时应对所需药品及器械认真消毒。

3. 加强对产后牛的监控，及时治疗母牛的全身疾病

（1）产后母牛应有专人看护，对发现努责强烈、产道损伤流血等应及时处理。

（2）母牛因产犊体质消耗严重，可于母牛产后，用50%的葡萄糖液500mL，一次静脉注射，以促进体力恢复。

（3）预防产后疾病的发生，如胎衣不下、酮病、产后瘫痪等。分娩后，可立即用催产素100IU，一次肌内注射，再用10%葡萄糖酸钙和25%葡萄糖液各1 000mL，一次静脉注射，可以预防胎衣不下、隐性酮病、产后瘫痪的发生。

4. 及时治疗母牛全身疾病

因为一些产后疾病如胎衣不下、产后瘫痪、乳腺炎等疾病会继发子宫内膜炎，所以要尽早发现，及时治疗。

十、胎衣不下

胎衣不下又称胎衣滞留，指母牛在分娩后胎衣在正常时间（12h）内不能自行脱落或完全排除的一种病症。由于牛的胎盘是结缔组织绒毛膜胎盘，因此发病率相对高于其他母畜。由于各场的饲养管理水平不同，胎衣不下发病率各不相同。胎衣不下极易引起子宫内膜炎，导致产后发情延迟，配种次数增加，甚至不孕。

（一）病因

奶牛胎衣不下发生的病因很多，包括奶牛的营养状况、年龄、品种、遗传、环境、季节、妊娠时间、异常分娩等，但主要原因是奶牛产后子宫收缩无力和胎盘未成熟、老化、充血、水肿、发炎等。

1. 饲养管理不当

饲料单一，品质差，日粮中矿物质、微量元素缺乏，特别是钙、硒及维生素 A 和维生素 E，孕牛过瘦、过肥，老龄，运动不足和干奶期过短等都易患胎衣不下。

2. 产后子宫收缩无力、弛缓

产后子宫收缩无力，使得胎衣不能在正常的生理时限内排出，这是导致奶牛胎衣不下的一个重要原因。造成产后子宫收缩无力的原因有：胎儿过多，单胎家畜怀双胎，羊水过多及胎儿过大，使子宫过度扩张都容易继发产后阵缩微弱；晚期流产及早期引产引起内分泌对分娩控制失调，影响胎盘成熟及产后子宫的正常收缩活动；难产后子宫肌疲劳也会发生收缩无力；没有及时给仔畜哺乳，致使催产素释放不足，亦可影响子宫收缩。

3. 胎盘分离障碍

（1）胎盘未成熟：这是造成非传染性流产或早期分娩 ，即未满妊娠期分娩的母牛胎衣不下的重要原因。牛平均妊娠期长短决定于品种，也可受特殊种公牛的影响。胎衣不下的发生率取决于排出胎儿时妊娠时间的长短。早产时间越早，胎衣不下的发生率越高。

（2）绒毛水肿：胎儿胎盘经常出现严重的非感染性水肿，这常见于产后不久的胎盘上，特别是剖腹产的牛或长时间子宫捻转的牛更为多见。有时胎衣不下牛表现出异常强烈的子宫收缩 ，特别是强直性收缩，可使子宫阜在较长时间内处于严重充血状态，这一方面使腺窝和绒毛发生水肿，另一方面也不利于排出绒毛中的血液。水肿可延伸到绒毛末端，导致腺窝内压力不能下降，胎盘之间连接紧密，不易分离。

（3）胎盘组织坏死 ：胎衣不下牛发现绒毛和腺窝壁之间有小面积的坏死。坏死可发生在产前，并且可作为某些病的症状。据观察，某些胎衣不下的牛，组织坏死前有血液渗出，表明这些牛有微弱的出血。因此，组织坏死可能是过敏反应的一种结果。

（4）胎盘老化：胎衣不下的另一个原因是胎盘已经老化。过期妊娠常伴胎盘老化及功能不全。在一些胎盘老化的病例中，人们取刚产出的胎儿胎盘组织学检查时发现，母体胎盘结缔组织增生，胎盘重量增加。由于母体子叶表层组织增厚，使绒毛嵌在腺窝中。此外，胎盘老化后，内分泌功能减弱，分泌雌三醇和催乳素的能力下降。因此，使胎盘分离过程复杂化 。

（5）胎盘充血：人们很少认为胎盘充血是胎衣不下的原因。胎盘充血可发生在产前，也可源于脐带血管关闭太快或排出胎儿后子宫异常强烈的收缩。由于脐带血管内充血，胎儿胎盘毛细血管的表面积增加，绒毛充血并嵌闭在腺窝中。

（6）胎盘炎症：母牛在怀孕期间胎盘受到来自机体某部病灶的细菌（如李氏杆菌、沙门菌、胎儿弧菌）、生殖道支原体、霉菌、毛滴虫、弓形体或病毒等造成的感染和来自乳腺炎、蹄叶炎和各种损伤及腹膜炎和其他微生物的感染，或者是由于肠道不适引起，如细菌、霉菌和其他微生物性腹泻。特别是饲喂变质的饲料，或突然改变饲料结构，导致在分娩前发生胎盘炎。患胎盘炎时，炎性反应程度可以从轻度感染到严重坏死，炎症部位可能只限于子宫颈部或子宫角尖端，也可能是弥漫性的。子宫空角很少发生，即使发生也较孕角轻。炎症可能只波及绒毛或小部分胎盘，有时也波及整个胎盘。发生胎盘炎时，胎盘基质水肿并含有大量的白细胞，有时出血，感染的子叶全部或部分坏死，变成黄灰色。胎盘炎及霉菌性感染造成的严重坏死，结缔组织增生，使胎儿胎盘和母体胎盘发生粘连，导致胎衣不下。

4．胎衣排出障碍

胎衣排出障碍引起的胎衣不下很少发生，只占总发病牛的0.5%。全部或部分脱落的胎衣受部分闭合的子宫空角或套叠的子宫空角的嵌闭、双子宫颈隔或阴道隔的阻拦而不能排出，特别是较大的胎儿子叶易受嵌闭和阻拦；偶尔也发生胎膜某部分裹住某个（些）母体子叶，或剖腹产时误将胎膜缝在子宫壁切口上所引起的胎衣不下。

5. 其他

奶牛配种过早、个体较小、遗传因素均易发生胎衣不下。高温季节，孕牛热应激，使孕期缩短，可增加胎衣不下的发病率。产后子宫颈收缩过早，妨碍胎衣排出，也可以引起胎衣不下。

（二）发病机制

牛产后胎衣的排出要经历两个阶段，即母子胎盘分离和胎盘与胎膜排出。母子胎盘的分离是渐进性的，胎盘分离开始于妊娠末期，在激素影响下，母子胎盘结合处的细胞发生变化，原有的细胞层次和数量逐渐减少，结缔组织胶原化，同时出现大量双核巨细胞，直至分娩，胎盘蜕变成熟。分娩之初，母子胎盘组织局部的雌激素和前列腺素增多，细胞浸润渗出，随着子宫的阵缩，母体胎盘（宫阜）和胎儿胎盘（子叶绒毛）交替出现贫血和充血，使松散的结构进一步变化，母子胎盘的结合逐渐破坏。胎儿产出后，脐带断裂，胎盘循环停止，宫阜和绒毛血管大减，绒毛从宫阜的腺窝中脱落出来，母子胎盘分离。随着产后的宫缩，脱离的胎儿胎盘和胎膜被排出体外，可见，内分泌和宫缩在产后胎衣排出过程中起着重要的作用，影响胎盘分离和宫缩的因素均可能造成胎衣不下。胎衣不下分为机能性的和器质性的。器质性胎衣不下主要是因胎盘直接受到微生物或寄生虫的侵害，使胎盘发炎、粘连，引起母子胎盘不能分离而导致胎衣不下。临床中更多的是机能性胎衣不下，一是由于胎盘的激素诱导性

成熟不充分，使母子胎盘分离发生障碍；二是由于产犊后子宫局部细胞免疫机能紊乱，从而引起母子胎盘不能分离。

（三）临床症状

胎衣不下可根据子宫内滞留的胎衣多少，分为全部胎衣不下和部分胎衣不下。

1. 全部胎衣不下

指整个胎衣滞留在子宫内。牛胎衣脱出的部分常为尿膜绒毛膜，呈土红色，表面有许多大小不等的子叶。胎儿胎盘的大部分仍与子宫黏膜连接，部分胎膜悬吊于阴门外变性褪色。子宫严重弛缓时，全部胎膜可能滞留在子宫内；悬吊于阴门外的胎衣也可能断离，在这种情况下要进行阴道检查才能发现。

2. 部分胎衣不下

指大部分胎衣垂于阴门外，只有一少部分或个别子叶残留在子宫内。垂附于阴门外的胎衣，初为粉红色，因长时间于后躯垂吊，易受外界污染发生腐败。尤其在夏季，天气炎热，胎衣呈熟肉样，有非常难闻的腐臭味。大部分胎衣会脱落，只有一少部分或个别子叶残留在子宫内。只有在检查胎衣脱落是否完整时（将脱落不久的胎衣摊开，仔细观察胎衣破裂处的边缘及其血管断端能否吻合以及子叶有无缺失，可以查出是否发生胎衣部分不下），或经 3~4d 后，阴道排出腐败、灰红色的胎衣碎块时才能发现。

牛发生胎衣不下后，由于胎衣的刺激常常弓背努责；如果努责剧烈，可发生子宫脱出，胎衣在产后 1d 内就开始变性分解，夏天更易腐败，在此过程中，胎儿子叶腐败液化，因而胎儿绒毛膜会逐渐从母体腺窝中脱出来，由于子宫腔内存在有胎衣，子宫颈不会完全关闭，所以会从阴道排出污红色恶臭液体，患畜卧下时排出量较多。液体内含胎衣碎块，特别是胎衣血管不易腐烂，很容易观察到。向外排出胎衣的过程一般为 7~10d，长者可达 12d。由于感染及腐败胎衣刺激，病畜会发生急性子宫炎，胎衣腐败分解产物被吸收后则会引起全身症状：体温升高，脉搏、呼吸加快，精神沉郁，食欲减退，瘤胃弛缓，腹泻，产奶量下降。胎衣部分不下通常仅在恶露排出时间延长时才被发现，所排恶露性质与胎衣完全不下时相同，仅排出量较少。

（四）诊断

部分胎衣不下容易诊断，如果胎衣滞留在子宫内，需通过阴道检查或直肠检查确诊。

（五）治疗

产后胎衣不下的治疗原则是抑菌消炎，促进胎衣排出。

1. 全身疗法

（1）10%葡萄糖酸钙与 25%的葡萄糖各 1 000mL，一次静脉注射，每天一次。

（2）垂体后叶素100IU，或麦角新碱20mL，一次肌内注射。

（3）激素疗法：促肾上腺皮质激素30~50IU，氢化可的松125~150mg，波尼松每千克体重0.05~1mg，一次注射，每隔一天注射一次，共注射2~3次。该方法具有抗炎，减轻组织损伤和中毒表现的作用，能促进糖、蛋白质、脂肪的正常代谢，并有抗组胺的作用。

2. 促进胎儿胎盘和母体胎盘分离

向子宫内灌入10%高渗盐水1 000~1 500mL，其作用是促使胎盘绒毛脱水收缩，而从子宫阜中脱落。

3. 防止胎衣腐烂及子宫感染

取土霉素粉10g或金霉素5g，溶于0.9%生理盐水灌注。见有子宫颈缩小可肌内注射激素如乙烯酚、雌二醇等，可使子宫颈口开张，有利于放置药物和排出积液。此外，雌激素与催产素、前列腺素协同使用，会加强子宫收缩力，加快炎症产物排出。

4. 应用手术剥离法

药物疗法无效的病例可以考虑进行手术剥离，但尽量避免手术剥离。对于漏出阴门外的胎衣，应做适当处理，以免造成损害阴道内壁的黏膜，引发全身感染。在条件适合时可以用手术剥离胎衣。手术剥离胎衣时应注意，易剥离则剥，不易剥离不强行，剥离不净不如不剥，已腐者不可剥，宜早不宜迟。同时应该做到动作轻、快，剥离彻底。一般在产后18~36 h进行手术。

应用手术剥离法，必须严格注意卫生和安全，一是正确搞好牛只保定，保证人牛安全。二是严格规范搞好卫生消毒。术者必须将手臂消毒后，戴上长臂手套和口罩，开始规范操作首先使用温热水对母牛进行灌肠，使其将粪便全部排出。然后，用新洁尔灭或0.3%高锰酸钾对母牛外阴部进行消毒，将500mL 10%氯化钠灌入母牛子宫内，术者用左手握住已露出子宫外的胎衣，右手从阴道伸入子宫内膜找子宫叶，先摸找胎儿胎盘的边缘，用拇指和食指伸入胎儿胎盘和母体胎盘之间，把它们轻轻地分开，然后将右手在子宫内伸向前下方，抓住尚未脱离的胎儿胎盘，稍用力向外拖出，同时左手将握着的胎衣稍用力向外拉，左右合力即可将胎衣顺利地剥离出来。胎衣剥出后立即用500mL生理盐水加适量抗生素冲洗子宫，此法每天1次，连用3d，防止子宫感染造成炎症。

虽然手术剥离法是治疗胎衣不下的基本方法，但并不是所有的病例都适合此种方法。若子宫颈未收缩能剥离的最佳疗法就是手术剥离，而子宫颈已收缩的病例有的则不能手术剥离，但无论剥离与否，都要通过子宫灌注消炎药，同时配合口服中成药和促进恶露排出法协同治疗。

5. 中药治疗

中兽医认为奶牛胎衣不下是生产时气虚血亏、气血运行不畅、子宫活动力

减弱的结果，治疗以补气益血为主，佐以利水消肿。可用生化汤：当归 120g、川芎 45g、桃仁 30g、炮姜 20g、甘草 20g、草果 45g、益母草 60g、莪术 40g、红糖 500g，研末开水冲服，每天 1 剂，连用 2 剂。体温升高，继发子宫内膜炎者加金银花 50g、连翘 50g、败酱草 50g。也可用补中益气汤：党参 40g、黄芪 60g、柴胡 20g、当归 30g、白术 15g、川芎 15g、升麻 10g 、陈皮 20g，对体温升高者，另加黄芩 30g、二花 45g。

（六）预防

1. 加强饲养管理，确保奶牛妊娠期的营养平衡

首先要为妊娠奶牛创造良好、舒适的牛舍和活动空间，实施科学规范的饲养管理。根据奶牛生长阶段性制定标准的、营养全价的日粮，同时，除要喂给适量的青绿多汁饲料外，要根据本地区的情况，适当补充钙、硒等微量元素，从而保证妊娠奶牛的营养平衡。

2. 加强围产期奶牛护理

科学规范化管理，做好全场消毒防疫工作；临产期奶牛要置于安静、清洁卫生的环境中，令其自然分娩，避免各种应激；助产应严格消毒，操作细致。

3. 药物预防

（1）分别于产前 15d、30d，使用亚硒酸钠 10mg、维生素 E 5000IU，一次肌内注射。

（2）产前 7d 起肌内注射维生素 A、维生素 D 10mL（每毫升含维生素 A 500 000IU、维生素 D_2 5 000IU），每天一次，直到分娩为止，可起到预防作用。

（3）产前补糖补钙，对年老、高产和有胎衣不下史的母牛，临产前 3～5d，每天或隔天用 25%的葡萄糖和 10%的葡萄糖酸钙各 500mL，一次静脉注射，可促使胎衣脱落。

（4）产后肌内注射垂体后叶素 100IU，但应早期使用，如 24h 后再用，其作用微小。

（5）产后 2h 静脉注射钙制剂，用 10%的葡萄糖酸钙 500mL 或 3%的氯化钙 500mL，一次静脉注射，有助于胎衣脱落。

十一、流产

流产也叫妊娠中断，是由于各种原因引起胎儿与母体的生理过程发生紊乱，或它们之间的正常关系受到破坏，不能按期产出正常胎儿的临床病例症状。

（一）病因

奶牛流产原因很多，从生产出发可分为传染性流产和非传染性流产两类。

1. 传染性流产

传染性流产是由病原微生物侵入孕畜机体而引起的一种流产。传染性流产可根据病原微生物又分为两大类：寄生虫病主要包括毛滴虫病、新孢子虫病、牛环形泰勒虫病等病；细菌病、病毒病及其他微生物引起的疾病，主要包括布鲁氏菌病 、钩端螺旋病、弧菌病、病毒性腹泻-黏膜病、传染性鼻气管炎、衣原体病、李斯特菌病、支原体病等。

2. 非传染性流产

非传染性流产是由非传染性因素引起的奶牛流产，有以下几种情况。

（1）胚胎发育停滞：精子（卵子）衰老或有缺陷、染色体异常是导致胚胎发育停滞的主要元凶，这些因素可降低受精卵的活力，使胚胎在发育途中死亡。胚胎发育停滞所引起的流产多发生于妊娠早期。

（2）胎膜异常：子宫发育不全、胎盘异常、绒毛膜发育不全，绒毛变性，使胎儿得不到足够的营养，造成妊娠中断。

（3）饲养不当：饲料营养不足或不全，或矿物质、微量元素、维生素不足或缺乏可引起流产；饲料发霉、变质或饲料中含有有毒物质均可引起流产；贪食过多或暴饮冷水也可引起流产。

（4）管理不当：奶牛怀孕后，由于地面光滑、急轰急赶、出入圈舍时过分拥挤等引起的跌跤或冲撞，可使胎儿受到过度振动而发生流产 。

（5）医疗错误：给孕牛服用大剂量的腹泻药、皮质激素药、驱虫药、利尿药 、发汗药等妊娠禁忌的药物都可使孕母牛流产；粗鲁的直肠检查和不正确的产道检查可引起流产；误用促进子宫收缩药物可引起流产。

（二）临床症状

根据胎儿的日龄、形态和外部变化的不同，可将流产分为隐性流产、早产、小产、胎儿干尸化、胎儿浸润和胎儿腐败分解等 6 种类型。

1. 隐性流产

隐性流产又称胚胎消失或吸收。胚胎形成 1~1.5 个月后死亡，组织液化被母体吸收，临床未见排出胎儿或排出后未被发现，多在母牛重新发情时发现。

2. 早产

早产是奶牛妊娠后期的流产，表现与正常分娩相似，但其分娩前兆不如正常产那样明显。早产胎儿如具有吮乳能力，应加强护理，特别是注意保温，采取少饮勤饮的方法进行人工辅助哺乳，胎儿可能成活。

3. 小产

小产排出未经变化的死胎，胎儿及胎盘常在无分娩征兆的情况下排出，多不被发现。

4. 胎儿干尸化

胎儿干尸化又叫干胎、木乃伊。胎儿死于宫内，由于黄体存在，故子宫收缩微弱，子宫颈闭锁，因而死胎未被排出。胎儿及胎膜的水分被吸收后，体积缩小变硬，胎膜变薄而紧包于胎儿，呈棕黑色，犹如干尸。此时母牛发情停止，但随妊娠时间延长，腹部并不继续增大。直肠检查时没有胎动，子宫内无胎水，但有硬物，子宫中动脉不变粗且无妊娠样搏动。

5. 胎儿浸润

胎儿浸润可见胎儿死于子宫内，胎儿软组织液化分解后被排出，但因子宫颈开张有限，故骨骼存留于子宫内。母牛表现精神沉郁，体温升高，食欲减退，腹泻，消瘦。随努责常见有红褐色或黄棕色的腐臭黏液及脓液排出，且常带有小骨短片。黏液沾污尾和后躯，干后结成黑痂。阴道检查时，子宫颈开张，阴道及子宫发炎，在子宫颈或阴道内可摸到胎骨。直肠检查时，在子宫内能摸到残存的胎儿骨片。

6. 胎儿腐败分解

胎儿腐败分解即气肿胎儿。胎儿死于子宫内，由于子宫颈开张，腐败菌进入，使胎儿内部软组织腐败分解，产生的硫化氢、氨、丁酸及二氧化碳等积存于胎儿皮下组织、肌间、胸腹腔及肠管内。病牛的腹围膨大，精神不振，呻吟不安，频频努责，从阴门流出污红色恶臭液体，食欲减退，体温升高。阴道检查时，产道有炎症，子宫颈开张，触诊胎儿有捻发音。

（三）诊断

流产诊断主要依靠临床症状、直肠检查及产道检查来进行。不到预产日期，怀孕动物出现腹痛不安、拱腰努责，从阴道中排出多量分泌物或血液或污秽恶臭的液体，这是一般性流产的主要临床诊断依据。配种后诊断为怀孕，但过一段时间后却再次发情，这是隐性流产的主要临床诊断依据。对胎儿干尸、胎儿腐败分解和胎儿浸润可借助直肠检查或产道检查的方法进行确诊。对于引起流产的确切原因，需要通过一些实验室手段，如饲料分析化验、微生物学、病理组织学、血清学等诊断技术，进行确诊。

（四）治疗

总的治疗原则是在怀孕期尽量防止流产的发生。在胎儿已死亡时，则应尽快促使胎儿排出，并预防或减少母畜及其生殖道受到损害。

1. 有临床流产症状的母牛

当发现孕畜有流产预兆时，采取制止阵缩及努责措施，并选择安胎药物。

（1）肌内注射黄体酮，50~100mg，1次/d。

（2）也可用1%硫酸阿托品2~5mL皮下注射。

（3）给以镇静剂，肌内注射盐酸氯丙嗪1~2mg/kg等。

（4）或选用白术安胎散，方药：炒白术30g，当归30g，砂仁18g，川芎18g，熟地黄18g，阿胶25g，党参18g，陈皮25g，苏叶25g，黄芩25g，甘草10g，生姜15g，共为细末，开水冲服。

2. 已经流产、早产的母牛

要观察胎衣的脱落情况，为防止子宫内膜炎，可用土霉素粉2.5～3g或金霉素粉1.5～2g，溶解后灌入子宫内，隔日子宫灌注1次，至阴道分泌物清亮干净为止，如有全身症状，对症治疗。

3. 对胎儿干尸化奶牛的治疗

（1）扩张子宫颈，增强子宫张力：可使用雌二醇20～30mg，肌内注射或皮下注射，同时皮下注射催产素40～50IU。

（2）子宫内灌注滑润剂，减少产道干燥：将温肥皂水或液状石蜡1 000～2 000mL灌入子宫内，手伸入子宫内将干尸拉出或取出骨片。若取出骨片困难时，可用阴道开张器扩张阴道、子宫颈口，用长柄钳夹出骨骼。

（3）子宫内抗菌、消炎：彻底取出干尸或骨骼后，用土霉素粉10g或金霉素粉5g，溶解后灌入子宫内，每天或隔日子宫灌注1次。

4. 对胎儿腐败分解奶牛的治疗

（1）消毒、防腐：用0.2%高锰酸钾溶液灌入产道内，并灌入肥皂水或液状石蜡。

（2）牵引胎儿：用绳系于胎儿前肢部位，向外牵引。如胎儿因气肿拉出困难，可以采用切开皮肤放气或实施胸、腹腔缩小术，再牵引。必要时可采用碎胎术。

（3）消除子宫炎症，增强子宫收缩机能：胎儿牵出后，用0.2%高锰酸钾溶液反复冲洗子宫；催产素15～20IU，肌内注射；金霉素粉2g，溶解后灌入子宫。

（五）预防

预防流产，减少流产带来的损失，建立合理的牛群健康管理模式是很重要的。

1. 加强饲养管理

日粮供应要合理，根据奶牛营养需要，保证奶牛对维生素、矿物质、微量元素摄入的平衡，特别是在产前产后注意钙的添加，防止抵抗力低下和缺钙而引发疾病。做好防暑防寒工作，禁止饲喂霉变、冰冻饲料，雨雪天气注意不要驱赶孕牛，防止滑倒。奶牛分娩前注意外阴部清洁，生产过程操作要严格消毒，对胎衣不下、恶露不尽的牛要及时采取措施进行有效的治疗，等牛体痊愈后再进行配种。人工授精要请专业人员进行，防止在授精过程中因器械穿伤子宫体，且所用的器械要严格消毒，授精同时对子宫体进行触摸检查，及时发现

异常，以采取相应的治疗措施。

2. 强化环境消毒

加强牧场环境的卫生监督和定期消毒、疾病预防工作。在引进外来牛只时要把好关，不让带有任何疫病的牛只进入。外来参观者要衣着干净，鞋及任何可能与牛接触的东西都要消毒。有条件的牧场采用被证实安全性好的疫苗进行预防。

3. 减少应激反应

重视牧场系统性管理，要制定一套全面的管理制度、科学的防疫程序，尽量减少奶牛的各种应激。

4. 建立健全奶牛信息档案

建立健全奶牛信息档案，在日常管理中，要将每头奶牛的饲喂时间、产量信息和健康问题（疾病治疗情况、疫苗注射情况等），以及牛群定量配给、发料的变化、人员变动等详细记录在案，以便能随时查阅。在调查流产问题时要有良好的记录，并根据这些信息，掌握牧场奶牛流产疾病的整体变化，并及时采取相应的措施。任何群发性流产都是从单一牛开始的，正确地分析就可以防止流产的暴发，降低突发事件的发生率。

5. 加强妊娠母牛饲养管理

在饲养管理方面，要切实加强妊娠母牛早、中期管理，应注意查母牛的日粮组成、饲料品质、矿物质、维生素的含量，查母牛健康状况与营养状况，并及时纠正存在的问题。日常管理中严禁对奶牛殴打，严禁粗暴的直肠和阴道检查，防止急速驱赶、急转弯、跨沟、跌撞和拥挤等，注意预防流产的发生。如有流产发生，应详细调查，分析病因和饲养管理情况，疑为传染病时应取羊水、胎膜及流产胎儿的胃内容物由动检部门检验，深埋流产物，消毒污染场地。对胎衣不下及有其他产后疾病的母牛，应及时治疗。

6. 防治疾病

在母牛怀孕期间，对临床病牛要做出正确的诊断，需要用药治疗时，要特别小心和慎重。因为有些常用的药物中，有的可伤及胎儿引起流产，对该用的药物应严格按照使用说明用药。对因疾病引起的母牛流产，生产中应加强管理，促进产后母牛子宫的复原和净化，及时预防和治疗子宫内膜炎、阴道炎等产科疾病。对连续两年流产的奶牛就应考虑淘汰。

7. 预防流产

对患习惯性流产的病牛，为防止流产发生，可根据上次发生流产时间，提前一个月开始注射黄体酮 50～100mg，每天或隔天一次，连用数天。加强防疫，定期进行疫病检查。

十二、腐蹄病

奶牛腐蹄病是指奶牛因指（趾）间皮肤外伤感染化脓菌引起的，以蹄角质腐败、趾间皮肤和组织化脓性腐败为特征的一种局部化脓坏死性炎症。患腐蹄病的奶牛会出现蹄变形、跛行、运动困难、食欲减退、泌乳量下降等症状，严重的病牛将被迫淘汰。患腐蹄病的奶牛即使治愈也会缩短其利用年限，腐蹄病给奶牛业带来的损失是巨大的。该疾病与地理环境及气候条件有一定的相关性，尤其是湿度相对较大的地区，此病比较常见。但通过采取改善管理条件，优化饲料结构等综合措施，完全有可能克服引起此病的客观因素，保持健康的奶牛群体。

（一）病因

1. 病原菌感染

病原菌感染是奶牛蹄病发生的主要原因，从一些发病的奶牛蹄病病例中分离的病原菌主要有结节状类杆菌、产黑色素类杆菌、脆弱类杆菌和坏死杆菌。此外，螺旋体、梭杆菌、球菌、酵母菌及其他一些条件性致病菌也是蹄病的病原菌。

2. 环境因素

（1）季节：蹄病的发生与季节变化有关。在炎热多雨的夏季，肢蹄长期处于潮湿环境中，高温高湿引起奶牛的热应激，使机体对疾病的抵抗力下降，加上这个时期病原菌繁殖特别快，所以肢蹄很易感染发炎。

（2）畜舍小环境：地面的质量对奶牛的肢蹄影响很大。坚硬的水泥地面，会加重肢蹄与地面的摩擦，造成奶牛肢蹄挫伤而发生感染。奶牛的肢蹄对氨非常敏感，高温条件下，牛舍环境卫生状况差，通风不良，地面潮湿污浊，牛舍中的粪便及污水极易分解产生大量的氨，引起奶牛肢蹄对环境的抵抗力降低，加重肢蹄损伤。

3. 饲养管理因素

日粮营养水平及其质量与奶牛蹄病有关，如过分追求产奶量，在饲料中过量增加精饲料的喂量或易发酵的碳水化合物饲料，饲料精粗比例不当及饲料突变等因素引起的瘤胃酸中毒，可导致乳酸、组织胺、内毒素及其他血管活性物质在蹄部组织的毛细血管中分布，从而引起蹄部瘀血和炎症，并刺激局部神经而产生剧烈的疼痛。此外，一些营养因素可影响敏感组织角蛋白和血管网的形成，从而发生蹄病，其中较为重要的营养成分是维生素 A、维生素 D、钙、磷、铜、锌等。如钙、磷的比率失调与肢蹄病的引发有着密切的关系。一般牛体内钙、磷的比率在（1.5~2）：1 范围内吸收率高。如果失调就会引发软骨症，形成跛行或长骨骨折，从而引发各种类型的肢蹄病。奶牛长时间缺乏运

动，造成蹄组织血液淤积，回流不畅，从而严重影响了蹄组织的正常代谢，致使蹄部抗病能力下降而易发蹄病。锌是许多金属酶类和激素的组成部分，与皮肤的健康有关，而蹄是皮肤的衍生物，饲料中如果缺锌影响蹄的健康，容易发生蹄病。维生素 D 主要功能为调节钙磷代谢，所以不足时会引起钙磷代谢障碍，从而引发奶牛蹄病。

4. 疾病因素

由于奶牛肢蹄缺乏保健措施，蹄部负重不均，易发生蹄病。严重的胎衣不下、子宫内膜炎、乳腺炎、胃肠炎、瘤胃酸中毒、霉变饲料中毒等炎性疾病可引起代谢紊乱，并产生大量的组织胺、乳酸、内毒素等炎性产物，从而引起蹄病。

5. 其他

（1）遗传因素：奶牛的体形和品种也与蹄病的发生有关，品种不同蹄病的易感性也不同。此外，蹄变形与公牛的遗传性也有关系，如果公牛有先天蹄变形，则后代也极易患该病。

（2）体质因素：奶牛特别是高产奶牛，全身各脏器都要超负荷地运转，长时间势必使奶牛机体抵抗力下降，起卧困难，造成肢蹄损伤或引发肢蹄病。

（二）临床症状

1. 蹄叉腐烂

蹄叉腐烂为奶牛蹄叉表皮或真皮的化脓或增生性炎症。蹄叉部皮肤充血、发红、肿胀、溃烂。有的于蹄叉部肉芽增生，呈暗红色，突于蹄叉沟内，质地坚硬，容易出血，蹄冠部肿胀，呈红色。病牛跛行，以蹄尖着地。站立时，患蹄负重不实，有的以患蹄频频打地或踢腹。犊牛、育成牛、成年奶牛都有发生，以成年牛多见。

2. 腐蹄

腐蹄为奶牛蹄的真皮、角质部发生腐败性化脓。四蹄皆可发病，后蹄多见，以 7~9 月发病最多。病蹄站立时不愿完全着地，患肢球关节以下屈曲，频频换蹄、打地或踢腹。前蹄病，患蹄向前伸出，运步时明显的后方短步，患蹄站立时间缩短。检查蹄部，蹄变形，蹄底磨灭不正，角质部呈黑色。如外部角质尚未变化，修蹄后见有污灰色或污黑色腐臭脓汁流出，也由于角质溶解，蹄真皮过度增生，肉芽突出于蹄底之外，大小有黄豆大到蚕豆大，呈暗褐色。炎症蔓延到蹄冠、球节时，关节肿胀，皮肤增厚，失去弹性，疼痛明显，步行呈“三脚跳”。当化脓时，关节处破溃，流出奶酪样脓汁，病牛全身症状加剧，体温升高、食欲减退、产奶量下降、常卧地不起、消瘦。

（三）诊断

根据病牛呈现明显的跛行，指（趾）间皮肤发炎，炎症可波及蹄球和蹄冠，严重时发生化脓、溃疡、腐烂，流出有恶臭的脓性液体，甚至蹄匣脱落等症状，即可做出诊断。

（四）治疗

1. 修蹄

将病牛安全保定，用修蹄工具清除蹄底、蹄叉内异物，0.1%高锰酸钾溶液清洗患部。找到病灶，用削蹄刀或修蹄机修整蹄底扩大创面，清除坏死腐败组织，探挖创洞直至流出新鲜血液。创洞较深的用过氧化氢或4%的硫酸铜溶液彻底洗净创口，反复冲洗。创内涂10%碘酊，填入松馏油棉球，或放入高锰酸钾粉、硫酸铜粉，用纱绷带包扎，外面再用麻布或穿牛靴保护，3~5d换药一次，一般2~3次可治愈。

2. 对症治疗

如体温升高、食欲减退的，用抗生素治疗。

（五）预防

1. 从营养方面进行调控

合理搭配奶牛日粮中精粗料的比例，注重日粮中微量元素锌的添加，调整奶牛日粮中钙、磷比例，防止日粮中维生素D的缺乏。

2. 加强奶牛饲养管理

及时清扫圈舍内的粪尿，搞好牛舍内外的环境卫生，保持牛蹄干净，为奶牛营造一个干净舒适的环境。做好修蹄工作，应由经过培训的专业人员对牛进行定期修蹄，每年应修蹄两次。修蹄主要是把过长的蹄角质切除，修整蹄底并挖掉蹄腐烂部分，保证奶牛蹄形端正和健康。

3. 坚持经常蹄浴

奶牛饲养的聚集地需修建奶牛浴蹄池，其规格为：宽度约75cm，长3~5m，深约15cm（确保池内浴液深度达到10cm）。蹄浴是预防和治疗蹄病的重要措施，药物及方法可选择：取无水硫酸铜兑成4%~10%的硫酸铜溶液（硫酸铜一方面有杀菌的作用，另一方面有硬化蹄匣的作用）。蹄浴时间在15~30min，在舍饲情况下，蹄浴1次后，间隔3~4周可再进行蹄浴1次，其效果更佳。另外，冬季在赶牛道上撒生石灰，可以杀菌，也能使蹄壳变硬。

十三、蹄叶炎

蹄叶炎是牛蹄真皮弥散性、无败性炎症过程，其临床特征是蹄角质软化、疼痛和不同程度的跛行。一旦得病，奶牛就会站立不稳，行走困难，病蹄不能负重。随着病情发展，奶牛就会卧地不起，且采食量明显降低，产奶量也开始下降，甚至停产，给养殖业造成巨大的经济损失。

（一）病因

一般认为奶牛蹄叶炎的发生不是由于病原微生物的感染，而是营养代谢紊乱在蹄部的局部表现。发病机制还没有一致性结论，一般认为发病是由多种原因共同作用的结果。

1. 营养

（1）碳水化合物过量：大多数研究者认为高碳水化合物日粮是引起奶牛蹄叶炎的主要因素。据报道，奶牛过食精料（碳水化合物），引起瘤胃酸中毒，是引起亚临床型蹄叶炎的重要原因。

（2）蛋白质：饲喂高蛋白日粮也可增加奶牛蹄叶炎的发病率。发病机制可能是机体对蛋白饲料、蛋白质毒素及氮分解产物出现过敏反应引起蹄叶炎。蛋白质中的组氨酸是组织胺的重要来源，而具有生物活性的组织胺常常被认为是蹄叶炎主要致病因素之一。

（3）矿物质及微量元素的缺乏：饲料中矿物质缺乏，特别是钙、磷含量不足，比例不当，引发临床上骨质疏松，导致蹄叶炎发生。微量元素中硫和锌对保持牛蹄的健康非常重要，锌还可以帮助伤口的愈合，铜是构成关节、骨骼和角蛋白的一部分，而且当日粮中钼含量高时，铜的含量也需要增加，否则就会诱发蹄叶炎。

2. 管理

重视圈舍条件管理，特别是地面质量、卫生状况、有无垫草等。圈舍卫生条件差、粪便泥浆浸泡、异物刺激是奶牛蹄叶炎发病的重要诱因。软地面和垫草能使牛得到充分休息，减少跛行。本病主要见于饲养在水泥或其他硬地面的牛群，因为这类地面易使牛蹄发生挫伤。牛舍或运动场过度潮湿，奶牛长期站立于泥浆中，易造成蹄角质吸水过多，角质软化，蹄角质的抗张强度减弱，导致本病的发生。修蹄不及时或不合理也可引起本病。病牛长期站立在水泥地面或在铺有灰渣的运动场运动，运动场内有石子、砖瓦、玻璃片等异物，冬天运动场有冻土块和冰块，以及冻牛粪等都易造成本病发生。

3. 疾病

产后疾病（胎衣不下、子宫内膜炎）、瘤胃酸中毒、腐败饲料中毒、乳腺炎、酮病等引起奶牛体质下降，易继发蹄叶炎。如果不能很好地防治这些疾病，蹄叶炎的发生率会随之上升。

4. 遗传因素

一些牛蹄性状具有一定的遗传力，如蹄踵过高、趾骨畸形、蹄畸形和螺旋形趾是具有遗传性的。指（趾）部结构和体形，包括体重、体形、肢势，尤其是飞节的角度、（指）趾的大小与形态等特征也具有遗传性，所以奶牛蹄叶炎具有家族易感性。

（二）致病机制

蹄叶炎的病因存在着广泛的争议，其发病机制也没有定论，大多数研究者认为高碳水化合物日粮是引起奶牛蹄叶炎的主要因素，而奶牛过食精料（碳水化合物），是引起瘤胃酸中毒和亚临床型蹄叶炎的重要原因。

关于过食精料引起蹄叶炎的机制，目前的主要观点是过食高碳水化合物饲料后，瘤胃内过度发酵引起乳酸含量升高，当瘤胃内 pH 值下降至 4.5 以下时，由不同种类细菌使组氨酸脱羧，形成高浓度的组织胺，组织胺被机体吸收后作用于蹄真皮，引起淋巴停滞、显著充血和血管损伤。同时由于瘤胃内 pH 值降低，革兰氏阳性细菌大量繁殖，而革兰氏阴性细菌大量崩解，并释放一定的内毒素，作用于蹄底真皮毛细血管壁，继而发生弥漫性血管内凝血，微循环障碍，组织缺氧，引起奶牛蹄叶炎。

（三）临床症状

1. 急性型

突然发病，体温升高达 40~41℃，呼吸 40 次/min 以上，结膜充血、心动亢进，脉搏 100 次/ min 以上。食欲减退，出汗，肌肉震颤。蹄冠部肿胀，蹄壁温度增高，站立不稳，蹄壁叩诊有疼痛。两前肢发病时，前肢往前伸，蹄尖翘起，以蹄踵负重，头高抬，两后肢伸入腹下。两后肢发病时，头部低下，两前肢后踏，两后肢往前伸，躯体向前倾斜，行走时步态强拘，腹部紧缩。四肢同时发病时，四肢频频交替负重，为避免疼痛，肢势改变，拱背站立，喜欢在软地上行走，躲避硬地，喜卧，严重者不能起立。

2. 慢性型

大多由急性型转变而来，全身症状轻微，患蹄变形，见患指（趾）前缘弯曲，趾间弯曲。蹄轮向后下方延伸且彼此分离。蹄踵高而蹄冠部倾斜度变小。蹄壁伸长。系部和球节下沉，弓背，全身僵直，步态强拘，消瘦。X 线检查蹄骨变位、下沉，与蹄尖壁间隔加大，蹄壁角质面凹凸不平，蹄骨骨质疏松，骨端吸收消失。

3. 亚临床型

蹄叶炎的此病型是 1979 年提出并开始认识的，呈隐性状态，姿势和运动无改变，但削蹄时可见角质变软、褪色、苍白、蹄底出血、黄染，而蹄背侧不出现嵴和沟。目前有人提出亚临床型蹄叶炎症候群，包括白线损伤、蹄底溃疡等。

（四）诊断

急性病例可根据长期饲喂精饲料及典型病症如突发跛行、异常姿势、步态强拘等做出确诊，慢性病例往往出现系部和球节下沉、指（趾）静脉持久扩张、生角质物质的消失及蹄小叶广泛性纤维化，在 X 线透视下尤为明显。

（五）治疗

蹄叶炎在治疗时，应分清原发性和继发性。原发性多因饲喂精料过高所致，故应改变日粮结构，减少精料，增加优质干草喂量。如因乳腺炎、子宫炎、酮病等引起，应加强这些疾病的治疗。针对发病原因加强饲养管理能大大减少本病的发生。发病后可采取下列治疗措施。

（1）调整日粮结构，减少精料，增加优质干草或青绿多汁饲料。

（2）缓解疼痛，可用0.5%~1%普鲁卡因溶液（加青霉素、氢化可的松或地塞米松）进行指（趾）神经封闭，也可用30%安乃近和青霉素肌内注射。

（3）脱敏疗法。病初可使用抗组织胺、可的松类药物，如盐酸苯海拉明0.5~1g内服，每天1~2次；氢化可的松0.2~0.5g，溶于生理盐水中或5%葡萄糖注射液500mL内，静脉注射。

（4）缓解酸中毒，用5%的碳酸氢钠500~1 000mL、5%葡萄糖氯化钠注射液500~1 500mL，0.1%维生素C 10~20mL、10%葡萄糖酸钙500~1 000mL、安钠咖20mL，静脉注射；或用10%水杨酸钠溶液100mL和20%葡萄糖酸钙500mL，静脉注射。

（5）慢性病例。应饲养在温度适宜的畜舍，铺以垫草，预防褥疮，减少精料，多喂柔软优质干草和青绿多汁饲料。

（六）预防

奶牛蹄叶炎与营养性疾病，还有如育种、传染性疾病、幼畜养育、舍饲条件、放牧场管理及蹄部负重过度等其他方面的因素有很大关系，所以加强牛场管理及奶牛的饲养对于预防奶牛蹄叶炎是很重要的。

（1）加强饲养管理，保证日粮营养全面化、合理化：首先应加强饲养管理，避免突然变更饲料，饲料的变换要在10~14d内逐渐进行；配制符合奶牛营养需要的日粮，保证精粗比，以防止瘤胃酸中毒的发生，同时可以添加瘤胃缓冲剂，如小苏打、氧化镁等。注意矿物质及微量元素的合理添加。

（2）加强围产前后奶牛的饲养，制订围产期精料供应计划。

1）干奶期，应控制精料供给量，防止母牛过肥。日粮中精饲料每日给3~4kg，青贮料15kg，优质干草自由采食，不限量。

2）产后精料量应逐渐增加，产后两周内精料给量不能达到最高数量，3周后再给高水平精料，但也要保证粗纤维的供应。据国内外的试验和生产实践表明，日粮中干物质以15%~20%为宜，最低不能少于13%。

3）避免突然变更饲料，特别是在日粮中增加含蛋白质和含碳水化合物饲料时，要逐渐引进，使瘤胃内环境有一个适应阶段，减少消化道疾病的发生。

4）加强饲料保管，严禁饲喂发霉、变质饲料。

5）保持瘤胃内环境的相对稳定，运动场内设置食盐槽，令牛自由舔食食盐或碘化盐，促进唾液分泌，维持瘤胃 pH 值。

（3）定期修蹄。每年应坚持定期进行全群奶牛修蹄，保证身体的平衡和趾间的均匀负重，使蹄趾发挥正常的功能，可预防蹄叶炎的发生。在奶牛干奶期修蹄是很好的预防措施，在产犊后修蹄也可大大减少跛行的发生。蹄浴是预防蹄病的重要卫生措施，定期用4%硫酸铜溶液喷洒浴蹄。

（4）加强管理，为奶牛提供一个舒适的环境。舒适环境包括良好的地面卫生、通风和充足的单位面积。混凝土地面在奶牛场设计中已经不建议使用，它易使奶牛跗关节受损害而造成病变。目前推广的开放牛栏，配合使用橡胶地面铺垫，会使奶牛感到很舒适，同时可以很好地预防奶牛蹄底出血。良好通风是保持空气流通、新鲜所必需的条件，空气进入口道应足够宽大，敞开侧墙可形成较干燥气候条件，有利于蹄部保健。牛群饲养密度绝不能过大，这样应有利于奶牛采食、躺卧、自由活动，对于预防奶牛蹄叶炎也有很好的预防效果。

十四、乳腺炎

乳腺炎是指乳房受到物理、化学和生物的因素作用而引起的乳房乳腺组织或间质组织发生炎症过程。按照症状和乳汁的变化，可分为临床型与隐性型两种。临床型以乳房出现红肿热痛和乳汁变性为特征。奶牛乳腺炎是造成奶牛业经济损失最严重的疾病之一。该病不仅可使病牛奶产量和质量降低，有时还会导致病牛丧失生产性能，给养殖者造成巨大的经济损失。

（一）病因

乳腺炎通常是由于病原微生物侵入乳房所引起的。病原菌通过乳头管或创伤侵入乳房内，有时也可经血管或淋巴管而感染。

1. 自身因素

（1）年龄：随着年龄的增加，奶牛体质减弱，免疫功能下降，所以隐性乳腺炎的阳性率随年龄的增加而升高。

（2）胎次：随胎次的增加，乳腺炎的发病率会相对较高，这是由于长期的泌乳过程中，乳头管逐渐松弛导致感染机会逐渐增加，病原微生物侵入乳头管的程度增加。

（3）泌乳月：研究显示泌乳初期和停乳期乳腺炎的发生率较高。

（4）乳房结构：乳房的结构和形态对乳腺炎发生有很大的影响，如盆碗形乳房的发病率低于圆筒形乳房。

2. 营养因素

饲料中的营养成分，特别是蛋白质、矿物质和维生素与乳腺炎的发生有较大的联系；蛋白质的日粮有利于提高产奶量。但同时也增加了乳房的负荷，使

机体的抵抗力降低。饲料成分突然改变和日粮成分的不平衡或过量都会增加乳腺炎 的发病率。饲喂过量的氮或蛋白质是促发乳腺炎的因素之一。非蛋白氮对保护乳房的白细胞或淋巴细胞至关重要，应避免富含非蛋白氮的高湿青贮玉米或苜蓿日粮的突变。如果血液中的氨水平较高，饲料中应该配比足够的粗纤维，以使瘤胃微生物将血氨转化成菌体蛋白。此外，质量差的青贮料对奶牛的免疫系统有一定的副作用。高热处理的蛋白质和糖，可以杀死保护乳房的白细胞。发霉的干草和霉菌毒素也损伤白细胞，降低机体免疫力。

3. 环境因素

（1）季节：高温季节，奶牛食欲减退，机体抗病能力减弱，处于热应激状态，是导致隐性乳腺炎发生的重要因素之一。

（2）环境卫生状况：较差的环境是微生物生长繁殖的重要场所，也是隐性乳腺炎感染的重要途径。

（3）外界应激：人、牛、挤奶设备之间长期的配合形成了挤奶定势，即挤奶者在挤奶过程中的操作习惯和牛对挤奶过程的适应性，改变这种定势对牛来说就是一个应激源。

4. 挤奶机与发病

好的挤奶机本身不会直接引起乳腺炎，然而有许多管理方面的因素会使奶牛乳房易受病原体感染而引起乳腺炎的发生。挤奶机的性能差或者管理使用不当，都能引起乳房受损或增加细菌对奶牛感染的机会。挤奶机使用不当，能刺激伤害奶牛的乳房组织，提高乳腺炎发生率。挤奶机清洗消毒不严格会引起病原微生物的传播和蔓延。

（1）真空度不恒定：挤奶过程中应保持恒定的真空度，若真空度过高或过低及不规则波动，都会提高奶牛乳腺炎的发生率。过高的真空度会损害乳头皮肤和乳头括约肌，使乳头外翻的情况加重，导致奶牛乳房受到细菌侵袭，从而引发奶牛乳腺炎。真空度过低时，会使乳头偏斜，造成漏气，使空气进入奶杯、污染乳头，引发乳腺炎。当真空度不规则波动时，乳汁可能会倒流到奶牛乳头管中，将奶杯上的细菌带入乳头管内，使乳房产生炎症。另外，真空调节器是维持真空度稳定的重要保障，不完善的调节器不能使挤奶机的真空度保持恒定，若使空气进入挤奶杯、降低真空度，也易引发乳腺炎。

（2）过吸：乳房内的牛奶早已排空，而奶杯没有及时取下还在吸奶。由于乳房的四个乳区产量不均，容量差异造成一些过吸现象，如轻度过吸不会引起乳腺炎，但反复长时间过吸或高真空度下过吸往往会引起乳腺炎，因它会损伤乳头内组织及括约肌。如采用自动脱落装置能有效地防止对乳房的过吸。

（3）奶杯和奶杯内衬的选择：奶杯和奶杯内衬的选择与乳腺炎感染有一定关系，主要是与奶杯和奶杯内衬的长度有关。奶杯内衬要有足够的长度

（140mm 以上）和适宜的口径，否则会使每一次的脉动周期不能彻底打开和关闭，乳头得不到充分的按摩和休息以及排奶的不畅通。口径过大乳头容易受到污染，口径过小易造成乳房排奶不畅，因而造成乳腺炎发生。

（4）挤奶机的清洗：挤奶机的未及时清洗或清洗不彻底，消毒卫生不严格，特别是奶杯不清洗消毒都能造成乳腺炎的发病率增高。

5. 管理因素

（1）圈舍设计不合理：牛舍及牛床的结构不合理，如牛床太窄、太硬或潮湿等容易使乳头擦伤。

（2）圈舍环境卫生：圈舍阴暗潮湿、通风不良，卧床潮湿或垫草更换不及时，运动场不平整或排水不畅，积留粪尿等环境因素也可以增加乳腺炎发病率。

（3）操作不规范：如乳房卫生差、挤奶操作不规范、挤奶前后对奶头的消毒不到位、挤奶系统没按照操作要求及清洗程序清洗干净或消毒不彻底。

6. 疾病继发

当奶牛患有子宫内膜炎、阴道炎、胎衣不下、腹泻、口蹄疫等病时都可直接或间接地促进本病的发生。另外，中毒、高热、前胃弛缓等疾病均可诱发乳腺炎。同时奶牛患蹄病可使乳腺炎发病率升高。

7. 应激

妊娠、分娩、严寒、酷暑、惊吓、突然改变饲料、饲料发霉变质、更换饲养人员尤其是更换挤奶人员等应激因素都会在一定程度上影响奶牛的正常生理机能，致使隐性乳腺炎发病率增加。因此，要尽量避免这些因素对乳腺炎的诱发作用，使奶牛生产保持在最佳的环境中。

（二）致病机制

乳腺炎是发生最普遍、造成损失最大的世界性奶牛疾病。乳腺炎的发生是由许多因素诸如环境、管理等的交互作用而引起的。奶牛乳房发炎是因为泌乳组织受到创伤或感染微生物所引起的，其中以微生物侵入乳房所引起的乳腺炎占大部分。乳房发炎的主要目的一是消灭或抑制侵入的微生物；二是协助修补受伤的组织，使乳房恢复正常。病原微生物通过环境或挤奶过程等，经松弛的乳头沟进入乳房并大量繁殖，奶牛血液中的白细胞或体细胞（包括嗜中性、巨噬细胞、淋巴球等）迅速转移到乳房以吞噬及破坏病原菌。细菌与体细胞的交互作用决定了乳房感染是否成立，若体细胞占优势，则感染不成立；若微生物占有利位置，病原菌将继续大量繁殖，并产生毒素或其他刺激物，导致白细胞等主动由血液进入乳房与细菌斗争。由此引发乳房泌乳细胞肿胀与死亡，部分组织甚至长期结痂，奶产量减少，并且出现牛奶成絮状或结块，严重的会引起乳房水肿直至肿硬，甚至于出现清水、血奶。

（三）临床症状

根据临床表现可分为临床型和隐性乳腺炎。

1. 临床型乳腺炎

临床型乳腺炎又分为最急性、急性、慢性三种。

（1）最急性乳腺炎：突然发病，发展迅速，患病乳区明显增大，质地坚硬如石头，疼痛明显。病牛突然食欲减退或废绝，体温上升到 41℃以上。弓腰努背、起立困难，呼吸急促，脉搏加快，眼窝下陷、结膜发绀、肌肉震颤，反刍停止，产乳量迅速减少，乳汁呈黄水或血水样。有的病牛乳汁中出现沙粒样絮状物，以后乳汁呈血样或脓样，有强烈的腐败臭味。

（2）急性乳腺炎：乳房患部有不同程度的充血、肿胀、温热和疼痛，乳房上淋巴结肿大，乳汁排出不通畅或困难，奶量下降。乳汁稀薄，有淡黄色浆液样物质或腥臭，有凝块、絮状物或浓汁等。严重时伴有食欲减退、精神不振和体温升高等全身症状。

（3）慢性乳腺炎：发病缓和，乳腺患部组织弹性降低、硬结。泌乳量减少，乳汁稀薄，色呈灰白色，有的最初几把乳中含乳凝块或絮状物。

2. 隐性乳腺炎

乳房和乳汁无肉眼可见的变化，所以重在整体监测诊断。隐性乳腺炎的诊断方法大致可分为 4 类 ：乳汁病原微生物检查、乳汁细胞学检查、乳汁 pH 值检查和乳汁氯化物检查。

（四）诊断

根据乳腺炎临床症状明显程度不同，诊断方法也有所不同。临床型乳腺炎的诊断主要通过乳房及乳汁的临床检查可做出诊断。隐性乳腺炎无明显的临床症状，需通过实验室诊断，一般的诊断方法为测定乳汁中的体细胞数及微生物等。

（五）治疗

乳腺炎治疗总的原则是早发现、早治疗，杀灭已侵入乳房的病原菌，防止病原菌侵入，减轻或消除乳房的炎性症状，防止败血症的发生。

1. 临床型乳腺炎的治疗

（1）减少精料和蛋白质多汁饲料，增加挤奶次数，加强乳房按摩，利于病菌从乳池中排出，初期可用 25%硫酸镁溶液冷敷乳区，制止炎性渗出。

（2）患病乳区外敷鱼石脂，以促进乳房消肿。

（3）乳头注入抗菌药物，乳头注入药物是治疗乳腺炎常用的简单有效的方法。药物有抗生素，为保证药效，在进行乳房注入药物前，应注意：乳导管、乳头、术者的手均要严格消毒；乳房内的乳、残留物都要挤净，如有浓汁不易挤出，可先选用 2%~3%的苏打水，将其“水化”再挤；抗生素宜选用经药敏试验验证有效的药物，不能做药敏试验的牛场，要注意药物的疗效，效果不好及时更换药物；根据病牛病情严重程度，适当结合全身治疗；为防止败血症，改善机体全身状况，对于表现精神沉郁、食欲减退、发热等全身症状的病牛，应及时对症治疗。

2. 隐性乳腺炎治疗

对于患隐性乳腺炎的奶牛，可灌服或在其饲料中添加一些添加剂，提高奶牛机体免疫力，如一些中草药饲料添加剂等。

（六）预防

乳腺炎的发生不仅与病原菌的侵入和繁殖有关，而且与奶牛生存的环境、饲养管理方式、挤奶设备的使用与保养、挤奶操作程序等因素密切相关。要预防奶牛乳腺炎的发生主要应做好以下几个方面的工作。

1. 加强饲养管理，合理配制日粮

给奶牛配制的日粮营养要平衡，要根据饲养标准在日粮中提供充足的维生素，尤其是维生素 A、维生素 D、维生素 E，同时提供丰富的常量元素和微量元素。奶牛在犊牛期时要进行去角，这样可以避免牛群打斗时牛角划伤乳房，同时保持畜舍、活动场地的清洁卫生、干燥舒适，防止挤、压、碰、撞等对乳房的伤害。

2. 保持环境卫生

绝大多数奶牛患乳腺炎是由于乳区被细菌感染而引起的，因此，预防奶牛患乳腺炎的关键是要保持牛舍的环境卫生。要及时清理牛舍中的粪便，保持牛舍内干燥清洁。要经常刷拭牛体，尤其要注意保持奶牛的后躯及尾部的清洁。奶牛群的饲养密度要合理，并注意经常通风换气。

3. 加强挤奶管理

无论是手工挤奶还是用机器挤奶，在挤奶之前都要先将奶牛的乳房擦洗干净。在挤奶前对乳头进行药浴，对预防乳腺炎会起到良好的作用。利用机器挤奶时，注意定期对挤奶机的检修，应仔细清洗、消毒挤奶机的管道、奶杯及内衬，真空压力不能过高、过快地抽尽乳汁，尽量不要空吸，经常检查挤奶机橡胶部件是否破损，以便于及时更换，防止乳头受伤。还要注意每次挤奶前后要对挤奶设备进行清洗和消毒。

十五、皮肤真菌病

奶牛皮肤真菌病是由疣状毛癣菌引起的一种以脱毛、鳞屑为特征的慢性、局部表面性的皮肤炎症，俗称钱癣。临床上以皮肤呈现圆形脱毛、渗出液和痂皮等病理变化为特征，趋慢性经过的潜在性真菌性皮炎。本病传染快、蔓延广，尤其是犊牛、病态或营养不良的老龄牛，以及冬季密集舍饲的牛群，极易

引起全牛群感染发病。该病在世界各国都有流行，传染性很强，在舍饲奶牛场，极易造成多数牛感染，尤其值得注意的是与其密切接触的饲养员也常被感染。因此，应当引起养牛者的高度重视。

（一）病原

该病的主要病原是疣状毛癣菌。从病牛的结痂边缘拔出的毛在显微镜下可见分节孢子，在培养基上生长缓慢，菌落皱褶呈黄白色。疣状毛癣菌的孢子对干燥和日光有较强的抵抗力，在土壤、干草和木头上可持久存在并保持其致病力。

（二）流行病学

该病全年均可发生，但以秋末至春初、舍饲期发病较多。自然情况下牛最易感，其次为猪、马、骡、驴、绵羊、山羊及鸡，家兔、猫、犬、大鼠、豚鼠等也易感。疣状毛癣菌可依附于动植物体上，停留在环境或生存于土壤之中，在一定条件下感染人和动物。

传播途径主要有直接接触传染和间接接触传染两种。病牛活动过程中污染的圈舍墙壁、栏杆、饲槽、床位等可构成传染源。当因某些原因导致皮肤损伤后，更易遭受侵染发病。饲养管理不当、环境卫生不良、牛舍狭小、阴暗潮湿、饲养密度过大、营养不良、维生素 A 和维生素 D 不足或缺乏、皮肤创伤和疾病等使牛群机体体质变差、免疫力降低而诱发其感染健康牛群。冬末春初寒冷，奶牛群集，也会使本病的感染机会增加。

（三）致病机制

该病的致病机制是致病菌过量黏附、繁殖、侵入皮肤组织并引起皮肤的系列器质性病变。当动物体表温度、血液循环、皮肤酸碱度、湿度、光照、气体成分含量等局部皮肤微生态环境遭到破坏或改变时，病原菌通过附着、增殖、侵入动物机体而引起感染。皮肤真菌病的发生发展可引起局部皮肤性质与功能的变化，并可继发细菌感染。

当奶牛的身体肌肤有划伤的时候，直接就能够导致真菌感染的发生，这时真菌就会从皮肤划伤位置的表皮或毛囊内直接进入，导致感染。整个感染过程中，由于菌丝有穿透的作用，最终就会从形成根鞘破坏、表面的毛干裂开，形成红色的斑点。另外，随着病症的推迟延长，表面的皮肤会形成慢性的皮肤炎症，上皮细胞出现角化，角质层聚集的细胞就会在周围的皮肤上呈现乳头状突起。

（四）临床症状

该病的潜伏期为 1~4 周。病牛食欲减退，逐渐消瘦和出现营养不良性贫血等。易发部位主要是眼的周围、头部，其次为颈部、胸背部、臀部、乳房、会阴等处，重症病牛可全身发病。初期，皮肤丘疹限于较小范围，逐渐地呈同心圆状向外扩散或相互融合成不规则病灶。周边的炎症症状明显，呈豌豆大小结节状隆起，其上被毛向不同方向竖立并脱落变稀，皮损增厚、隆起，被覆物呈灰色或灰褐色，有时呈鲜红色到暗红色的鳞屑和石棉样痂皮。当痂皮剥脱后，病灶显出湿润、血样糜烂面，并有直径 1～5cm 不等的圆形到椭圆形秃毛斑（即钱癣）。发病初期或接近于痊愈阶段的病牛，以及皮损累及真皮组织的病牛，可出现剧烈瘙痒症状，与其他物体摩蹭后伴发出血、糜烂等。病情恶化并继发感染时，可导致皮肤增厚、苔藓样硬化，待病灶局部平坦，痂皮剥脱后，新的被毛长出即为康复。凡患病而获痊愈的病牛，多数不再感染发病。

（五）病理变化

皮、表皮有慢性炎症，如充血、肿胀和淋巴细胞性浸润等。角质层上皮细胞增生，角化不全，表皮乳头状突起。在角质层和毛囊细胞往往出现丝状菌丝成分。毛囊中可见到包围毛囊鞘的节孢子，毛囊鞘被破坏。表皮与真皮处形成小脓包。感染的毛囊周围积聚着淋巴细胞、巨噬细胞和少数嗜中性白细胞等。

（六）诊断

1. 直接镜检法

由病灶采取鳞屑、被毛和痂皮等病料，置于载玻片上，滴加 10%～20%氢氧化钾液数滴，静置 10～15min，或徐缓加热使其中角质溶解、软化、透明后镜检。病理组织检验的皮肤组织可用苏木素伊红染色或希夫氏过碘酸染色，同时再经过短暂的培养，则更易发现致病菌菌体成分——菌丝和节孢子等。疣状毛（发）癣菌感染被毛的病料，在镜检时可见到呈石垣状或镶嵌状排列的球形节孢子，并以毛内菌与毛外菌混合寄生。

2. 分离培养法

将采取的被毛、痂皮等病料，先用生理盐水或 0.01%次亚氯酸钠液冲洗，再用灭菌吸纸吸干后，接种在萨布罗氏葡萄糖琼脂培养基或马铃薯葡萄糖琼脂培养基上进行培养。由于疣状毛（发）癣菌需要硫胺素，可添加 1%酵母浸出液。同时为了抑制杂菌干扰，还可添加氯霉素（每毫升培养液按 0.125mg 比例添加）。培养温度为 37℃。为防止在培养过程中干燥，可在培养基平面用尼龙袋密封好。疣状毛（发）癣菌生长发育缓慢，培养时间为 2～3 周，菌落表面多形成脑回状皱襞，初期呈现天鹅绒状或蜡样光泽，成熟时呈粉状或棉絮状，灰白色至淡黄色。除在菌丝中形成无数的节孢子和厚垣孢子外，并出现大量的小分生孢子，呈梨形或卵圆形，偶见大分生孢子，形似鼠尾，具有 4~6 室。

（七）治疗

1. 局部疗法

先将病灶局部剪毛，清除鳞屑、痂皮等污物，然后涂擦 10%水杨酸酒精乳剂（水杨酸 10，石炭酸 1，甘油 25，酒精 100）、氯化锌软膏或 3%～5%噻苯

达唑软膏、1%~3%克霉唑水、复方见苯二酚擦剂、复方十一烯酸锌膏等制剂，每天1~2次，连用数日。若结合应用紫外线灯照射疗法，其疗效更佳。

2. 全身疗法

维生素AD注射液（每毫升含维生素A15 000IU、维生素D5 000IU），5~10mL，1次肌内注射，连用2d；也可投服灰黄霉素，按每千克体重5~10mg用药，每天2次，连用7日，疗效明显。

（八）预防

加强健康牛群管理，保持牛舍环境、用具和牛的躯体卫生，给予足够的日光照射时间；在饲养上要饲喂全价日粮，尤其要注意维生素、微量元素等添加剂的补充，以增强奶牛体质，提高免疫力。被病牛污染的环境、用具等都要严格消毒。常用的消毒药有2.5%~5%来苏儿液、5%硫化石灰液、1.5%硫酸铜液和甲醛溶液等。本病能感染人，故接触病牛的工作人员都应戴上手套，加强防护。工作完成后应用碘伏、肥皂水等彻底清洗。

十六、口蹄疫

口蹄疫是由口蹄疫病毒引起的偶蹄兽的一种急性高度接触性传染病，以口腔黏膜和鼻、蹄、乳头等皮肤形成水疱和烂斑为特征。该病传播途径广、速度快，曾多次在世界范围内暴发流行，造成巨大的经济损失。在我国是O型、A型和亚洲Ⅰ型。

（一）病原

口蹄疫病毒是引起口蹄疫的病原。口蹄疫病毒为小RNA病毒科口蹄疫病毒属的成员。口蹄疫病毒属于鼻病毒属，是目前所知病毒中最细微的一级，其最大颗粒直径为23nm，最小颗粒直径为7~8nm。口蹄疫病毒基因组为单股正链RNA，约有8 500个核苷酸组成。口蹄疫病毒主要有七种血清型，即O型、A型、C型，南非1、2、3型和亚洲Ⅰ型，各血清型之间几乎没有交叉免疫反应。每型又分若干亚型，目前亚型总数已达70个，各亚型间仅有部分交叉免疫性。该病毒对外环境抵抗力很强，来苏儿、酒精、氯仿等药物对其无杀灭作用，但酸和碱以及高温和紫外线对其都有很好的杀灭作用。

（二）流行病学

牛，尤其是犊牛对口蹄疫病毒最易感，骆驼、绵羊、山羊次之，猪也可感染发病。该病具有流行快、传播广、发病急、危害大等流行病学特点，疫区发病率可达50%~100%，犊牛死亡率较高，其他则较低。病畜和带毒畜是主要的传染源。

染疫动物是最危险的传染源，能长期带毒和排毒，被口蹄疫病毒感染过的动物可能会成为不表现临床症状、持续感染的带毒者。在病畜的水疱皮内和淋巴液中含毒量最高。在发热期间血液内含毒量最多，奶、尿、口涎、泪和粪便中都含有口蹄疫病毒。病畜破溃的水疱皮排毒量最多，其次为粪、奶、尿和呼出的气体。染疫公畜精液也能使受精的母畜感染发病，饲养染疫动物的圈舍、草场、饮水源，以及屠宰染疫动物的场所、工具和排放的污水等均是传染源。

口蹄疫病有两种流行方式。一为扩散式，即由一点或一块，逐渐向四周扩散蔓延；二为跳跃式，即由一点跳到很远的地方出现新的疫点。传播因素移动快，病毒毒力强，气温低时会出现这种远距离跳跃式传播。该病毒具有多型性、易变性、宿主广泛性，传染力极强，所以一旦发生，常呈流行性，甚至大流行性。主要的传染途径是消化道和呼吸道、损伤的皮肤、黏膜（眼结膜）及完整皮肤（如乳房皮肤）。各种病畜的分泌物、排泄物、污染物及来往的人员和非易感动物都是重要的传播媒介。病毒还能随空气传播，并能随风跳跃式地传播到50~60km以外的地方，因此空气是十分重要的传播媒介，常成为该病快速、大面积流行的最主要原因。

口蹄疫的发生没有严格的季节性，但往往表现为冬、春季节发病率偏高，夏季较少。牛的粪尿、乳汁、精液、口涎、眼泪和呼出气中均含有病毒。病毒大量存在于水疱皮和水疱液中，个别病牛痊愈后5个月仍可从唾液中检出病毒。病毒通过直接接触或间接接触进入易感牛的消化道、呼吸道或损伤的皮肤黏膜而感染发病。主要的传播媒介是污染的空气、草料、饮水，以及饲养和运输工具，鸟和风可从远方传播。

（三）致病机制

口蹄疫病毒先在侵入部位上皮细胞生长繁殖，形成浆液渗出性原发水疱。13d后病毒进入血循环系统，引起病毒血症及体温升高等全身症状，并随血液到口黏膜、乳头上皮细胞和蹄皮肤等上皮细胞繁殖，形成继发水疱。水疱发展融合破裂，体温降至正常，病情趋于缓和并好转。有的病例，特别是犊牛，心肌受害，常因急性心肌炎而死亡。当消化道受害时，可产生急性肠炎和急性出血性肠炎。

（四）临床症状

该病的潜伏期为2~4d，最短1d，最长2~4d，特点为迅速发病波及全群。患病牛病初精神抑郁，体温升高到40~41℃，食欲减退，大量流涎，呈牵缕状，采食和咀嚼困难；在口腔上下齿龈、舌面、硬腭、齿垫、鼻镜等处形成水疱，随后水疱融合增大或连成片；水疱破裂后，裸露出鲜红色烂斑，流出大量泡沫性口水，挂在口角或上下唇，甚至拉成丝状掉落到地面；有的病牛舌肿大，伸出口外，舌表皮脱落，致使舌呈鲜红色；张嘴有吸吮声，疼痛，不敢吃草。

蹄趾间沟、蹄冠皮肤出现水疱，水疱破裂后形成烂斑，有的引起化脓，蹄

壳脱落，跛行，严重者卧地不起。

乳房被侵害时，乳头上发生水疱，水疱破溃，留下溃烂面，挤乳时疼痛不安，可继发乳腺炎等。

（五）病理变化

患牛除了口腔和蹄部病变以外，咽喉、气管、支气管、食道和瘤胃黏膜出现水疱和烂斑胃肠内有血性炎症，肺部有浆液性浸润现象，心包内有浑浊黏稠的液体，有心肌炎病变的心肌断面有灰白色或淡黄色的斑点或虎斑状条纹，因此又称作虎斑心。

（六）诊断

根据口蹄疫在病畜的口、蹄部位病变特征典型且容易辨认，再结合流行特点和临床症状可以做出初步诊断，确诊需经实验室诊断。实验室诊断可通过取水疱液做病毒的分离、鉴定及血清抗体检测。

（七）预防

目前尚无有效疫苗预防本病，一旦发病，应及时做好病畜隔离，对病牛采取对症治疗。

1. 严格执行消毒防疫工作

加强饲养管理，增加奶牛机体免疫力，加强环境卫生、消毒工作的管理。

2. 接种疫苗

目前，疫苗种类很多，如兔化弱毒疫苗、鼠化弱毒疫苗、灭活疫苗等，根据当地的流行状况及本场的实际情况，购买合适的疫苗，制定合理的免疫程序。

及时发现病牛，首先迅速诊断，上报疫情，并及时封锁疫区。对疫区的病牛进行扑杀，病死牛尸体要进行无害化处理（深埋、焚烧或化制），对污染的环境及使用的用具进行严格的消毒。

十七、牛流行热

牛流行热又名三日热或暂时热，是由牛流行热病毒引起的一种急性热性传染病。该病的主要症状为突然高热、流泪、泡沫样鼻漏、呼吸迫促和消化器官的严重卡他炎症和运动障碍等。该病病势迅猛，但多为良性，容易引起牛大群发病，奶牛的产奶量明显下降。

（一）病原

本病病原为牛流行热病毒，属弹状病毒科，成熟病毒粒子呈子弹头形或锥形，长140~176nm，宽70~88nm。牛流行热病毒有四个血清型，即牛流行热病毒标准株、贝尔里玛病毒、琴伯尔里病毒和阿得拉衣得病毒。

本病毒耐寒不耐热，能抵抗反复冻融，对紫外线照射、乙醚、氯仿和胰蛋白酶等均敏感。在 pH 值 2.5 的条件下经 10min 或 pH 值 5.1 的条件下 6min 均能灭活。该病对外界的抵抗力不强，对脂溶剂、紫外线及酸碱敏感，一般常用消毒药物均可杀灭该病毒。

（二）流行病学

本病传播途径主要是通过某些节肢动物或者吸血昆虫叮咬散播，呈局部流行或大流行。奶牛、黄牛均可感染发病，传染媒介为吸血昆虫，发病牛的年龄、性别没有严格区分，以 1~8 岁牛多发，尤以 3~5 岁的牛发病率高，而老龄牛和犊牛较少发病。奶牛发病重，特别是怀孕后期的奶牛更重。流行初期发病少，约经 1 周后迅速发病，向四周蔓延。此病多发于雨量多和气候炎热的时候，高潮过后，则转为零星散发，待天气清爽时停止流行。该病传播不受山川河流等自然屏障的影响，可呈现跳跃式蔓延。

（三）临床症状

牛流行热的潜伏期为 3~7 d，主要临床症状为突发高热、流泪、有泡沫样流涎、呼吸迫促、后躯僵硬、跛行，一般呈良性经过，发病率高，死亡率低，死亡率一般不超过 1%。有些牛因跛行、瘫痪而被淘汰。按临诊表现可分为呼吸型、瘫痪型、消化型和神经型。

1. 呼吸型

病牛体温升高，呼吸急促。随病情加重，病牛腹部扇动，鼻孔开张，举头伸颈，张口呼吸，眼球突出，目光直视，后期上、下眼睑肿胀，烦躁不安，站立不安，喜站不卧，张口吐舌，从口内流出大量泡沫状液体，舌呈紫色，头、颈肿大，有的全身肿胀，按压有捻发音。输液治疗容易加重病情。

2. 瘫痪型

多数体温不高，病牛以运动障碍为主，步态强拘，蹒跚，易摔倒，由于四肢关节疼痛，并可见轻度肿胀，以至发生跛行。有的病牛卧地不起，易引起并发症，重症者，四肢直伸，平躺于地。

3. 消化型

病牛体温正常或升高到 40~41℃，以胃肠炎为主要症状。病牛食欲减退甚至废绝。鼻和口角有清亮口水流出，呈拉线样，粪便干硬，呈黄褐色，有时混有黏液，胃肠蠕动减弱，反刍停止；腹泻并排出血汤样粪便，腹痛等。

4. 神经型

病牛兴奋者全身紧张、敏感、狂暴，个别全身失去平衡，痉挛抽搐，角弓反张。

（四）病理变化

病牛死亡后尸体头部、颈部或全身皮下气肿，血管怒张，血液暗紫色，胸部、颈部和臂部肌间有出血斑；胃肠道全部呈暗红色，黏膜脱落；肝大，质

脆、土黄色，表面有暗紫色斑；胆囊肿大，血管怒张，内有大量胆汁，皮质软，被膜上弥漫暗红色点，切面状如枣泥；可见咽、喉黏膜呈点状或弥漫性出血。急性死亡的自然病例，可见有明显的肺间质气肿，还有一些牛可有肺充血与肺气肿。发生气肿的肺高度膨隆，间质增宽，内有气泡，压迫肺时呈捻发音，多在肺尖叶、心叶及膈叶前缘。肺水肿患牛的胸腔积有大量暗红色液体，两侧肺肿胀，间质增宽，内有胶冻样浸润，肺切面流出大量暗紫红色液体。气管内积有多量泡沫状黏液。心肌色淡、柔软。全身淋巴结肿胀、充血或出血。肩、肘以及跗关节肿大，关节液增多。真胃、小肠和盲肠呈卡他性炎症和渗出性出血。

（五）诊断

该病的特点是大群发生，传播快速，有明显的季节性，多发生于夏末秋初，发病率高、病死率低，结合病畜临诊上表现的特点，可以初步诊断。但确诊该病需进行实验室检验，如用中和试验、琼脂扩散试验、免疫荧光抗体技术、补体结合试验及 ELISA 试验等，都能取得良好的诊断结果。

（六）预防

目前尚无有效疫苗预防本病，一旦发病，应及时做好病畜隔离，对病牛采取对症治疗。

1. 加强饲养管理

加强饲养管理，增加奶牛机体免疫力，加强环境卫生，消毒工作的管理，夏秋季节定期喷洒驱灭蚊蝇的药物，尤其是针对吸血昆虫的高效无毒杀虫剂、避虫剂等，以切断传播途径。

2. 接种疫苗

接种牛流行热疫苗，根据当地的流行状况及本场的实际情况，制定合理的免疫程序，也可以于第 1 次接种后 3 周再接种第 2 次，免疫期为 6 个月。可根据牛流行热发病规律进行计划免疫，以减少易感牛。

3. 加强牛群观察

由于奶牛个体差异，临床表现不一，应对牛群多观察多留意，发现异常及时处理，做到早发现、早治疗；早期发现可有效控制病情发展。有条件的注射抗牛流行热高免血清，用以保护受威胁牛群或发病牛群中的孕牛、高产奶牛及贵重牛只，可明显降低发病率或减轻症状。

十八、牛海绵状脑病

牛海绵状脑病俗称疯牛病，它是一种具有传染性的中枢神经系统退化性疾病。病牛呈运动失调、感觉过敏和惊恐等症状。该病潜伏期长，死亡率高，死后剖检表现为脑内灰质呈海绵状、神经元大量丧失及发生淀粉样变性。1985

年4月，英国南部阿什福镇首次发现疯牛病，并于1986年11月正式定名。近年来，英国和其他一些国家也暴发了病牛病，给当地经济带来巨大损失。由于此病迄今尚无法治疗，并且和人的一种病死率极高的中枢神经退化病——新型克雅病有一定关系，因此，疯牛病在全球引起了普遍的关注。

（一）病原

牛海绵状脑病的病原朊病毒是一种特殊传染因子，称之为prionvirus，即“富含蛋白质的传染性颗粒”，译为朊病毒，也有人译为朊粒或朊蛋白。朊病毒属于一种亚病毒因子，它既不同于一般病毒，也不同于类病毒，即不含任何种类的核酸，是一种特殊的具有致病能力的糖蛋白。

朊病毒对热、辐射、酸碱和常规消毒剂有很强的抗性，患病动物脑组织匀浆经134~138℃1h，对实验动物仍有感染力。朊病毒蛋白（PrP）有两种，一种是致病的PrPsc，一种是不致病的PrPc。常温条件下患病动物PrPsc占10%。20%福尔马林中朊病毒可存活28个月，还能耐受pH值2.7~10.5范围的5mol/L氢氧化钠、90%苯酚及5%次氯酸钠2h以上。朊病毒对强氧化剂较敏感，在氢氧化钠溶液中2h以上，134~138℃高温30min，可使其失活，焚烧是最可靠的杀灭办法。

（二）流行病学

1985年，该病首次发现于苏格兰，以后爱尔兰、美国、加拿大、瑞士、葡萄牙、法国和德国等也有发生。英国疯牛病的流行最为严重。初步认为是牛吃食了被绵羊痒病或牛海绵状脑病污染的肉骨粉（高蛋白补充饲料）而发病的。由于生产肉骨粉工艺的简化，加热温度偏低未能使病原因子完全灭活，从而使肉骨粉成为疯牛病的传染源。无论是自然感染还是实验室感染，其宿主范围均较广。疯牛病可传染猫和多种野生动物，也可传染给人。患痒病的羊、患疯牛病的种牛及带毒牛是该病的传染源。动物主要是由于摄入混有痒病病羊或疯牛病病牛尸体加工成的肉骨粉而经消化道感染的。疯牛病的发生一般与性别、品种及遗传因素无关，但从病例上显示奶牛的发病数高，且以荷斯坦奶牛发病最多。该病的平均潜伏期约为5年。发病牛龄为3~11岁，但多集中于4~6岁青壮年牛，2岁以下和10岁以上的牛很少发生。犊牛感染疯牛病的危险性是成牛的3倍。大多数肉用牛被屠宰食用时（通常为2~3岁）即正处于该病的潜伏期，处于该病潜伏期的病牛进入食物链，可造成严重的公共卫生问题。

（三）临诊症状

该病潜伏期长，一般为2~8年。该病的临诊症状不尽相同，多数病例表现出中枢神经系统的临诊症状。病牛初期表现食欲、体温正常，但体质差，体重减轻，产奶量下降，常离群独居，不愿走动。随着中枢神经系统渐进性退行性病变加剧，神经症状逐渐明显，常见病牛烦躁不安，行为反常，对声音和触

摸过分敏感。病牛常由于恐惧狂躁而表现出攻击性，共济失调，步态不稳，常乱踢乱蹬以致摔倒，磨牙，低头伸颈呈痴呆状，故称疯牛病。少数病牛可见头部和肩部肌肉颤抖和抽搐。后期出现强直性痉挛，泌乳减少，耳对称性活动困难，常一只伸向前，另一只伸向后或保持正常。病牛食欲正常，粪便坚硬，体温偏高，呼吸频率增加，最后常因极度消瘦而死亡。

（四）病理变化

肉眼变化不明显。组织学检查主要的病理变化是中枢神经系统灰质的空泡化为特征性病变。具有重要意义的病理变化为神经树突、轴突结合部出现空泡。脑干灰质两侧呈对称性病变，中枢神经系统的脑灰质部分出现大量的海绵状空泡。神经纤维网出现不连续的中等数量的球形和卵形空洞，细胞质减少，神经细胞肿胀呈气球状。此外，还出现明显的神经细胞变性及坏死状况。

（五）诊断

根据该病的临诊症状和流行病学特点可以做出初步诊断。由于该病既无炎症反应，又不产生免疫应答，所以迄今尚难以进行血清学诊断。目前的定性诊断以大脑组织病理学检查为主，脑干神经元及神经纤维网空泡化具有证病性意义。

（六）预防

对于该病，目前尚无有效的治疗方法，也无疫苗。为了控制该病，主要采取以下综合防控措施。

（1）尽早扑杀病牛，对疑似感染牛应进行脑组织病理学检查，尽快确诊，一旦确诊，立即扑杀。

（2）禁止在饲料中添加反刍动物蛋白、骨粉等。

（3）加强检疫，严防本病传入，禁止从发病国家和地区引进活牛、牛精液、牛胚胎、牛脂肪、牛肉、牛的内脏及有关制品，也不得从有该发病国家和地区购入含反刍动物蛋白的饲料。

十九、牛传染性鼻气管炎

牛传染性鼻气管炎又称坏死性鼻炎、“红鼻子病”，是由牛传染性鼻气管炎病毒（IBRV）引起牛的一种急性、热性、接触性传染病，以鼻气管炎、结膜炎、脑膜炎、传染性脓疱性外阴-阴道炎和流产为主要特征。

（一）病原

牛传染性鼻气管炎病毒属疱疹病毒，粒子呈圆球形，带囊膜。成熟的病毒直径 146~156nm。该病毒比较耐碱而不耐酸，比较抗冻而不耐热，在 pH 值 6 以下很快失去活性，而在 pH 值 6.9~9 的环境下很稳定。在 4℃可存活 30~40d，在-70℃保存可存活数年。病毒对乙醚、氯仿、丙酮、甲醇及常用消毒药都敏感，在 24h 内可完全被杀死。

（二）流行病学

病牛和带毒牛为本病的主要传染源。被感染牛的鼻液、眼泪、阴道分泌物、精液中长期带毒，流产胎儿、胎衣中也都含有大量病毒。传播途径主要是呼吸道和生殖系统。易感牛吸入被污染的空气、尘埃、飞沫，以及与病牛交配后，即可感染。吸血昆虫也能传播本病。

本病以肉牛易感，奶牛次之，尤以 20~60d 龄犊牛，临床型可能单独出现或混合存在。呼吸道型较其他型多见。秋、冬季发病率高于春、夏季，多为散发。当饲养管理不当，牛舍密集拥挤，通风不畅，卫生条件差，罹患其他疾病或使用大量皮质类固醇药物，甚至在牛群隐性感染后使用疫苗等，均可成为本病发生的诱因。

（三）临床症状

临床上分为呼吸道型、生殖道型、结膜炎型、脑炎型 4 种。其中呼吸道型为最主要的常见的一种。

1. 呼吸道型

呼吸道型自然发病的潜伏期为 4~6d。人工接种（气管内或鼻腔内）可缩短到 18~72h，通常冬季发病较多。该病初发时高热 39.5~42℃，病牛极度沉郁，拒食，有多量黏液脓性鼻漏，鼻黏膜高度充血，出现溃疡，有结膜炎及流泪，鼻窦及鼻镜极度充血、潮红，所以称“红鼻子”。呼吸道常因炎性渗出物阻塞而发生呼吸困难，呈张口呼吸，呼吸频率快而浅表，常伴发疼痛性咳嗽。因鼻黏膜的坏死，呼吸中常有臭味。呼吸道黏膜高度发炎，呼吸频率加快，常伴有深部支气管性咳嗽。

病程中期出现第四胃黏膜发炎及溃疡，大、小肠有卡他性肠炎，有时腹泻可见血染，急性病例可侵害整个呼吸道。重症病例，病牛数小时死亡，大多数病程 10d 以上。有些病例出现腹泻，粪中伴有血液。奶牛病初期产奶量明显下降，最后可完全停止，但大多数经 5~7d 后可逐渐恢复泌乳量。犊牛病死率较高。

2. 生殖道型

生殖道型主要发生于青年母牛，又称为传染性脓疱外阴-阴道炎。潜伏期 1~3d，可发生于母牛及公牛。病初病牛轻度发热，之后精神沉郁，废食；频频排尿，有疼痛感，严重时，尾巴常向上竖起，摆动不安。产奶量明显下降。阴门水肿，阴门下联合处流出大量黏液，呈线条状，污染附近皮肤。阴道发炎、充血，其底面上有多量黏稠无臭的分泌物。阴门黏膜上出现许多小的白色结节，以后形成脓疱，脓疱越来越多，融合在一起，形成一个广泛灰白色坏死膜。当擦去坏死膜或坏死膜脱落后留下一个红色的创面。随病程的延长，在阴

道前庭和整个阴道壁均可发生此现象。

公牛感染时，潜伏期 2～3d。体温升高，精神沉郁，拒食。生殖道充血，重症发热，包皮、阴茎上出现脓疱。随即包皮肿胀、水肿，疼痛，排尿困难。

3. 结膜炎型

本病毒对黏膜有亲嗜性，常可引起角膜炎和结膜炎，但一般不形成溃疡。临床上多数该型患病牛缺乏明显的全身反应，主要表现为结膜充血、水肿，表面形成灰色的颗粒状坏死膜。角膜轻度浑浊，眼和鼻流浆液性或脓性的分泌物。该病型有时会和呼吸道感染型同时出现，很少引起死亡。

4. 脑炎型

脑炎型多发于犊牛，出生后不久至 6 月龄的犊牛都有发生。表现脑炎症状。体温升高至 40℃以上，出现神经症状。病犊吼叫，乱跑乱撞，转圈，共济失调，阵发性痉挛，倒地抽搐，每天发生数次；口腔溃疡，流涎，流鼻涕，食欲废绝，排出黑色恶臭粪便，有时带血，最终倒地，呈角弓反张，磨牙，四肢划动。病程短促，多归于死亡，病死率可达 50%以上。

（四）病理变化

1. 呼吸道型

呼吸道型主要病变为鼻道、喉头和气管炎性水肿，黏膜表面黏附灰色假膜。在极少数病例，肺小叶间水肿，一般不发生肺炎。消化道表现颊黏膜、唇、齿龈和硬腭溃疡，在食道、前胃、真胃也可见同样的病变，肠表现卡他性炎症。组织学检查，黏膜面可见嗜中性粒细胞浸润，黏膜下层有淋巴细胞、巨噬细胞及浆细胞的浸润，上皮细胞空泡变性，派伊尔结坏死，肝可见坏死灶、核内包涵体。

2. 生殖道型

生殖道型主要表现为外阴和阴道黏膜充血肿胀，散在灰黄色粟粒大的脓疱，严重时黏膜表面被覆灰色假膜，并形成溃疡。一些病例可发生子宫内膜炎。发病公牛龟头、包皮内层和阴茎充血，形成的小脓包成溃疡。同时，多数病牛精囊腺变性、坏死。

结膜角膜型轻者结膜充血，眼睑水肿，结膜表面出现灰色假膜，呈颗粒状外观，角膜轻度云雾状，严重者发生角膜炎和角膜溃疡。

3. 结膜炎型

结膜炎型除脑膜轻度充血外，表面病变并不明显。组织学检查，中枢神经系统见有非化脓性的脑膜脑炎，由淋巴样细胞和浆细胞构成血管周围套，并有弥漫性的小神经胶质细胞增生，后者在白质更为常见。神经细胞广泛性坏死，大脑半球和中脑内的血管和神经周围的空隙可明显增宽。脑部各处均受损害，切片经布安氏固定液固定和苏木紫伊红染色，可见脑细胞内的包涵体。生殖器感染，组织学变化以坏死为该病型特征，坏死区集聚大量中性白细胞，周围有淋巴细胞浸润，并能检出核内包涵体。

（五）诊断

可根据病史、流行病学及临诊症状做出初步诊断，但确诊本病要进一步做病毒分离，通常用灭菌棉棒采取病牛的鼻液、泪液、阴道黏液、包皮内液或者精液进行病毒分离和鉴定，也可进行酶联免疫吸附试验，直接检测病料中的病毒抗原。

（六）预防

目前，此病尚无特殊药物和疗法，临床上只能以预防为主。发生本病，只能是对症治疗，并加强护理，提高机体自身免疫功能。

1. 加强饲养管理

维护牛机体健康，日粮保持平衡，满足营养需要，加强饲草料的保管，防止饲草料发霉变质，保证饲料、饮水清洁卫生，严禁饲喂有毒饲草料。

2. 接种疫苗

定期对牛只进行免疫接种。目前常用来防止此病的疫苗有灭活苗、弱毒苗、亚单位疫苗和基因缺失（标记）疫苗。

3. 加强兽医防疫工作

加强全场的消毒卫生工作，定期消毒，预防疫病的传播；定期对牛群进行疫病检疫，发现阳性，及时地隔离或扑杀。

4. 坚持自繁自养的原则

不从疫区或不将病牛或带毒牛引进牛场。凡需引进的牛，一定要在隔离条件下进行血清学检验，阴性反应牛才能引进。

二十、结核病

牛结核病是由牛结核分枝杆菌引起的一种慢性进行性传染病，该病以组织器官的结核结节性肉芽肿和干酪样、钙化的坏死病灶为特征，导致病牛渐进性消瘦、咳嗽、生产能力下降、衰竭直至死亡。该病属于人畜共患病，由于交叉感染而使人类的健康受到威胁。牛结核病表现为病程长，症状逐步加重，生产性能不断下降。奶牛结核病最常见的有肺结核，其次为淋巴结核、乳房结核、肠结核。该病因易传染而被世界动物卫生组织（OIE）列为B类动物疫病，我国将其列为二类动物疫病，尤其是奶牛结核病的流行，严重影响奶牛养殖业的发展。

（一）病原

牛结核病主要是由牛分枝杆菌引起的，该菌为分枝杆菌属成员，其中主要有3种致病分枝杆菌，即人型、牛型和禽型。这三种细菌是同一种微生物的变

种，是由于长期分别生存于不同机体而适应的结果，是人、牛、鸡结核病的主要病原。在形态上这三型杆菌的区别很小，人型分枝杆菌细长而稍弯曲，牛型分枝杆菌略短而稍粗，禽型分枝杆菌短粗而略具多形性。

牛分枝杆菌呈多形性杆菌，大小为1.5~4μm，宽0.2~0.6μm，呈棒状或分枝状，不产生芽孢和荚膜，也不能运动。用一般染色法较难着色，常用萋-尼氏抗酸染色法染色，革兰氏染色呈阳性。该菌为专性需氧菌，对营养要求严格，生长最适pH值范围为5.9~6.9，在培养基上生长缓慢。在固体培养基上3周左右才开始生长，初次分离培养的菌落细小、稍干燥、呈鳞屑状。

分枝杆菌对外界环境的抵抗力较强，对于干燥、腐败作用和一般消毒药物的耐受性都很强。在干燥的分泌物内可生存6~8个月，在污水中可保持活力11~15个月，直射阳光下照射约2h可被全部杀死。对湿热的抵抗力差，60℃经30min即可失去活力，100℃立刻死亡。5%石炭酸或来苏儿溶液需24h才能将其杀死。4%福尔马林12h将其杀死，常用消毒药（如3%~5%甲醛液、70%酒精、10%漂白粉溶液等）均可杀灭本菌。本菌对磺胺类药物、青霉素和广谱抗生素都不敏感，但对链霉素、异烟肼、氨基水杨酸和环丙氨酸等敏感。

（二）流行病学

本病无季节流行性，一年四季均可发生，舍饲牛发病较多。畜舍拥挤、阴暗、潮湿、污秽不洁，过度使役和挤乳，饲养不良等，均可促进本病的发生和传播。传播途径主要是呼吸道和消化道感染。结核菌可随呼出的气体、痰、粪便、尿、分泌物或奶排出体外，当易感染牛与病牛接触时，或食入被污染的饲料、饮水等后可引起感染。饲养管理不良，如圈舍阴暗、通风不良，牛群拥挤、密度过大，饲料营养缺乏和环境卫生差等，都可加快本病的传播。

（三）发病机制

结核杆菌侵入机体后，与吞噬细胞遭遇，易被吞噬或被带入局部的淋巴管和组织，并在侵入的组织或淋巴结处发生原发性病灶，细菌被滞留并住该处形成结核。如果机体抵抗力强，此局部的原发性病灶局限化，长期甚至终生不扩散。如果机体的抵抗力很弱，疾病就会进一步发展，细菌可以通过淋巴管向其他一些淋巴结扩散，并且还可能进一步形成继发性病灶。如果接下来疾病继续发展的话，病原菌从淋巴、血液循环和天然管道三条途径散布全身，引起其他组织器官或者脏器的结核病的发生，或者引发全身性结核的发生。

结核病可分为初次感染和二次感染。二次感染多发生于成年牛，可能是外源性的（再感染），也可能是内源性的（复发）。二次感染的特点是病变只局限于某个器官，主要是通过管腔散布的。

（四）临床症状

牛结核病的潜伏期长短不一，自然感染的病例潜伏期为16~45d，有的病例甚至可在几个月以上或数年。通常趋慢性经过，病初症状不明显，当病程逐渐延长，加之饲养管理粗放，营养不良，则症状逐渐显露。由于病因不同，症状亦不一致。奶牛结核病常表现为肺结核、乳房结核、肠结核和淋巴结核。此外，还有睾丸结核、子宫结核、浆膜结核和脑结核。

1. 肺结核

肺结核以长期顽固干咳为主要症状，且以清晨最为明显。病初食欲、反刍无明显变化，偶尔有短促干咳，在早晨、运动及饮水后特别明显。随着病情的发展咳嗽逐渐加重、频繁，呼吸困难，并转为湿咳，咳嗽声音较弱，且咳嗽时表现痛苦，呼吸频率增加，严重时发生气短。鼻液呈黏性、脓性、灰黄色，呼出气有腐臭味。胸部听诊常有啰音和摩擦音，叩诊有半浊音或清浊音。病畜逐渐消瘦、贫血、精神不振，食欲减退，肩前、股前、腹股沟、颌下淋巴结肿大。病情恶化时可见病牛体温升高（达40℃以上），显弛张热或稽留热，呼吸困难，最后可因心力衰竭而死亡。

2. 乳房结核

一般先是乳房上淋巴结肿大，继而乳区患病，以发生局限性或弥漫性硬结为特点，无热无痛，表面凹凸不平。乳量减少，乳汁变稀，严重时乳腺萎缩，泌乳停止。

3. 肠结核

病牛呈现前胃弛缓或瘤胃臌气，食欲下降，迅速消瘦，全身乏力，顽固性腹泻，粪便呈稀粥状，粪便带黏液或带脓汁，味腥臭，在胃肠道黏膜可见大小不等的结核结节或溃疡。直肠检查时，腹膜粗糙，不光滑，肠系膜淋巴结肿大。

4. 淋巴结核

一般可见于结核病的各个时期，淋巴结肿大突出于体表，无热无痛，常见肩前、股前、腹股沟、颌下淋巴结等部位。

（五）病理变化

结核病可发生在任何器官和淋巴结，牛的胸膜、支气管和纵隔淋巴结最为常见，消化器官的淋巴结、腹膜和肝脏也常患病。器官或组织形成结核结节是结核病的特征性病变。单个的结核结节大小如针头至粟粒大，呈半透明灰白色圆形，随着病程发展，其中心区多陷于坏死，因而变成浑浊的微黄色干燥物，最后发生钙化。结核结节也可能继续增长变大，或几个相互融合而形成外形和大小不一的结核病变。这种增生型的结核多呈局限性经过，但有时也表现为灰红色、多汁、半透明软而韧的绒毛状肉芽组织的弥漫增生，其间散布着微黄色小结节，部分为坚而硬的圆形构造，犹如葡萄状肉疣。随后在部分结节或肉疣的组织中也形成干酪样或灰浆状物质，此种现象多见于浆膜，俗称“珍珠病”。

（六）诊断

本病依据流行病学、临床症状及病例变化可做出初步诊断。确诊需进一步做病原鉴定或免疫学诊断。

牛结核菌素皮内试验是目前奶牛场所采用的主要诊断方法，已成为常规检疫制度，每年春秋各检疫一次。该试验分老的牛型菌素试验和提纯牛型菌素试验两种。

1. 结核菌素试验

（1）注射部位：成年牛在左侧颈中部上 1/3 处；3 月龄以内犊牛在肩胛前部剪毛，面积约 5cm×5cm，在剪毛部中央，拇指与食指轻轻捏起皮肤，用卡尺量其皮肤皱褶厚度并记录。

（2）注射剂量：在剪毛处中央用酒精消毒，皮内注射结核菌素原液，3 月龄内犊牛 0. 1mL，3~12 月龄牛 0. 15mL，成年牛 0. 2mL。

（3）观察反应：于注射后 72h 及 120h 两次观察反应。检查注射局部温度、疼痛反应及肿胀性质；用卡尺测量注射部皮肤皱褶厚度及肿胀面积，并做好记录；在 72h 观察的同时，须在第 1 次注射的同一部位，以同一剂量进行第 2 次注射；第 2 次注射后 48h（即第 1 次注射后 120h）再观察一次并测量其皮厚。

（4）判定标准：阳性反应（+），皮肤皱褶比原皮厚增加 8mm 以上者，或局部发热、有痛感并呈现界限不明显的弥漫性肿胀，硬软度似如面团，其肿胀面积在 35mm×45mm 以上。可疑反应（+），炎性肿胀面积在 35mm×45mm 以下，皮肤皱褶厚度增加 5~8mm。阴性反应（-），无炎性肿胀，皮肤皱褶厚度不超过 5mm，或仅有坚实、冷硬、界限明显的硬结者。

2. 提纯牛型菌类试验

在牛颈部一侧中部剪毛，量皮厚后，皮内注射结核菌素 0. 1mL，72h 观察结果。当注射部位红肿，皮厚增加 4mm 以上为阳性；皮厚增加 2~3. 9mm，红肿不明显为可疑；皮厚增加在 2mm 以下者为阴性。可疑牛须经 2 个月后在同一部位，用同样方法复检。两次可疑者可判为阳性。为了准确，试验时，可在颈部的另一侧同时注射禽结核菌素做对比，若对禽型结核菌素的反应大于牛型菌素，则认为被检牛不是牛结核。

（七）预防

对牛结核病的防制，无理想菌苗，应坚持以预防为主的方针，主要采取检疫、分群隔离、消毒、净化、扑杀病畜、培育健康畜群、加强饲养管理等综合性防治措施，建立及时准确的预警预报系统，有效控制牛结核病的发生与扩散。

1. 加强饲养管理和环境消毒

提高饲养管理水平，增强牛只机体抵抗力，起到预防作用。对圈舍等环境定期消毒，每年2~4次，用20%的石灰乳粉刷墙壁，5%的氢氧化钠溶液消毒运动场，5%的氢氧化钠溶液、3%~5%的来苏儿消毒牛床、牛栏、畜舍地面、粪尿沟，消灭传染源与传播媒介。同时注意，牛舍内不能同时饲养其他牲畜及禽类，防止交叉感染。及时做好牛场管理人员的健康监测，避免人畜互相传染。

2. 防止结核病传入

健康牛群平时要加强防疫、检疫和消毒措施，防止结核病传入。牧场及牛舍出入口处，设置消毒池，饲养用具每月定期消毒一次。每年春、秋两季定期进行结核病检疫，主要用结核菌素，结合临诊等检查。发现阳性病牛应及时处理，畜群则应按污染群对待。补充家畜时，先就地检疫，确认阴性方可引进，运回隔离观察1个月以上再行检疫，阴性者才能合群。

3. 培养健康牛群

每年春、秋两季定期进行结核病检疫，结核菌素反应呈阳性的牛，不予保留饲养，应及时处理，并进行无害化处理。对发现的可疑病牛，要加强监控，进行隔离饲养观察，同时复检确诊。检出的阳性牛所在的牛群应定期和经常地进行检疫和临床检查，必要时进行细菌学检查，以发现可能被感染的病牛。病牛所产犊牛立即与乳牛分开，用2%~5%来苏儿消毒犊牛全身，擦干后送预防室，喂健康牛乳或消毒乳。犊牛应在6个月隔离饲养中检疫3次，阳性牛淘汰，阴性牛且无任何临床症状，放入假定健康牛群中。

二十一、布鲁氏菌病

布鲁氏菌病是由布鲁杆菌引起的急性或慢性的人畜共患病，简称“布病”。易感动物种类很多，其中牛、羊、猪最易感。该病主要侵害生殖道，引起子宫、胎膜、关节、睾丸及附睾的炎症，以及淋巴结炎、关节炎、流产、不育等。多数患病母畜只流产一次，此后症状可能逐渐消失，但牛群中有隐性病例长期存在，并不断散发病菌。隐性病例的存在，对其他奶牛及饲养人员的威胁更大。布鲁氏菌病的治疗较为困难，因此，加强对本病的监测和控制，保证人、畜健康极其重要。

（一）病原

布鲁杆菌属是一类革兰氏阴性短小杆菌，牛、羊、猪等动物最易感染，感染后引起母畜传染性流产。人类接触带菌动物或食用病畜及其乳制品，均可被感染。布鲁杆菌属分为羊、牛、猪、鼠、绵羊及犬布鲁杆菌6个种，20个生物型。

布鲁杆菌对热、各种常用消毒剂、紫外线和各种射线都很敏感，对各种抗生素和化学药物有不同程度的敏感性，但对低温和干燥有很强的抵抗力。阳光

直射数分钟，最长 4h 即可杀死该菌。布鲁杆菌对热非常敏感，60℃湿热环境下 15~30min 即可杀死该菌。在 0.1%新洁尔灭和 2%来苏儿中可存活时间为 30s 和 1~3min。

（二）流行特点

带菌病畜是本病的传染源。病菌主要存在于患畜的体内，随乳汁、脓汁、流产胎儿、胎衣、生殖道分泌物等排出体外，污染饲料、饮水及周围环境，经消化道、呼吸道、皮肤黏膜、眼结膜等传染给其他动物。吸血昆虫可成为传播媒介。母牛较公牛易感，成年牛较幼年牛易感，性成熟的牛和体弱牛较易感染。

本病呈地方性流行。新疫区常出现大批妊娠母牛流产；老疫区流产减少，但关节炎、子宫内膜炎、胎衣不下、屡配不孕、睾丸炎等逐渐增多。

（三）致病机制

该菌自损伤的皮肤及黏膜或消化道、呼吸道进入牛体、侵入机体后，被吞噬细胞吞噬，由于本菌具有荚膜，能抵抗吞噬细胞的吞噬销毁，并能在该细胞内增殖。经淋巴管至局部淋巴结，待繁殖到一定数量后，突破淋巴结屏障而进入血流，反复出现菌血症。由于内毒素的作用，病牛出现发热、无力等中毒症状，以后本菌随血液侵入脾、肝、骨髓等细胞内寄生，血流中细菌逐步消失，体温也逐渐消退。细菌在细胞内繁殖至一定程度时，再次进入血流又出现菌血症，体温再次上升，反复呈波浪热型。本菌多为细胞内寄生，治疗难以彻底，易转为慢性及反复发作，在全身各处引起迁徙性病变。动物发病后可产生免疫力，在不同菌种和生物型之间有交叉免疫。布鲁杆菌多为细胞内寄生，抗体不易直接发挥作用，故一般诊断细胞免疫较重要。

（四）临床症状

该病的潜伏期为 2 周至 6 个月。多数病例为隐性感染。妊娠母牛感染该病的明显症状是流产，流产可发生于妊娠的任何时期，通常发生在妊娠后的第 5~8 个月。流产胎儿多为死胎，有时也产下弱犊，但往往存活不久。感染布鲁氏菌病的妊娠母牛流产前表现出分娩的征兆，阴唇及乳房肿胀，阴道黏膜上有小米粒大的红色结节，阴道内有灰白色或灰色黏性分泌液。流产后常发生胎衣滞留和子宫内膜炎，会在 1~2 周内从阴门内排出污秽不洁的红褐色恶臭分泌物。有的病例因子宫积脓长期不愈而导致不孕。公牛感染后主要发生睾丸炎和附睾炎。除了以上明显症状外，有时有轻微的乳腺炎发生，个别病例会出现关节、滑液囊炎。

（五）病理变化

剖检常见的病变是胎衣增厚并有出血点，呈黄色胶样浸润，表面覆有纤维蛋白和脓液。流产牛的子宫黏膜或绒毛膜的间隙中有污灰色的渗出物或脓块。

流产胎儿主要为败血症病变，浆膜与黏膜有出血点与出血斑，皮下和肌肉间发生出血性浆液性浸润。淋巴结、肝脏和脾脏肿大形成特征性肉芽肿（布鲁杆菌病结节）。公牛患布鲁氏菌病时，可发生化脓坏死性睾丸炎和附睾炎。睾丸肿大，切面见坏死病灶与化脓灶。慢性病例，间质中还出现淋巴细胞的浸润，阴茎可以发生红肿，其黏膜上也可出现小而硬的结节。

（六）诊断

1. 初诊

根据流行病学调查，孕畜发生流产，特别是第一胎流产多，并出现胎衣不下，子宫内膜炎，不孕；公牛发生睾丸炎、附睾炎，不育，加上胎衣、胎儿的病变等可怀疑为该病，但确诊需进行实验室诊断。

2. 实验室诊断

细菌学诊断时，分离布鲁杆菌是最可靠、准确的诊断方法。取胎衣、阴道分泌物、尿液、乳汁、脓汁、血液和脏器等组织涂片，用沙黄-亚甲蓝鉴别染色法染色，油镜镜检，布鲁氏菌被染成红色，其他为蓝色。

目前诊断本病的血清学方法很多，包括平板凝集反应、试管凝集反应（SAT）、虎红平板凝集反应（RBPT）、补体结合反应（CFT）、全乳环状反应（MRT）等。凝集反应在牛感染布鲁杆菌病后血液中出现凝集素，1 周左右血液中出现凝集素，凝集滴度增高，可持续 1~2 年或更久。对疑似病牛采血进行平板、试管或虎红平板血清凝集试验，牛的试管凝集价 1∶100（++）为阳性，1∶50（++）为可疑。补体结合反应的方法特异性强，敏感性高，是牛布鲁杆菌检疫中必不可少的方法。新患病牛补体结合反应可能比凝集反应先出现，而慢性病当血清凝集价降为阴性或可疑时，补体结合反应仍为阳性。该反应对牛布鲁氏菌病的临床诊断具有较高的价值。对泌乳病牛可利用乳汁进行全乳环状反应，如果将凝集反应和全乳环状反应结合并用，可提高检出率。

（七）预防

布鲁杆菌是兼性细胞内寄生菌，化学药物治疗效果较差。其防治过程要坚持预防为主的方针，采取定期检疫、淘汰病畜，培养健康畜群、定期免疫接种、加强消毒为主导环节的综合性措施，最终达到控制和消灭布鲁氏菌病的目的，确保牛的健康。

1. 定期检疫

在无该病流行的地区，每年至少进行 1 次检疫。引进牛时需隔离观察 2 个月，在此期间进行 2 次血清学检查，均为阴性方可混群，阳性者立即淘汰。疫区每年春秋季节对牛只（8 个月以上为宜）各进行 1 次检疫，接种过疫苗的动物在免疫后 1~3 年内检疫，检疫出阳性动物，应及早淘汰或做无害化处理，并定期预防接种。

2. 培育健康畜群

牛场可用健康公牛的精液人工授精，犊牛出生后食母乳3~5 d送犊牛隔离舍，喂消毒乳和健康乳。6个月后进行间隔为5周的二次检疫，阴性者送入假定健康牛群，阳性者送入病牛群，从而达到逐步更新、净化牛场的目的。假定健康牛群1年进行4次以上检疫，无阳性者，即可认为是健康牛群。

3. 加强消毒

严格日常管理，定期消毒。对污染牛群，用试管凝集或平板凝集反应进行检疫。发现呈阳性和可疑反应的均应及时隔离。病牛以淘汰屠宰为宜。严禁与假定健康牛接触，对病牛污染的圈舍、环境用2%氢氧化钠溶液、1%消毒灵和10%石灰乳等消毒药彻底消毒。病畜的排泄物、流产的胎水、粪便及垫料等消毒后堆积发酵处理。

4. 公共卫生

布鲁氏菌病是一种人畜共患病，与家畜密切接触的兽医、饲养者、屠宰人员等经常受到该菌的威胁。因此在预防接种或处理病牛时要严格操作，除做好必要的防护工作外，还应该接种M104冻干活菌苗。

二十二、牛病毒性腹泻-黏膜病

牛病毒性腹泻-黏膜病（BVD-MD），简称牛病毒性腹泻病，是由牛病毒性腹泻-黏膜病病毒（BVD-MDV）感染牛引起的一种复杂的呈多临床类型的疾病。该病是以发热、黏膜糜烂溃疡、白细胞减少、腹泻、免疫耐受与持续感染、免疫抑制、先天性缺陷、咳嗽、怀孕母牛流产、跛行、产死胎或畸形胎为主要特征的一种接触性传染病。

（一）病原

牛病毒性腹泻-黏膜病病毒是一种单股RNA、有囊膜的病毒，为黄病科瘟病毒属成员，与猪瘟病毒及羊边界病毒有密切关系。病毒大小在35~55nm之间，呈球状。

由牛病毒性腹泻-黏膜病病毒对乙醚、胰蛋白酶、氯仿和其他脂溶剂敏感。pH值3以下易被破坏，56℃易灭活。在26~37℃放置24h较原毒价降低10倍。在低温时稳定，冻干或-70~-60℃的低温能保存多年。常用消毒药能很快将其杀死。

（二）流行病学

病牛和带毒牛是本病的主要传染源。病牛所排泄的粪、尿、和眼、鼻排泄物，以及乳汁和血液等，可污染饲料、饮水和外界环境，当牛吸入带毒物质后而感染发病。传播途径主要是消化道、呼吸道，还可通过母牛子宫垂直感染胎儿。感染后多数牛无明显的临床症状而呈隐性经过。本病呈地方性流行。各种年龄的牛对本病都有易感性，但以 3～18 月龄犊牛易感性较强。全年都有发生，以冬春季节较多。牛群饲养管理不当，犊牛吃初乳不足，天气寒冷潮湿，牛舍拥挤，卫生条件差又不消毒等，都是本病发生的诱因。

（三）致病机制

牛病毒性腹泻-黏膜病病毒入侵牛的上呼吸道和消化道后，在鼻、鼻窦、口、咽、喉、皱胃和肠黏膜的上皮细胞复制和聚集，进入血液，而后经淋巴管进入淋巴组织，引起病毒血症，并导致病牛的免疫力下降，造成免疫抑制，从而大大增强了其他病原体如冠状病毒、轮状病毒、传染性胃肠炎病毒等的致病性。牛病毒性腹泻-黏膜病病毒通过胎盘垂直感染，故持续性感染可造成母畜流产、死胎和畸胎等。新生犊牛也是牛病毒性腹泻-黏膜病病毒的主要宿主。

（四）临床症状

1. 黏膜病型

该病型是牛病毒性腹泻-黏膜病病毒感染引起的一种最严重的临床类型，主要侵害犊牛和青年牛，潜伏期为 7～9d，其主要特征为腹泻、脱水、白细胞减少及出现临床症状后几天发生死亡。该病型为最严重的临床类型，发病率低，致死率高。

2. 急性黏膜病

该病型临床症状为口腔糜烂，严重腹泻，脱水，体温升高到 41～42℃，精神沉郁，食欲减退或废绝，反刍停止，有浆液性鼻漏，病牛流涎，结膜炎，咳嗽，白细胞减少。病后 2～3d，鼻镜、舌、齿龈、上颚、口腔黏膜充血并有溃疡；腹泻，粪呈粥样，具恶臭；有时粪便中还会出现血液斑点。病牛多于发病后 1~2 周死亡，少数可延至 1 个月 。

3. 慢性黏膜病

少数黏膜病病牛在急性期内未死亡而转为慢性，特征是食欲减退，进行性消瘦及发育不良，并有间歇性腹泻。病牛整个鼻镜上糜烂，连成一片，但口腔内少发。病牛发生慢性蹄叶炎，蹄壳长而弯曲，常发生跛行。皮肤多呈皮屑状，以鬐甲、颈部和耳后尤为明显。出现持续或间歇性下痢，奶牛的产奶量会显著下降。

4. 腹泻型

这种类型最为常见，通常发病率高，致死率低。易感性成熟的成牛，感染牛病毒性腹泻-黏膜病病毒后大部分呈亚临床 ，病牛可能一度出现轻微发热及白细胞减少，单核细胞增生。在 6 月龄至 2 岁龄的牛中可能出现急性型，经 5～7d 潜伏期后，呈现轻度沉郁、厌食、腹泻。腹泻初粪便稀粥样，呈盘状，灰白色，发亮，并常见排出呈片状的肠黏膜。口鼻分泌物增多，偶尔可见口腔糜烂或溃疡的病变。奶牛表现产奶量下降，孕牛发生流产。

5. 胎儿感染型

牛病毒性腹泻-黏膜病病毒常通过胎盘侵害胎儿，导致孕牛流产或产出先天缺陷的犊牛，最常见的是犊牛小脑发育不全，可见轻度失调或完全无协调站立的能力。母牛怀孕期间感染可引起胚胎持续性感染或早期死亡，死胎，流产，犊牛先天性异常等。

（五）病理变化

病变主要在牛的消化道和淋巴结，尸体消瘦，眼可见鼻镜、齿龈、舌、软腭及硬腭、咽等黏膜形成小的、形状不规则的溃疡。鼻腔内有淡黄色胶冻样渗出物，气管内有大量脓性分泌物。肺出血、水肿，切面有干酪样物。该病的特征性损害是食道黏膜糜烂，瘤胃黏膜偶见水肿、充血和糜烂；皱胃炎性水肿和糜烂；肠壁水肿增厚；小肠呈急性卡他性炎症；空肠和回肠有点状或斑状出血，黏膜呈片状脱落；盲肠和大结肠末端有出血条纹，肠淋巴结水肿。犊牛运动失调，严重者可见小脑发育不全及两侧脑室积水。

（六）诊断

1. 临床诊断

根据病牛的高热，腹泻带血，口腔黏膜的溃疡及消化道广泛性充血和溃疡等症状，可初步诊断。但在实际工作中，牛病毒性腹泻与牛瘟、口蹄疫、牛恶性卡他热、牛丘疹性口炎等病在临床症状上有相似之处，难鉴别，易误诊，因此，确诊时需进行实验室诊断。

2. 实验室诊断

（1）病原学诊断：无菌采集发病牛的血液、骨髓、鼻拭子及组织脏器（肺、肝脏、脾脏、肾脏及淋巴结等），经适当处理后接种各种牛源细胞，如牛肾细胞。在细胞培养物传3代后未见细胞病变的，可用免疫荧光抗体技术鉴定；如分离病毒株有致细胞病变作用，也可用中和试验进行鉴定。

（2）血清学诊断：常用的血清学诊断方法有中和试验、琼脂扩散试验、酶联免疫吸附试验等。中和抗体检测准确性高、重复性好，但是由于处于免疫耐受的牛不产生抗牛病毒性腹泻-黏膜病病毒的抗体，血清学阴性，所以可能造成漏检。据研究者统计报道，采用琼脂扩散试验大约60%的病牛呈现阳性反应。该方法具有操作简单、快速、经济等特点，但是只能粗略测定被检血清中的抗体，敏感性不如血清中和试验，检出率低。

（七）预防

本病尚无特效治疗方法和药物，应坚持预防为主。

1. 谨慎引牛，加强检疫

坚持自繁自养，不从疫区购牛；对新购牛要用血清学诊断方法进行检测，避免引入阳性牛。定期对牛群进行血清学检查以便及时掌握本病在牛群中的流行状况，如发现有少数牛出现抗体阳性，应将其淘汰以防病情扩大。

2. 加强饲养管理，减少环境应激

保持良好的环境卫生，及时清除牛舍内外、运动场上的粪便及其他污物，保持干燥并定期消毒。牛舍应安装通风换气设备，及时进行通风换气。

3. 做好免疫接种，提高机体免疫力

自然康复牛和免疫接种的牛均能获得坚强免疫力，免疫期可在1年以上。牛病毒性腹泻弱毒苗、灭活苗等疫苗均能对牛病毒性腹泻-黏膜病起到预防作用。免疫程序是否合理直接影响到免疫效果。因此，应根据当地牛病毒性腹泻-黏膜病的流行情况，并结合养殖场实际情况，制定合理的免疫程序。通常在6~10月龄、初乳免疫力消失时接种疫苗。应注意牛妊娠期不能接种，由于弱毒疫苗可导致妊娠母牛子宫感染引起流产或新生犊牛免疫抑制，因此妊娠母牛和6月龄以下的犊牛不能使用弱毒疫苗。弱毒疫苗接种年龄应在9~12月龄。受威胁较大的牛群每隔3~5年接种1次，对育成母牛和种公牛应于配种前再接种1次，多数牛可获得终生免疫，也可将弱毒疫苗和灭活疫苗联合使用提高免疫效果。

参 考 文 献

［1］王福兆．乳牛学［M］．第3版．北京：科学技术文献出版社，2004.

［2］昝林森．牛生产学［M］．北京：中国农业出版社，1999.

［3］刘继军，贾永全．畜牧场规划设计［M］．北京：中国农业出版社，2008.

［4］梁学武．现代奶牛生产［M］．北京：中国农业出版社，2002.

DCRBC

河南省奶牛生产性能测定中心介绍

河南省奶牛生产性能测定中心，是农业部22家奶牛性能测定实验室之一，是集奶牛群体改良、良种登记、遗传评估、生鲜乳质量监测、饲料成分分析、疾病检测和疫情预警为一体的奶业技术研发中心。本中心现有职工24名，其中博、硕士研究生11名（育种、兽医和营养学博士各1名），河南省学术技术带头人1名，高级职称4名。

本中心现拥有国家奶牛体系郑州综合试验站、河南省奶牛健康养殖国际联合实验室、河南省奶牛育种工程技术研究中心、郑州市生鲜乳质量安全控制工程技术研究中心等多个研发平台，本中心牵头成立了河南省奶牛产业技术联盟。2012年以来，中心先后主持承担国家星火、河南省重大科技专项和对外合作等课题10多项，获得国家发明专利、软件著作权等20多项，发表学术论文20多篇，随着中心应用研发平台的不断完善，先后与澳大利亚昆士兰大学、中国农业大学、南京农业大学、河南农业大学等高校建立了研究生联合培养机制。该中心综合研发能力和服务能力位居全国前列。

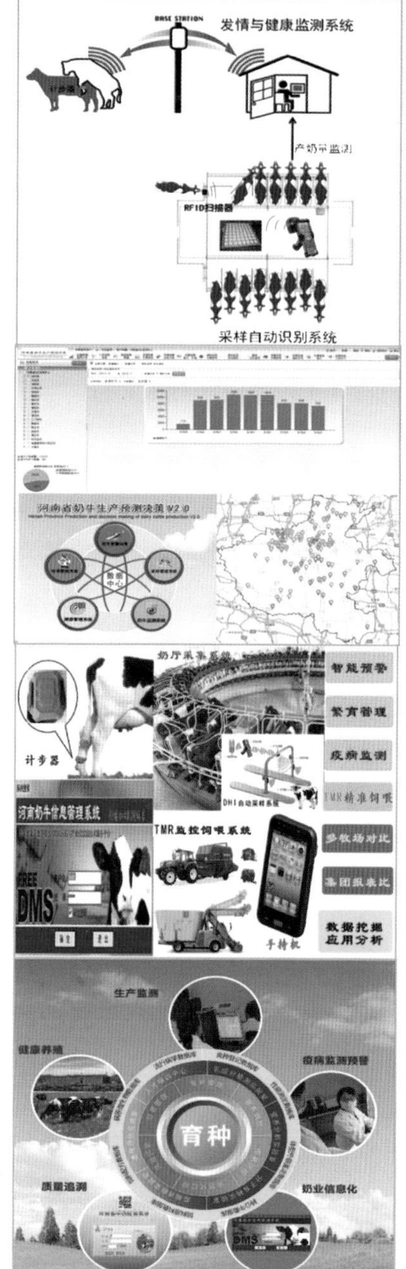

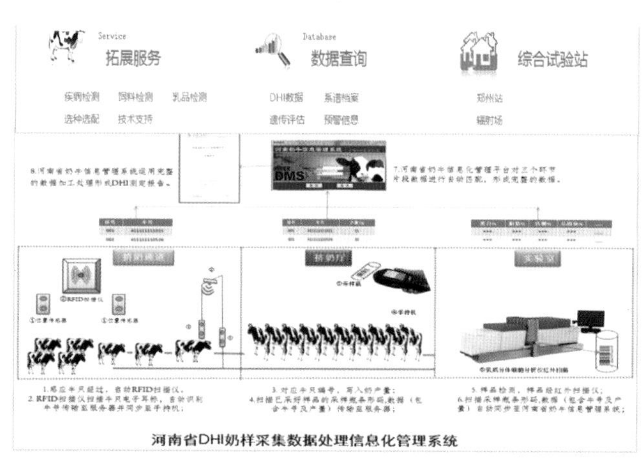

河南省DHI奶样采集数据处理信息化管理系统

微信公众号

河南省奶牛生产性能测定中心
地址：河南省郑州市金水区兴达路19号
电话：0371-65674634/63362967
邮箱：hnsdhicdzx@163.com
网站：www.hndhi.com